职业教育畜牧兽医专业系列教材

动物解剖生理

DONGWU JIEPOU SHENGLI

于明 曲强 主编

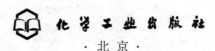

·北京·

内容简介

本书以常见家畜（牛、羊、猪、马）和常见家禽（鸡）以及犬、兔为主要对象，系统介绍其解剖生理特征，包括被皮系统、运动系统（肌肉、骨骼）、神经系统、内分泌系统、心血管系统、呼吸系统、消化系统、泌尿系统、免疫系统和生殖系统等 14 个项目和 20 个实训，实训项目操作和工作单设计为单独的《学生实践技能训练工作手册》。全书语言简练，图文并茂，通俗易懂。教材配有动画，实训配有实操微课视频讲解，插图配有彩色数字资源，便于更加形象生动的理解，扫描书中二维码即可观看。

本书可作为高职高专畜牧兽医类专业教材，也可供畜牧兽医行业技术人员参考使用。

图书在版编目（CIP）数据

动物解剖生理 / 于明，曲强主编. -- 北京：化学工业出版社，2024.8. -- ISBN 978-7-122-45889-6

Ⅰ. Q954.5；Q4

中国国家版本馆 CIP 数据核字第 20246ZC149 号

责任编辑：张雨璐　迟　蕾　李植峰　　文字编辑：白华霞
责任校对：宋　玮　　　　　　　　　　　装帧设计：王晓宇

出版发行：化学工业出版社
　　　　　（北京市东城区青年湖南街 13 号　邮政编码 100011）
印　　装：三河市双峰印刷装订有限公司
787mm×1092mm　1/16　印张 15¼　字数 371 千字
2024 年 9 月北京第 1 版第 1 次印刷

购书咨询：010-64518888　　　　　　　售后服务：010-64518899
网　　址：http://www.cip.com.cn
凡购买本书，如有缺损质量问题，本社销售中心负责调换。

定　　价：48.00 元　　　　　　　　　　版权所有　违者必究

《动物解剖生理》编写人员

主　编：于　明　曲　强
副主编：温　萍　杨荣芳　李春华　瞿健萍　冀红芹
参　编：按姓名首字母排序
　　　　程　波（辽宁农业职业技术学院）
　　　　冀红芹（辽宁农业职业技术学院）
　　　　李春华（辽宁农业职业技术学院）
　　　　李桂伶（辽宁生态工程职业学院）
　　　　李　磊（天津嘉立荷牧业集团有限公司）
　　　　罗永华（沧州职业技术学院）
　　　　瞿健萍（辽宁农业职业技术学院）
　　　　曲　强（辽宁农业职业技术学院）
　　　　王浩东（辽宁农业职业技术学院）
　　　　温　萍（辽宁农业职业技术学院）
　　　　于　明（辽宁农业职业技术学院）
　　　　杨荣芳（辽宁农业职业技术学院）
　　　　张子光（大连成三食品集团有限公司）
　　　　张润卓（辽宁经济职业技术学院）
　　　　郑晓君（辽宁农业职业技术学院）
主　审：刘衍芬（辽宁农业职业技术学院）
　　　　姜凤丽（辽宁农业职业技术学院）

前言

根据国务院《职业院校教材管理办法》《教育部办公厅关于加快推进现代职业教育体系建设改革重点任务的通知》（教职成厅函〔2023〕20号）等有关文件要求，为深化职业教育"三教"改革，我们编写了《动物解剖生理》教材，供高职高专院校畜牧兽医类专业使用。

动物解剖生理是畜牧兽医类专业的一门专业基础课程，主要任务是阐述动物各组织器官的形态、结构与生理功能，揭示生命活动现象及发生发展规律。通过本课程的学习，读者能够掌握动物解剖生理基本理论知识和基本操作技能，为后续专业课程学习奠定基础，并能够将这些基本知识与技能运用到畜牧生产实践中。

《动物解剖生理》教材以畜牧兽医相关专业人才培养方案为依据，以畜牧兽医专业群的岗位能力需求为导向，根据教学改革需要进行编写。本教材坚持适度、够用和实用的原则，以实现课程的教学目标，提高学生学习的效果。

教材将动物解剖生理的内容重新组构，包括动物体基本结构与功能识别，家畜的被皮系统、运动系统、神经系统、内分泌系统、体温、心血管系统、呼吸系统、消化系统、泌尿系统、免疫系统、生殖系统的结构与功能识别，家禽解剖生理特征和犬、兔解剖生理特征，共14个项目内容。在编写结构上进行了调整，每一个项目都设计了知识目标、技能目标和素质目标，明确学生通过学习应达到的识记、理解和应用等方面的基本要求；项目内容中设置了"想一想""查一查""拓展训练"等与生产实际相结合的小栏目，帮助学生做到理论联系实际，能解释生产中出现的现象，并学会分析问题和解决问题。本教材还将实训指导与工作单相结合，设计成《学生实践技能训练工作手册》，增强了实训的灵活性和实用性。

本教材的编写人员包括教学和生产一线工作的专业教师和养殖企业专家，为企业、学校共同开发，体现协同育人，彰显类型特色。教材编写过程中参考了许多文献资料，在此向原书作者及出版者表示诚挚的谢意！

由于编者水平有限，教材中难免有疏漏、不足之处，恳请读者指点和斧正。

编者

目录

项目一　动物机体基本结构与功能 —— 001

一、认识动物细胞　001
　（一）细胞的形态和大小　001
　（二）细胞的构造与功能　001
　（三）细胞的生命活动　003
二、识别组织基本结构　004
　（一）上皮组织　004
　（二）结缔组织　007
　（三）肌肉组织　010
　（四）神经组织　010
三、器官、系统和有机体　010
　（一）器官　010
　（二）系统　010
　（三）有机体　011
四、动物体表主要部位名称及方位术语　011
　（一）动物体表主要部位名称　011
　（二）方位术语　012

项目二　被皮系统结构与功能识别 —— 014

一、认识皮肤　014
　（一）表皮　014
　（二）真皮　014
　（三）皮下组织　014
二、识别皮肤衍生物　015
　（一）毛　015
　（二）皮肤腺　015
　（三）蹄　015
　（四）角　017
　（五）枕　017

项目三　运动系统结构与功能识别 —— 018

一、初识骨骼　018
　（一）骨　018
　（二）骨连结　019
二、初识肌肉　021
　（一）肌肉构造　021
　（二）肌肉的形态　021
　（三）肌肉的起止点和作用　021
　（四）肌肉的命名　021
　（五）肌肉的辅助器官　021
三、识别家畜的全身骨骼　022
　（一）头部骨骼　023
　（二）躯干骨骼　024
　（三）前肢骨骼　026
　（四）后肢骨骼　028
四、识别家畜全身肌肉　030
　（一）皮肌　030
　（二）头部主要肌肉　031
　（三）躯干主要肌肉　031
　（四）前肢主要肌肉　034
　（五）后肢主要肌肉　035

项目四　神经系统结构与功能识别 —— 036

一、识别神经组织及其功能　036
　（一）神经元的结构　036

(二) 神经元的分类 037
(三) 神经元与神经纤维的功能和特性 037
(四) 神经胶质细胞 038
二、认识突触及突触传递 038
(一) 突触的微细结构 038
(二) 突触的分类 038
(三) 化学性突触传递的机理 039
(四) 突触传递兴奋的特征 039
(五) 神经递质及受体 040
三、识别中枢神经 042
(一) 脊髓 042
(二) 脑 043
(三) 脑脊膜和脑脊液 045
四、识别外周神经 046
(一) 脊神经 046
(二) 脑神经 046
(三) 植物性神经 047
五、识别眼、耳及神经系统的感觉功能 050
(一) 眼 050
(二) 耳 051
(三) 神经系统的感觉分析功能 051
六、神经系统对躯体运动的调节 051
七、神经系统对内脏活动的调节 052
八、认识条件反射 052
(一) 反射的概念和分类 052
(二) 条件反射的形成 053
(三) 反射弧的组成 053
(四) 反射的基本过程 053
(五) 中枢兴奋过程的特征 053
(六) 影响条件反射形成的因素 054
(七) 条件反射的生物学意义 054

项目五　内分泌系统结构与功能识别 —————— 055

一、初识激素 055
二、内分泌器官及其分泌的激素 055
(一) 垂体 055
(二) 甲状腺 057
(三) 甲状旁腺 058
(四) 松果体 058
(五) 肾上腺 058
(六) 胰岛 060
(七) 性腺 060

项目六　体温调节 —————— 062

一、初识体温 062
二、体温恒定的维持 062
(一) 产热 062
(二) 散热 063
三、体温调节 064
(一) 温度感受器 065
(二) 体温调节中枢 065
(三) 体温调定点学说 065
四、动物对环境的耐受与适应 065
(一) 家畜的耐热与抗寒 065
(二) 家畜对高温与低温的适应 065

项目七　心血管系统结构与功能识别 —————— 067

一、初识机体内环境与心血管系统 067
(一) 体液与机体内环境 067
(二) 心血管系统 067
二、认识血液 068
(一) 血液的组成及功能 068
(二) 血量 073
(三) 血液的理化特性 074
(四) 血液凝固与纤维蛋白溶解 074

三、心脏结构与功能识别 077
　（一）心脏的结构 077
　（二）心脏的泵血功能 080
四、血管及其功能识别 083
　（一）血管的分类、构造和功能特点 083
　（二）肺循环的血管 084
　（三）体循环的血管 085
　（四）血管的功能 088
五、胎儿血液循环的特点 093
　（一）心脏和血管的结构特点 093
　（二）血液循环的途径 093
　（三）胎儿出生后的变化 094
六、心血管活动的调节 094
　（一）神经调节 094
　（二）体液调节 095
　（三）自身调节 096

项目八　呼吸系统结构与功能识别 —————— 097

一、初识胸腔、胸膜和纵隔 097
　（一）胸腔 097
　（二）胸膜与胸膜腔 097
　（三）纵隔 098
二、呼吸道及其功能识别 098
　（一）鼻 098
　（二）咽 099
　（三）喉 099
　（四）气管和支气管 099
三、肺结构的识别 100
　（一）肺的形态和位置 100
　（二）肺的组织构造 100
四、呼吸过程识别 103
　（一）肺通气 103
　（二）肺换气和组织换气 105
　（三）气体在血液中的运输 107
五、呼吸运动调节的识别 108
　（一）呼吸运动的神经调节 108
　（二）呼吸运动的化学性调节 109

项目九　消化系统结构与功能识别 —————— 110

一、认识腹腔和骨盆腔 110
　（一）腹腔 110
　（二）骨盆腔 110
　（三）腹膜 110
　（四）腹腔分区 110
二、初识消化系统 111
　（一）消化系统的构成 111
　（二）消化管的一般结构 111
　（三）消化管平滑肌的特性 113
　（四）消化方式 113
三、识别口腔内的器官与功能 114
　（一）口腔内的器官 114
　（二）口腔内的消化活动 117
四、认识咽 117
五、认识食管 117
六、识别胃的结构与功能 118
　（一）单室胃的结构与消化功能 118
　（二）多室胃的结构与功能识别 121
七、肝脏的结构识别 127
　（一）肝脏的位置与形态 127
　（二）肝脏的组织构造 128
　（三）胆汁的分泌 130
八、胰脏的结构识别 131
　（一）胰脏的形态及位置 131
　（二）胰脏的组织构造 131
　（三）胰液的分泌 132
九、小肠的结构与功能识别 132
　（一）小肠的位置及形态 132
　（二）小肠的组织构造 133
　（三）小肠内的消化与吸收 133
十、大肠和肛门的结构与功能识别 135
　（一）大肠和肛门的位置及形态 135
　（二）大肠壁的构造 137
　（三）大肠内的消化 137

项目十　泌尿系统结构与功能识别 — 139

- 一、初识尿　139
  - （一）尿的成分　139
  - （二）尿的理化特性　139
  - （三）排尿量　140
- 二、肾与尿的生成　140
  - （一）肾的解剖构造　140
  - （二）尿的生成及其影响因素　143
- 三、输尿管、膀胱和尿道结构的识别　147
  - （一）输尿管　147
  - （二）膀胱　147
  - （三）尿道　147
- 四、尿的排出　147
- 五、肾脏对酸碱平衡的调节作用　147
  - （一）H^+-Na^+ 交换　148
  - （二）NH_4^+-Na^+ 交换　148
  - （三）K^+-Na^+ 交换　148
  - （四）过多碱的排出　149

项目十一　免疫系统结构与功能识别 — 150

- 一、识别免疫器官　150
  - （一）中枢免疫器官　150
  - （二）周围免疫器官　152
- 二、识别免疫组织　156
  - （一）弥散性淋巴组织　156
  - （二）淋巴小结　156
- 三、识别免疫细胞　156
  - （一）淋巴细胞　156
  - （二）单核巨噬细胞系统　156
  - （三）抗原呈递细胞　156
- 四、识别淋巴和淋巴管　157
  - （一）淋巴　157
  - （二）淋巴管　157
  - （三）淋巴循环　158

项目十二　生殖系统结构与功能识别 — 159

- 一、识别雄性生殖系统及其功能　159
  - （一）睾丸　159
  - （二）附睾　161
  - （三）阴囊　162
  - （四）输精管和精索　163
  - （五）尿生殖道　163
  - （六）副性腺　163
  - （七）阴茎和包皮　164
- 二、认识母畜生殖系统及其功能　165
  - （一）卵巢　165
  - （二）输卵管　167
  - （三）子宫　167
  - （四）阴道　168
  - （五）尿生殖前庭　168
  - （六）阴门　168
- 三、繁殖生理识别　168
  - （一）性成熟与体成熟　168
  - （二）发情周期　169
  - （三）家畜繁殖过程　170
- 四、认识泌乳过程　170
  - （一）乳的化学成分　170
  - （二）乳的生成过程　171
  - （三）乳的分泌过程　171
  - （四）排乳　171

项目十三　家禽解剖生理识别 — 173

- 一、被皮与运动系统识别　173
  - （一）皮肤及其衍生物识别　173

（二）骨骼识别　174
　　（三）肌肉识别　175
二、消化系统与功能识别　176
　　（一）口咽　176
　　（二）食管和嗉囊　176
　　（三）胃　177
　　（四）肠　177
　　（五）肝　178
　　（六）胰　178
三、呼吸系统识别　178
　　（一）家禽呼吸系统的构造特点　178
　　（二）家禽的呼吸生理特点　179
四、泌尿生殖系统识别　180
　　（一）泌尿系统的结构与功能　180
　　（二）家禽泌尿系统的生理特点　180
　　（三）公禽生殖器官的结构与功能　181
　　（四）母禽生殖器官的结构与功能　181
五、心血管系统　182
　　（一）心脏　182
　　（二）血管　182
六、免疫系统　182
　　（一）胸腺　182
　　（二）法氏囊　183
　　（三）脾脏　183
　　（四）淋巴结　183
　　（五）哈德腺　183
　　（六）淋巴组织　183

项目十四　犬、兔解剖生理识别　184

一、兔解剖生理特征识别　184
　　（一）兔被皮与运动系统　184
　　（二）消化系统　185
　　（三）呼吸系统　185
　　（四）泌尿系统　186
　　（五）生殖系统　186
二、犬的解剖生理特征　187
　　（一）被皮与运动系统　187
　　（二）消化系统　188
　　（三）呼吸系统　188
　　（四）泌尿系统　188
　　（五）生殖系统　189

参考文献　190

项目一　动物机体基本结构与功能

📋 **知识目标**
- 掌握动物细胞膜的结构与功能；
- 掌握组织的基本结构与分布；
- 理解动物有机体生理活动的调节方式；
- 掌握动物体各部位的名称和方位术语。

💡 **技能目标**
- 能使用普通光学显微镜辨别组织；
- 能在动物活体上指出各部位名称。

📚 **素质目标**
- 培养家国情怀；
- 培养畜牧兽医专业意识，热爱畜牧兽医专业，初步养成服务"三农"意识；
- 培养质疑、求实、创新及勇于实践的科学精神。

一、认识动物细胞

细胞是生物有机体形态结构、生理功能和遗传发育的基本单位。单个细胞具有新陈代谢、生长发育、繁殖、遗传和变异等全部生命过程，但不能单独实现多细胞机体的完整生命过程。

（一）细胞的形态和大小

构成动物机体的细胞形态多种多样，有圆形、扁平形、多边形、梭形或长圆柱形、星形等。细胞的大小相差悬殊，细胞的形态（图 1-1）和大小与其执行的功能和所处的部位密切相关。

（二）细胞的构造与功能

动物细胞由细胞膜、细胞质和细胞核 3 部分组成（图 1-2）。

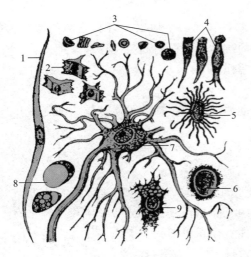

图 1-1　动物细胞的形态
1—平滑肌细胞；2—腱细胞；3—血细胞；
4—上皮细胞；5—骨细胞；6—软骨细胞；
7—神经细胞；8—脂肪细胞；9—成纤维细胞

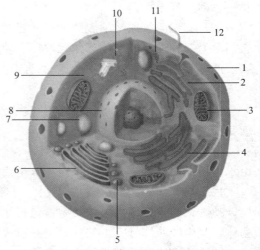

图 1-2　细胞的结构
1—细胞膜；2—光面内质网；3—线粒体；
4—粗面内质网；5—分泌小泡；6—高尔基体；
7—溶酶体；8—细胞核；9—细胞质；
10—中心体；11—核糖体；12—纤毛

1. 细胞膜

细胞膜（图1-3）是细胞表面一层连续而封闭的界膜，亦称原生质膜或细胞质膜。细胞膜由脂质双层镶嵌球蛋白构成，此外还含有少量多糖，它起着维持细胞内环境相对稳定的作用，同时可完成调节细胞的物质交换、代谢活动、信息传递和细胞识别等功能。

（1）物质运输

① 扩散作用 是指物质从高浓度区通过细胞膜运送到低浓度区的不耗能过程。物质扩散速度不仅取决于浓度梯度、物质粒子大小和电荷，脂溶度也起一定的决定作用。

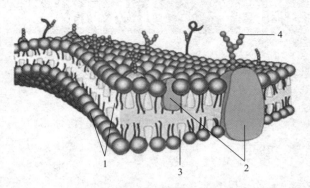

图1-3 细胞膜的结构
1—磷脂分子；2—蛋白质分子；3—胆固醇；4—糖类

② 主动运输 某些物质可以逆浓度梯度进入或移出细胞。主动运输必须依靠细胞膜上的"泵"，并需ATP为载体蛋白直接提供能量。如转运Na^+、K^+的钠钾泵等，实际上就是Na^+，K^+-ATP酶，是膜中的内在蛋白，可以把细胞内的Na^+泵出细胞外，同时把K^+泵入细胞内。另一种对细胞基本功能有重要作用的是钙泵。

③ 胞吞作用与胞吐作用 大分子物质不能以渗透方式跨越细胞膜，而是通过细胞膜本身的运动，以形成小泡的方式被摄入细胞内，即胞吞作用；而胞吐作用则是把胞质小泡内的大分子物质排出细胞外。胞吞作用和胞吐作用需能量供应，也需肌动蛋白和肌球蛋白的参与。

（2）构成受体 细胞膜上有的蛋白质可作为受体，能接受外界化学信号，如激素、神经递质、药物等。信号与细胞膜的受体相结合，引起受体蛋白发生构型变化，导致细胞内部继发一系列生理效应。

（3）细胞膜抗原 细胞膜上有些蛋白质和糖标记着种、属、个体以及各型细胞的特征，它们对另一种动物或个体可作为抗原，使其产生相应的抗体，从而引起免疫反应。

此外，细胞膜还参与细胞运动、细胞分化和保护等作用。

2. 细胞质

细胞质是细胞内进行代谢作用和执行各种机能活动的场所，包括细胞质基质、细胞器和细胞内含物。

（1）基质 是半透明胶状物质，含较多蛋白质，约占细胞蛋白质总量的20%~25%，由水、糖类、脂质、无机盐和酶类等组成。

（2）细胞器 是细胞质内具有一定形态结构和化学组成，执行一定生理功能的一类结构。动物细胞中具备界膜的细胞器包括线粒体、内质网、高尔基复合体、溶酶体和过氧化物酶体，其中线粒体具有由双层单位膜组成的界膜，并独立存在于细胞质中。

细胞质内非膜性细胞器主要有核糖体、微管和微丝等。

（3）内含物 是细胞质内具有一定形态的营养物质或代谢产物，包括脂质、糖原、蛋白质、分泌颗粒及色素颗粒等。

3. 细胞核

细胞核是细胞遗传物质的储存场所和细胞机能的控制中心，哺乳动物体内除成熟红细胞没有细胞核外,其余细胞均有细胞核。

一个细胞通常含一个细胞核,但骨骼肌细胞有多个细胞核。核通常位于细胞中央,但也有位于细胞基部或偏于一侧的。细胞核的体积随细胞周期而变化,准备分裂的间期细胞核比刚分裂后的细胞核要大些;代谢活性高的细胞,其核略大于生理活性低的细胞。

(1) 细胞核的构造　细胞核由核膜、核基质、核仁和染色质构成。

① 核膜　是细胞核表面由两层单位膜组成的被膜,它将核物质与细胞质隔开。核膜最重要的功能是调节细胞核与细胞质间的物质交换,核膜外层附有核糖体,说明它有合成蛋白质的功能。

② 核基质　除去核膜、核仁和染色质以外,存在于细胞核内的物质称为核基质,含有水、无机盐和多种酶类,如 DNA 聚合酶、核糖核酸酶等。核基质为核内代谢提供稳定的环境,也为核内运输可溶性代谢产物提供必要的介质。

③ 核仁　核仁是球形的致密体,直径约 $2\sim5\mu m$,一个细胞核内常有 1~2 个核仁,也有 3~5 个的。核仁无界膜包裹,主要由纤维成分、颗粒成分和核仁基质组成。核仁与细胞内蛋白质合成有密切关系。

④ 染色质　染色质是遗传物质的一种存在形式,是由脱氧核糖核酸(DNA)、核糖核酸(RNA)、组蛋白和非组蛋白组成的纤维状复合物。染色质分散存在于核内,当细胞进行有丝分裂时,染色质高度螺旋化,卷曲成染色体,并在核膜消失后,散布于细胞质中。因此,染色质和染色体的组成成分相同,但构型各异,相间地出现于细胞周期中的不同功能阶段。

染色体的数目和形状随动物种类而异,但各种动物染色体的数目和构型是恒定的。

(2) 细胞核的功能　细胞核一方面通过储存在 DNA 上亲代的遗传物质的复制和传递,于细胞分裂时传给子代,并影响子代的性状,另一方面在分裂间期通过 DNA 上遗传信息的转录和翻译,合成各种蛋白质(包括酶)。

(三) 细胞的生命活动

凡是活的细胞,都具有下列生命活动现象。

1. 新陈代谢

新陈代谢是细胞生命活动的基础。每一个活的细胞,在生命活动过程中都必须不断地从外界摄取营养物质,合成本身需要的物质,这一过程称为同化作用(合成作用);同时也分解自身物质,释放能量供细胞活动需要,并排出废物,这一过程称为异化作用(分解作用)。这两个过程就是新陈代谢。细胞的一切生命活动都建立在新陈代谢的基础上,如果新陈代谢停止,那就意味着细胞的死亡。

2. 感应性

感应性是指细胞受到外界刺激(如机械力、温度、光、电、化学等)时会产生反应的特性。如神经细胞受到刺激后会产生兴奋和传导冲动,骨骼肌细胞受到刺激后会收缩等。

3. 运动

机体内的某些细胞有一定的运动能力,在不同的环境下可表现出不同的运动形式。如吞噬细胞的变形运动,骨骼肌细胞的收缩与舒张运动,精细胞的鞭毛运动,气管上皮细胞的纤毛运动等。

4. 细胞的生长与增殖

动物有机体的生长发育、创伤修复等,都是细胞生长和增殖的结果。细胞的体积增大,称为生长。细胞生长到一定的阶段,在一定条件下,以分裂的方式进行增殖,产生新的细胞。机体通过细胞增殖促进机体生长发育和补充衰老死亡的细胞。细胞的增殖是通过分裂的方式进行的，分裂的方式主要有两种，即无丝分裂和有丝分裂。

5. 细胞分化、衰老和死亡

细胞分化是指在个体发育进程中，细胞发生化学组成、形态结构和功能彼此互异、逐步改变的现象。如动物由一个简单的受精卵转变成具有高度复杂性和结构性的胚胎，而后又发育成具有多种复杂生理功能的完整个体。细胞分化存在于生物体的整个生命过程之中，在胚胎期表现明显。

衰老和死亡是细胞生长过程的必然结局。不同类型的细胞，其衰老的进程也不一致。衰老的细胞主要表现为代谢活动降低，生理功能减弱，并出现形态结构的改变，最后整个细胞解体死亡。

不同类型细胞的寿命差异很大，一般说来，高度分化的神经元细胞和肌细胞在出生后即停止分裂，其寿命可与个体寿命等长；红细胞在血液循环中存留约120d；中性粒细胞在正常情况下仅存活8d。

二、识别组织基本结构

动物组织是由一些起源、形态和机能相似的细胞和细胞间质结合在一起构成的，根据组织的形态和机能特点可将其分为上皮组织、结缔组织、肌肉组织和神经组织。

（一）上皮组织

上皮组织由密集排列的细胞和极少量的细胞间质所组成，具有保护、分泌、吸收、排泄、感觉等功能。

根据上皮组织的功能和形态结构，可将其分为被覆上皮、腺上皮和感觉上皮。

1. 被覆上皮

根据细胞的形态和排列层数的不同，被覆上皮分为单层上皮和复层上皮。单层上皮又分为单层扁平上皮、单层立方上皮、单层柱状上皮和假复层柱状纤毛上皮。复层上皮又分为复层扁平上皮、复层柱状上皮、复层立方上皮和变移上皮等。

（1）单层扁平上皮（图1-4）　由一层多边形扁平细胞组成，彼此以锯齿状边缘相嵌合，表面观呈鳞片状，侧面观呈梭形，细胞核扁圆，位于细胞中央。分布于心血管和淋巴管内表面的单层扁平上皮称为内皮；分布于体腔内表面和体腔内器官外表面的单层扁平上皮称为间皮。内皮表面光滑，可减少血液和淋巴流动时的阻力；间皮表面光滑而湿润，利于内脏器官的活动。

图1-4　单层扁平上皮（间皮）

(2) 单层立方上皮（图1-5） 细胞侧面呈正立方形，细胞的高与直径无明显差距。表面观则呈多边形，细胞核大而圆，位于细胞中央。单层立方上皮主要分布于肾集合管、肺的细支气管、卵巢的表面和腺体等处，主要起分泌作用。

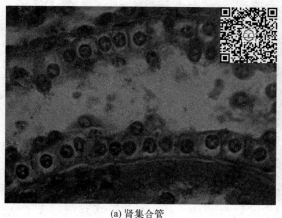

(a) 肾集合管　　　　　　　　　　　　(b) 甲状腺

图 1-5　单层立方上皮

(3) 单层柱状上皮（图1-6） 由一层柱状细胞紧密排列而成，核椭圆，长轴与细胞一致，位于细胞近基底部，游离面可见微绒毛，细胞之间常夹杂着一些杯状细胞。单层柱状上皮主要分布于胃肠黏膜内表面，主要起消化吸收作用。

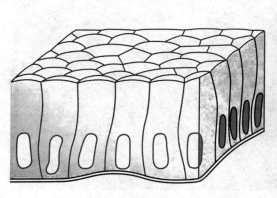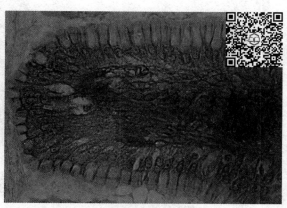

(a) 单层柱状上皮模式图　　　　　　　　　　　(b) 胃底黏膜上皮切面

图 1-6　单层柱状上皮

(4) 假复层柱状纤毛上皮（图1-7） 由高低不同的柱状细胞、梭形细胞和锥形细胞组成，柱状细胞游离缘有纤毛。由于细胞的高度不同，细胞核不在同一水平面上，形似复层，但每个细胞的基底面均附着于基膜上，实为单层，纤毛细胞之间常有杯状细胞分布。假复层柱状纤毛上皮主要分布于上部呼吸道的内表面，能借纤毛的摆动，清除细胞分泌物及吸附的细菌、尘埃等。

电镜下观察发现变移上皮的各层细胞下方均有突起附着于基膜。据此说明，变移上皮属于假复层上皮。

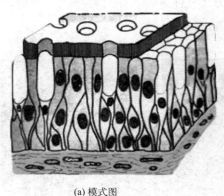

(a) 模式图　　　　　　　　　　　(b) 气管黏膜上皮切面

图 1-7　假复层柱状纤毛上皮

（5）复层扁平上皮（图 1-8）　又称复层鳞状上皮，表层细胞扁平，是直接与外界环境或外物接触的部位。表层细胞角质化，形成角质层，具有抗摩擦、抗损伤及防止异物侵入等功能。表层细胞衰老脱落后，由深层细胞不断增殖补充。中间层由数层多角形细胞组成，细胞间隙明显。复层扁平上皮分布于皮肤、口腔、食管、阴道等处，分为角质化复层扁平上皮和非角质化复层扁平上皮。

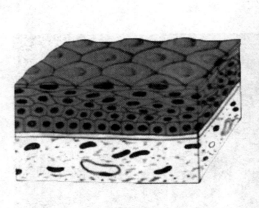 

(a) 模式图　　　　　　　　　　　(b) 食管黏膜上皮层

图 1-8　复层扁平上皮

（6）变移上皮（图 1-9）　又称移行上皮，主要分布于肾盏、肾盂、输尿管和膀胱等处的黏膜内表面。表面细胞扁平，深层细胞为不规则的立方形。细胞的层数和形态随器官的功能状态而变动，如膀胱被尿液充满时，上皮细胞层数减少，仅有 2～3 层，当膀胱收缩，尿液排空时，上皮细胞层数变多。

（7）复层柱状上皮　表面为一层柱状细胞，基底层细胞呈矮柱状，中间为多角形细胞，分布于眼睑结膜，有些腺体内较大的导管中也可见到，具有保护作用。

（8）复层立方上皮　很少见，仅分布于汗腺的导管中。

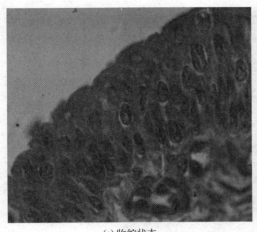

(a) 收缩状态　　　　　　　　　　　　(b) 扩张状态

图 1-9　变移上皮（膀胱）

2. 腺上皮

由具有分泌功能的细胞组成的上皮组织称为腺上皮。腺上皮细胞多排列成索状或团块状，也可形成腺管或腺泡。以腺上皮为主要成分组成的器官称为腺。根据腺的生理功能和结构的不同，可分为两大类，即内分泌腺和外分泌腺。

（1）内分泌腺　内分泌腺因无导管，故亦称无管腺。这类腺细胞的分泌物称为激素，激素直接进入细胞周围丰富的毛细血管或毛细淋巴管内，由血液或淋巴输送到全身各个组织、器官内，以调节组织和器官的生长和活动。

（2）外分泌腺　外分泌腺具有由上皮细胞形成的导管，故亦称有管腺，其分泌物经导管排出，如唾液腺、肝脏和胰腺等。外分泌腺可分为单细胞腺和多细胞腺。单细胞腺的腺细胞呈单个散在分布，如杯状细胞。动物体中的多数腺体是多细胞腺。

3. 感觉上皮

有些部位的一些上皮细胞能感受某种物理或化学性的刺激，被称为感觉上皮细胞，感觉上皮含有感觉细胞（初生的、次生的），具有感受刺激的功能，主要分布于舌、鼻、眼、耳等感觉器官内。

（二）结缔组织

结缔组织是动物体内分布最广、形态结构最多样化的一类组织。其特点是由少量的细胞和大量的细胞间质组成。细胞间质包括纤维和基质两部分。细胞分散于细胞间质中，无极性。结缔组织在体内主要起连接、支持、保护、营养和运输等作用。

根据形态结构，可将结缔组织分为疏松结缔组织、致密结缔组织、脂肪组织、网状组织、软骨组织、骨组织、血液和淋巴。

1. 疏松结缔组织

疏松结缔组织（图 1-10）是柔软而富有弹性和韧性的结缔组织，广泛存在于皮下和全身各器官间及器官内，肉眼观察时呈白色网泡状或蜂窝状，因而也称蜂窝组织。疏松结缔组织除具有营养、防御、运输代谢产物和修复的作用外，还具有填充、支持、连接等机械作用。

疏松结缔组织由胶状的基质、纤维和细胞组成。

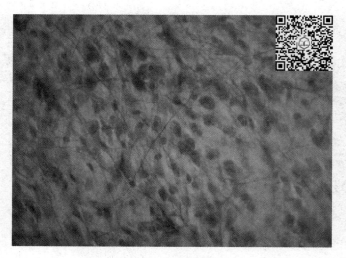

图 1-10 疏松结缔组织

2. 致密结缔组织

由大量紧密排列的纤维成分和少量的细胞成分（主要为成纤维细胞）构成，基质含量少，形态固定。致密结缔组织包括以下两种。

（1）不规则致密结缔组织 以胶原纤维为主，纤维排列方向不规则，互相交织，构成坚固的纤维膜，如骨膜、软骨膜、真皮［图 1-11(a)］和巩膜等。

（2）规则致密结缔组织 有的以胶原纤维为主，如肌腱［图 1-11（b）］；有的以弹性纤维为主，如项韧带。其纤维排列十分规则而致密，具有弹性和抗牵引力作用。

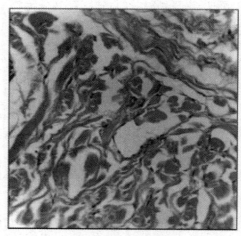
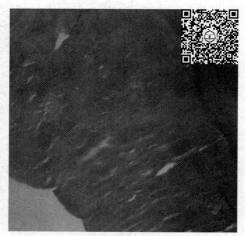

(a) 不规则致密结缔组织　　　　　　　　(b) 规则致密结缔组织(腱)

图 1-11 致密结缔组织

3. 网状组织

网状组织主要分布于骨髓、淋巴结、脾脏及淋巴组织等处，由网状细胞和网状纤维组成。其基质是组织液或淋巴。网状组织一般认为是构成淋巴组织的支架，并可为淋巴细胞和血细胞的发育提供一个适宜的微环境（图 1-12）。

4. 脂肪组织

脂肪组织由大量脂肪细胞聚集而成，细胞表面包绕着致密而纤细的网状纤维，基质含量极少（图1-13）。少量疏松结缔组织和小血管伸入脂肪组织内，将其分隔成许多小叶。脂肪细胞呈球形、卵圆形或多角形。细胞内充满脂滴，细胞质和细胞核被挤到细胞的外围，呈一狭窄的指环状带。在苏木精-伊红（HE）染色的切片中，由于脂滴被溶解，细胞呈现大空泡状。

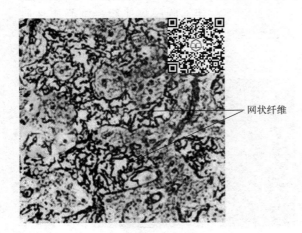

图1-12　网状组织

图1-13　脂肪组织

脂肪组织主要分布在皮下、肠系膜、腹膜、大网膜以及某些器官的周围。其主要功能是贮存脂肪并参与能量代谢，是体内最大的能量库。此外，还有支持、保护和维持体温等作用。

5. 软骨组织与软骨

（1）软骨组织　软骨组织略具弹性，有较强的支持力，能承受压力和摩擦。软骨组织参与构成呼吸道和耳廓的支架，还构成光滑的关节面及组成骨连结。软骨组织由软骨细胞和间质组成。

（2）软骨　软骨由软骨组织形成，除关节软骨的关节面之外，均覆有一层由致密结缔组织构成的骨膜。根据基质所含纤维成分的不同，将软骨分为透明软骨、纤维软骨和弹性软骨3种类型（图1-14）。透明软骨分布于关节面、肋软骨、气管环及胸骨等处。纤维软骨分布于椎间盘、半月板等处，软骨与软骨膜之间无明显界限。弹性软骨分布于耳廓、喉部会厌等处。

　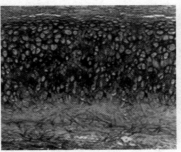　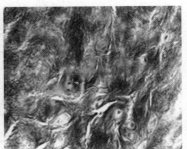

(a) 透明软骨　　　　　　　(b) 弹性软骨　　　　　　　(c) 纤维软骨

图1-14　软骨组织

6. 骨组织

骨是一种坚硬的组织，由骨细胞、骨基质（大量钙化的细胞间质）和纤维（胶原纤维）

组成。

骨组织与软骨组织一起，构成动物体的支架，具有支持和保护作用。

7. 血液和淋巴

详见心血管系统、免疫系统。

（三）肌肉组织

肌肉组织由肌细胞构成。肌细胞细而长，也称肌纤维，其细胞膜称肌膜，细胞质称肌浆。肌细胞间有少量结缔组织和丰富的血管、淋巴管及神经等。按其结构和功能分为骨骼肌、平滑肌和心肌3类（如图1-15所示）。

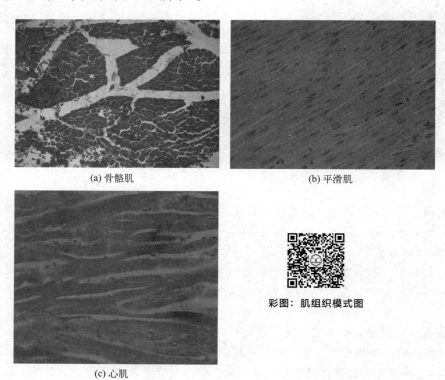

(a) 骨骼肌　　(b) 平滑肌

(c) 心肌

彩图：肌组织模式图

图1-15　肌组织模式图

（四）神经组织

详见神经系统。

三、器官、系统和有机体

（一）器官

几种不同的组织按一定的规律结合在一起，形成的具有一定形态和机能的结构，称为器官。器官可分为两大类，即中空性器官和实质性器官。

中空性器官是内部有较大腔隙的器官，如食管、胃、肠管、气管、膀胱、血管、子宫等。实质性器官是内部没有较大管腔的器官，如肝、肾、脾等。

（二）系统

由几个功能相关的器官联合在一起，共同完成机体某一方面的生理机能，这些器官就构成一个系统。如鼻腔、咽、喉、气管、支气管、肺等器官构成呼吸系统，共同完成呼吸机能；口腔、咽、食管、胃、肠、肝、胰等器官构成消化系统，共同完成消化和吸收机能。

动物体由10大系统组成,即运动系统、被皮系统、消化系统、呼吸系统、泌尿系统、生殖系统、心血管系统、免疫系统、神经系统和内分泌系统。其中,消化系统、呼吸系统、泌尿系统和生殖系统合称为内脏。构成内脏的器官称为内脏器官,简称脏器。内脏器官大部分位于脊柱下方的体腔内,为直径大小不同的中空器官,有孔,直接或间接与外界相通。

（三）有机体

由器官、系统构成完整的有机体。有机体内器官与其生活的周围环境间必须保持经常的动态平衡。这种动态平衡是通过神经、体液调节和器官、组织、细胞的自身调节来实现的。

1. 神经调节

神经调节是指神经系统对各个器官、系统的活动进行的调节。神经调节的基本方式是反射。所谓反射,是指在神经系统的参与下,机体对内外环境的变化所产生的应答性反应。例如:饲料进入口腔,就引起唾液分泌;蚊虫叮咬皮肤,则引起皮肤颤动或尾巴摆动,来驱赶蚊虫;等等。实现反射的径路,称为反射弧。反射弧一般由5个环节构成,即感受器、传入神经、反射中枢、传出神经和效应器。实现反射活动,必须有完整的反射弧,反射弧的任何一部分遭到破坏,反射活动就不能实现。

神经调节的特点是作用迅速、准确,持续的时间短,作用的范围较局限。

2. 体液调节

体液调节是指体液因素对某些特定器官的生理机能进行的调节。体液因素主要是内分泌腺和具有分泌机能的特殊细胞或组织所分泌的激素。此外,组织中的一些代谢产物,如CO_2、乳酸等局部体液因素,对机体也有一定的调节作用。

体液调节的特点是作用缓慢,持续的时间较长,作用的范围较广泛。这种调节,对维持机体内环境的相对恒定以及机体的新陈代谢、生长、发育、生殖等,都起着重要的作用。

有机体内大多数生理活动,经常是既有神经调节参与,又有体液调节的作用,二者是相互协调、相互影响的。但从整个有机体看,神经调节占主要地位。

3. 自身调节

自身调节是指动物有机体在周围环境发生变化时,许多组织细胞不依赖于神经调节或体液调节而产生的适应性反应。这种反应是组织细胞本身的生理特性,所以称为自身调节。如血管壁中的平滑肌受到牵拉刺激时,发生收缩性反应。自身性调节是全身性神经调节和体液调节的补充。

四、动物体表主要部位名称及方位术语

（一）动物体表主要部位名称

动物躯体都是两侧对称的,可划分为头部、躯干部、四肢部3大部分,家畜和家禽的体表结构略有区别。

1. 家畜体表的主要部位名称

（1）头部　头部又分为颅部和面部。

① 颅部　位于颅腔周围,可分为枕部、顶部、额部、颞部等。

② 面部　位于口、鼻腔周围,可分为眼部、鼻部、咬肌部、颊部、唇部、下颌间隙部等。

（2）躯干部　除头和四肢以外的部分称躯干,包括颈部、胸背部、腰腹部、荐臀部和尾部。

① 颈部　以颈椎为基础,颈椎以上的部分称颈上部;颈椎以下的部分称颈下部。

② 胸背部　位于颈部和腰荐部之间,其外侧被前肢的肩胛部和臂部覆盖。前方较高的部位称为鬐甲部,后方为背部;侧面以肋骨为基础称为肋部;前下方称胸前部;下部称胸骨部。

③ 腰腹部　位于胸部与荐臀部之间，上方为腰部，两侧和下面为腹部。

④ 荐臀部　位于腰腹部后方，上方为荐部，侧面为臀部，后方与尾部相连。

⑤ 尾部　分为尾根、尾体、尾尖。

(3) 四肢部

① 前肢　前肢借肩胛和臂部与躯干的胸背部相连，分为肩带部、臂部、前臂部、前脚部。前脚部包括腕部、掌部、指部。

② 后肢　由臀部与荐部相连，分为股部、小腿部、后脚部。后脚部包括跗部、跖部、趾部。牛体表各部位名称如图 1-16 所示。

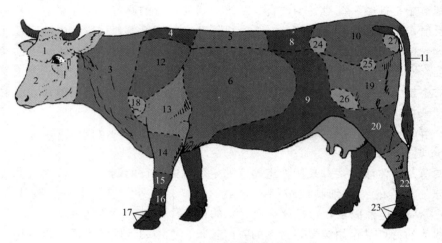

图 1-16　牛体表各部位名称

1—颅部；2—面部；3—颈部；4—鬐甲部；5—背部；6—肋部；7—胸部；8—腰部；9—腹部；10—荐臀部；11—尾部；12—肩胛部；13—臂部；14—前臂部；15—腕部；16—掌部；17—指部；18—肩关节；19—股部；20—小腿部；21—跗部；22—跖部；23—趾部；24—髋结节；25—髋关节；26—膝部；27—坐骨结节

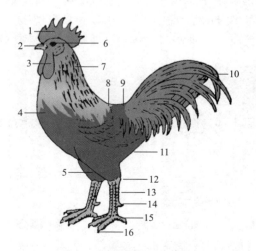

图 1-17　鸡体表各部位名称

1—冠；2—喙；3—肉髯；4—胸；5—胫；6—眼；7—颈和颈羽；8—背；9—腰；10—尾羽；11—腹；12—飞节；13—跖；14—距；15—趾；16—爪

2. 家禽体表的主要部位名称

家禽也分为头部、躯干部、四肢部。头部又分为肉冠、肉髯、喙、鼻孔、眼、耳孔、脸等。躯干部又分为颈部、胸部、腹部、背腰部、尾部等。前肢演变成翼，分为臂部、前臂部等。后肢部又分为股、胫、飞节、跖、趾和爪等（图 1-17）。

(二) 方位术语

1. 轴和面

(1) 轴　家畜大都是四足着地的，其身体长轴（或称纵轴），从头端至尾端与地面是平行的。长轴也可用于四肢和各器官，均以纵长的方向为基准，如四肢的长轴则是四肢上端至四肢下端。与地面垂直或垂直于长轴的轴，称横轴。

(2) 面　① 矢状面　是指与动物体长轴平行且与地面垂直的切面，分正中矢状面和侧矢状面。正中矢状面只有 1 个，位于畜体长轴的正中线上，将动物体分为左右对称的 2 部分。侧矢状面与正中矢状面平行，位于正中矢状面的两侧（图 1-18）。

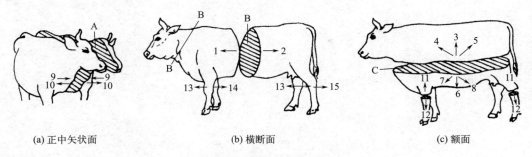

(a) 正中矢状面　　　　　(b) 横断面　　　　　(c) 额面

图 1-18　基本切面及方位
A—正中矢状面；B—横断面；C—额面
1—前；2—后；3—背侧；4—前背侧；5—后背侧；6—腹侧；7—前腹侧；8—后腹侧；
9—内侧；10—外侧；11—近端；12—远端；13—背侧（四肢）；14—掌侧；15—跖侧

② 横断面　是指与动物体长轴垂直的切面，位于躯干的横断面可将动物体分为前、后 2 部分。与器官长轴垂直的切面也称横断面。

③ 额面（水平面）　是指与身体长轴平行且与矢状面和横断面相垂直的切面。额面可将动物体分为背侧和腹侧 2 部分。

2. 解剖方位术语

靠近动物体头端的称前或头侧；靠近尾端的称后或尾侧；靠近脊柱的一侧称背侧（上面）；靠近腹部的一侧称腹侧（下面）；靠近正中矢状面的一侧称内侧；远离正中矢状面的一侧称外侧。确定四肢的方位常用近端或远端，近端是靠近躯干的一端；远端是远离躯干的一端。四肢的前面为背侧；前肢的后面称掌侧，后肢的后面称跖侧。此外，前肢前背部的内侧为桡侧，外侧为尺侧；后肢小腿部的内侧为胫侧，外侧为腓侧。

项目二　被皮系统结构与功能识别

知识目标
- 掌握皮肤的结构；
- 熟悉皮肤衍生物的类别；
- 掌握蹄的构造。

技能目标
- 会进行皮内注射、皮下注射；
- 能识别毛与绒；
- 会进行羊、牛蹄的修整。

素质目标
- 培养从事畜牧兽医专业工作的安全生产、环境保护意识；
- 初步养成爱岗敬业、认真负责的工作态度；
- 培养发现问题、综合分析问题和解决生产实际问题的能力。

一、认识皮肤

皮肤被覆于畜体表面，由复层扁平上皮和结缔组织构成，内含血管、淋巴管、汗腺以及丰富的感受器，具有保护、感觉、调节体温、排泄废物和贮存营养物质等功能。皮肤由表皮、真皮和皮下组织构成（图2-1）。

（一）表皮

表皮是皮肤的最外层，由复层扁平上皮构成，上皮的表层细胞角化，称为角质层。表皮内没有血管和淋巴管，有丰富的神经末梢，表皮需要的营养由真皮供给。

（二）真皮

真皮位于表皮下面，是皮肤最厚的一层，为致密结缔组织，含有大量胶原纤维和弹性纤维，坚韧而富有弹性，可用以鞣制皮革。真皮由浅向深分为乳头层和网状层，但两层无明显分界。乳头层富有血管、淋巴管和感觉神经末梢，起营养表皮和感受外界刺激的作用。网状层为真皮的深层，内有大量粗大的胶原纤维束和弹性纤维，故具有坚韧性和弹性。网状层含有较大血管、淋巴管和神经，并有毛囊、汗腺、皮脂腺和竖毛肌（又称立毛肌）等。

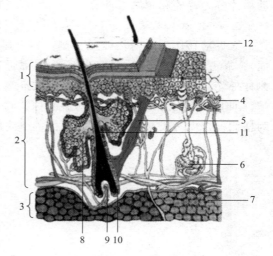

图2-1　皮肤的结构

1—表皮；2—真皮；3—皮下组织；4—神经末梢；
5—竖毛肌；6—小汗腺；7—脂肪；8—皮脂腺；
9—毛乳头；10—毛囊；11—毛根；12—毛干

（三）皮下组织

皮下组织位于皮肤的最深层，由疏松结缔组织构成，含有脂肪组织，具有保温、贮藏能量和缓冲机械压力的作用。由于皮下组织结构疏松，皮肤具有一定的活动性。

想一想

临床上的皮内注射和皮下注射分别是将药物注射到哪里？

二、识别皮肤衍生物

家畜的皮肤衍生物包括毛、蹄、枕、汗腺、皮脂腺、乳腺、角等。其中乳腺、皮脂腺和汗腺称为皮肤腺。

（一）毛

毛由表皮衍生而成，坚韧而有弹性，覆盖于皮肤表面，有保温作用。

毛在畜体表面呈一定方向排列，称毛流。一般来说，畜体的不同部位毛流的方向与外界气流和雨水在体表流动的方向一致。

毛由毛干和毛根2部分构成（图2-1）。毛干为露出皮肤表面的部分；毛根为埋于皮肤内的部分。毛根末端膨大呈球形，称毛球。毛球底部凹陷，并有结缔组织伸入，称为毛乳头。毛乳头内富有血管和神经，毛可通过毛乳头获得营养。

毛生长到一定时期就会衰老脱落，被新毛代替，称为换毛。换毛的方式包括持续性换毛和季节性换毛，大部分家畜为混合式换毛。

（二）皮肤腺

皮肤腺位于真皮内，根据其分泌物的不同，可分为汗腺、皮脂腺和乳腺。汗腺导管部多数开口于毛囊，少数开口于皮肤表面。汗腺分泌汗液，有排泄废物和调节体温的作用。马和绵羊的汗腺最发达，几乎分布全身；猪的比较发达，但以趾间部汗腺分布最多；牛的只在面部和颈部发达。

皮脂腺多位于毛囊与立毛肌之间，多数开口于毛囊，无毛部位直接开口于皮肤表面。皮脂腺分泌皮脂，有滋润皮肤和被毛的作用，可使皮肤和被毛保持柔韧。家畜除角、蹄、爪、乳头及鼻唇镜等处的皮肤无皮脂腺外，其他部位的皮肤几乎都有。马和绵羊的皮脂腺发达，猪的不发达。

乳腺的结构特征与动物的年龄、性周期有很大关系。公母畜均有乳腺，但只有母畜能充分发育，并具有分泌乳汁的能力，形成发达的乳房。母牛的乳房呈倒置圆锥形，在两股之间，悬吊在腹后耻骨部。可分成紧贴腹壁的基部、中间的体部和游离的乳头部。乳房由纵行的乳房间沟分为左右两半，每半又以浅的横沟分为前后两部，共四个乳丘。每个乳丘上有一个乳头，乳头多呈圆柱形或圆锥形，前列乳头较长，每个乳头有一个乳头管。有时在乳房的后部有一对小的副乳头，无分泌能力。乳房由皮肤、筋膜和实质构成。乳房实质分隔成许多腺小叶。每一腺小叶由分泌部和导管部组成。分泌部分泌乳汁，包括腺泡和分泌小管，其周围有丰富的毛细血管网。导管部输送乳汁，由许多小的输乳管汇合成较大的输乳管，再汇合成乳道，开口于乳头上的乳池，乳头管内衬黏膜形成许多纵嵴呈辐射状向乳头管口外伸延，黏膜下有发达的平滑肌和弹性纤维，平滑肌在管口处形成括约肌。牛乳房四个乳丘的管道系统彼此并不相通。

（三）蹄

蹄是指牛、马、猪和羊等有蹄动物指（趾）端着地的部分，由蹄匣、肉蹄和皮下组织构成。

（1）蹄匣　蹄匣是蹄的角质层，由表皮衍生而成，可分为角质壁、角质底和角质球。

（2）肉蹄　肉蹄是蹄的真皮层，由真皮衍生而成，富含血管和神经，颜色鲜红，套于蹄匣内面，可分为肉壁、肉底和肉球。

(3) 皮下组织　蹄缘和蹄冠的皮下组织薄，蹄壁和蹄底无皮下组织，蹄球的皮下组织发达，含有丰富的弹性纤维，构成指（趾）端的弹力结构。

1. 牛蹄和羊蹄的构造

牛和羊是偶蹄动物，每指（趾）端有 4 个蹄，其中直接与地面接触的蹄称为主蹄。小而不着地，附着于系关节掌（跖）侧面的称为悬蹄。牛蹄结构如图 2-2 所示。

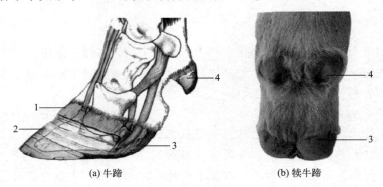

(a) 牛蹄　　　(b) 犊牛蹄

图 2-2　牛蹄结构

1—蹄冠；2—蹄壁；3—蹄底；4—悬蹄

2. 猪蹄

猪属于偶蹄动物，与牛不同之处在于蹄底较小，蹄球较大，蹄球与蹄底之间的界限清楚，悬蹄内有指（趾）骨。

3. 马蹄

马属动物为单蹄动物，只有发达的第 3 指（趾）着地。因此，马属动物的蹄没有主蹄和悬蹄之分（图 2-3、图 2-4）。

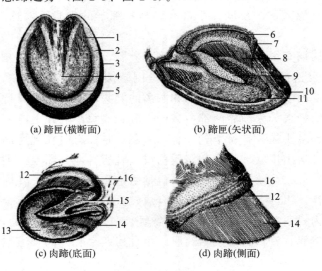

(a) 蹄匣(横断面)　　　(b) 蹄匣(矢状面)

(c) 肉蹄(底面)　　　(d) 肉蹄(侧面)

图 2-3　马蹄

1—釉层；2—冠状层；3—小叶层；4—蹄叉尖；5—蹄底；
6—蹄冠沟；7—蹄冠；8—角质小叶；9—蹄叉；10—蹄壁；
11—蹄底；12—肉冠；13—肉底；14—肉叶；15—肉叉；16—肉缘

图 2-4　马蹄

1—蹄冠；2—蹄壁

想一想

不修蹄对牛、羊、马有什么影响？

 查一查

利用课余时间，查阅牛、羊、马修蹄的方法。

（四）角

反刍动物的额骨两侧各有一个骨质角突，其表面覆盖的皮肤衍生物称为角。角由角表皮和角真皮构成。

角可分为角根（基）、角体和角尖3部分。角根与额部的皮肤相连接，角体由角根生长延续而来，角质层逐渐变厚。角尖由角体延续而来，角质层最厚，甚至成为实体。角的表面有环状的角轮，牛的角轮在角根部最明显，羊整个角的角轮都很明显。

 查一查

利用课余时间，查阅犊牛去角的方法。

（五）枕

枕是家畜指（趾）端由皮肤衍生而成的一种减震装置，由枕表皮、枕真皮和枕皮下组织构成。图 2-5 为猫的枕。

图 2-5　猫的枕

项目三 运动系统结构与功能识别

知识目标
- 描述骨的类型、构造和化学成分；
- 熟记动物全身骨的划分、动物全身骨骼名称和不同动物骨的特征；
- 说明关节的构造，熟记四肢骨关节；
- 说明肩部和臂部、臀部和股部肌肉，熟记常用肌肉的结构与肌纤维方向。

技能目标
- 识别畜体全身骨骼、畜体主要肌肉；
- 能在动物活体上指出四肢关节、主要肌肉名称及位置。

素质目标
- 培养吃苦耐劳的精神；
- 养成自主探究学习、与他人合作学习的习惯；
- 会获取信息、加工信息，能运用对比法、实验法等分析问题；
- 能运用所学知识发现生产中的问题，并能分析原因、解决问题。

运动系统是由骨骼和肌肉构成的，骨骼包括骨和骨连结。骨骼构成畜体的坚固支架，在维持体形、保护内部器官、支持体重等方面起着重要的作用。在运动中，肌肉提供动力，骨则是运动的杠杆，骨连结是运动的枢纽。

一、初识骨骼

(一) 骨

1. 骨的类型

根据骨的形状可将其分为长骨、短骨、扁骨和不规则骨。

(1) 长骨　长骨呈长管状，分为骨体和骨端。骨体又名骨干，为长骨的中间较细部分，骨质致密，内有空腔，称骨髓腔，含有骨髓。骨干表面有血管、神经出入骨而形成的滋养孔。骨的两端膨大，称骨骺（骨端）。长骨多分布于四肢游离部，主要作用是支持体重和形成运动杠杆。

(2) 短骨　短骨略呈立方形，大多位于承受压力较大而运动又较复杂的部位，多成群分布于四肢的长骨之间，如腕骨和跗骨。有支持、分散压力和缓冲震动的作用。

(3) 扁骨　扁骨呈宽扁板状，常围成腔，支持和保护重要器官，分布于头、胸等处，如颅腔各骨保护脑，胸骨和肋骨参与构成胸廓，保护心、肺、脾、肝等。扁骨亦为骨骼肌提供广阔的附着面，如肩胛骨等。有些扁骨的内部有比较大的含气腔隙，称之为窦，如额骨的额窦和上颌骨的上颌窦等。

(4) 不规则骨　形状不规则，功能多样，如椎骨等。不规则骨一般构成畜体中轴，起支持、保护和供肌肉附着作用。

2. 骨的构造

骨由骨膜、骨质、骨髓以及血管和神经等构成（图3-1）。

(1) 骨膜　包括包裹于除关节面以外整个骨表面的骨外膜以及衬在骨髓腔内面和骨松质腔隙内的骨内膜。骨膜富有血管、神经和成骨细胞，对骨具有营养、保护、修补和再生骨质的作用。

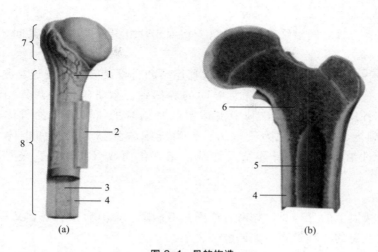

图 3-1 骨的构造

1—血管；2—骨膜；3—骨髓；4—骨密质；5—骨髓腔；6—骨松质；7—骨端；8—骨干

（2）骨质　分为骨密质和骨松质。

（3）骨髓　位于骨髓腔和骨松质的间隙内。胎儿和幼龄动物的骨髓全是红骨髓。随着动物年龄的增长，骨髓腔中的红骨髓逐渐被脂肪组织所代替，称为黄骨髓。红骨髓具有造血功能。骨松质中的红骨髓终生存在。

（4）血管和神经　骨具有丰富的血液供应，分布在骨膜上的小血管经骨表面的小孔进入并分布于骨密质。较大的血管穿过骨的滋养孔分布于骨髓。骨膜、骨质和骨髓均有丰富的神经分布。

想一想

从"骨的构造"方面说明为什么骨折手术治疗时一定要保护好骨膜？

3. 骨的化学成分和物理特性

骨由有机质和无机质2种化学成分组成。

（1）有机质　主要为骨胶原，决定骨的弹性和韧性。幼龄家畜有机质多，骨柔韧富弹性，不易骨折但易弯曲变形。

（2）无机质　主要是磷酸钙、碳酸钙和氟化钙等，决定骨的坚固性。老龄家畜无机质多，骨质硬而脆，易发生骨折且不易愈合。

妊娠母畜骨内钙质被胎儿吸收，使母畜骨质疏松而发生骨软症。乳牛在泌乳期，如饲料成分比例失调，也可发生骨骼变形。

拓展训练

试从"骨的成分与物理性质"方面总结高产奶牛、奶山羊、种母猪妊娠和泌乳期，以及蛋鸡和幼畜在饲粮或饲料供给时的注意事项。

（二）骨连结

骨与骨之间的连结称骨连结，分为直接连结和间接连结。

1. 直接连结

直接连结是骨与骨之间借纤维结缔组织、软骨或骨组织直接相连。其间无腔隙,不活动或仅有小范围活动。

直接连结分为3种类型:纤维连结、软骨连结和骨性结合。纤维连结是暂时性的,当老龄时常骨化,变成骨性结合,如头骨缝间的缝韧带。软骨连结是两骨相对面之间借软骨(透明软骨和纤维软骨)相连,其中由透明软骨结合的(如长骨的骨体与骨骺之间有骺软骨连结),到老龄时常骨化为骨性结合;由纤维软骨结合的(如椎体之间椎间盘),终生不骨化。骨性结合常由软骨连结或纤维连结骨化而成(如髂骨、坐骨和耻骨之间的结合)。

2. 间接连结

由2块或2块以上的骨构成,相对骨面间具有间隙,没有直接联系,又称关节。间接连结是骨连结中较普遍的一种形式,如四肢的关节。

(1) 关节的构造　关节由关节面、关节软骨、关节囊、关节腔、血管、神经以及辅助结构构成(图3-2)。

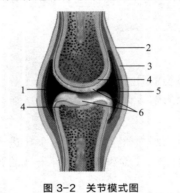

图 3-2　关节模式图

1—关节腔;2—纤维层;3—关节囊;4—关节面;5—滑膜层;6—关节软骨

① 关节面　是骨与骨相接触的光滑面,骨质致密,形状彼此互相吻合,其中一个略凸或呈球形,称关节头;另一个略凹,称关节窝。

② 关节软骨　是附着在关节面上的一层透明软骨,光滑而有弹性和韧性,可减少运动时的冲击和摩擦。

③ 关节囊　是包围在关节周围的结缔组织囊。囊壁分内外两层。外层是纤维层,厚而坚韧,有保护作用;内层是滑膜层,薄而柔润,有丰富的血管网,能分泌滑液。

④ 关节腔　是关节软骨和关节囊之间的腔隙,内有少量淡黄色的滑液,起润滑关节和营养关节软骨的作用。

⑤ 关节的辅助结构　主要有韧带和关节盘。韧带是在关节囊外连在相邻两骨间的致密结缔组织带,以加强关节的稳固性。关节盘是位于两关节面间的纤维软骨板,它有加强关节的稳固性、缓冲震动等作用,多在活动性大的关节内分布,如下颌关节、股胫关节等。

(2) 关节的运动　关节可沿横轴、纵轴、垂直轴运动,具体可分为屈伸、内收外展、旋转等形式。一个关节面也可以在另一个关节面上轻微滑动。

(3) 关节的类型

① 单关节和复关节　根据组成关节的骨数可将关节划分为单关节和复关节两种。单关节由相邻的两骨构成,如肩关节。复关节由两块以上的骨构成,或在两骨间夹有短骨或关节盘,如腕关节、膝关节等。

② 单轴关节、双轴关节和多轴关节　根据关节运动轴的数目,可将关节分为单轴关节、双轴关节和多轴关节三种。单轴关节一般只能沿横轴在矢状面上做屈、伸运动,如肘关节、膝关节、跗关节和趾关节等。双轴关节是由凸并呈椭圆形的关节面和相应的窝结合形成的关节,除可沿横轴做屈、伸运动外,还可沿纵轴左右摆动,如环枕关节和下颌关节。多轴关节是由半球形的关节头和相应的关节窝构成的关节,这种类型的关节除能做屈、伸、内收和外展运动外,还能做旋转运动,如肩关节和髋关节。

二、初识肌肉

（一）肌肉构造

全身的每一块肌肉都是一个肌器官，均由肌腹和肌腱构成（图3-3）。

1. 肌腹

肌腹由骨骼肌纤维借结缔组织结合而成，有收缩能力。在肌纤维、肌束和整块肌肉的外面分别包有肌内膜、肌束膜和肌外膜。肌膜内有血管、淋巴管、神经和脂肪，对肌肉起连接、支持和营养作用。

2. 肌腱

肌腱不能收缩，由规则的致密结缔组织构成，可使肌肉牢固地附着于骨上。

（二）肌肉的形态

肌肉一般可以分为板状肌、多裂肌、纺锤形肌和环形肌。

（三）肌肉的起止点和作用

肌肉一般都以两端附着于骨或软骨，中间越过一个或多个关节。当肌肉收缩时，肌腹变短，以关节为运动轴，牵引骨发生位移而产生运动。肌肉收缩时，固定不动的一端称为起点，活动的一端称为止点。但随着运动状况发生变化，起止点也可发生改变。

（四）肌肉的命名

肌肉一般是根据其作用、结构、形状、位置、肌纤维方向及起止点等特征而命名的，大多数肌肉是结合了数个特征而命名的。如臂头肌、腕桡侧伸肌、腹外斜肌等。

（五）肌肉的辅助器官

肌肉的辅助器官包括筋膜、黏液囊和腱鞘（图3-4）。

1. 筋膜

筋膜为被覆在肌肉表面的结缔组织膜，可分为浅筋膜和深筋膜。浅筋膜位于皮下，又称皮下筋膜，由疏松结缔组织构成，覆盖于整个肌肉表面。营养好的家畜浅筋膜内蓄积大量脂肪，形成皮下脂肪层。浅筋膜有保护、贮存脂肪和调节体温等功能。深筋膜在浅筋膜之下，由致密结缔组织构成，致密而坚韧，包围在肌群的表面，并伸入肌肉之间，附着于骨上。深筋膜有连接和支持肌肉的作用。

2. 黏液囊与腱鞘

黏液囊是密闭的结缔组织囊，多位于肌腱、韧带、皮肤与骨的突起之间，有减少摩擦的作用。黏液囊卷裹于腱的外面形成腱鞘，多位于活动范围较大的关节处。腱鞘呈筒状，包围于肌腱的周围，可减少肌腱活动时的摩擦。

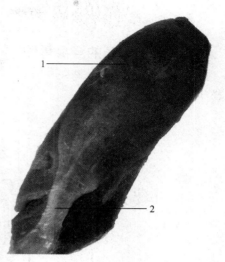

图 3-3 肌肉
1—肌腹；2—肌腱

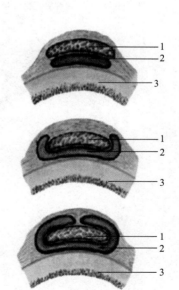

图 3-4 腱鞘和黏液囊
1—腱；2—黏液囊；3—骨

拓展训练

家畜的筋膜有哪些作用？

三、识别家畜的全身骨骼

畜体全身骨骼分为头部骨骼、躯干骨骼和四肢骨骼，四肢骨骼又包括前肢骨骼和后肢骨骼（图3-5、图3-6）。

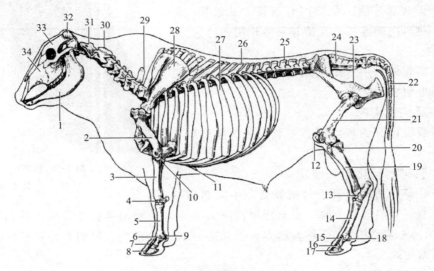

图3-5 牛的全身骨骼

1—下颌骨；2—臂骨；3—桡骨；4—腕骨；5—掌骨；6—系骨；7—冠骨；8—蹄骨；9—近侧籽骨；
10—尺骨；11—胸骨；12—膝盖骨；13—跗骨；14—跖骨；15—系骨；16—冠骨；17—蹄骨；18—近侧籽骨；
19—胫骨；20—腓骨；21—股骨；22—尾椎；23—髋骨；24—荐骨；25—腰椎；26—胸椎；
27—肋骨；28—肩胛骨；29—第7颈椎；30—枢椎；31—寰椎；32—角突；33—额骨；34—上颌骨

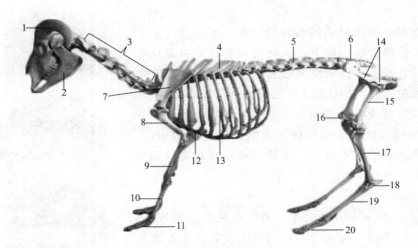

图3-6 羊的全身骨骼

1—角突；2—下颌骨；3—颈椎；4—胸椎；5—腰椎；6—荐骨；7—肩胛骨；8—臂骨（肱骨）；9—前臂骨；10—掌骨；
11—指骨；12—胸骨；13—肋骨；14—髋骨；15—股骨；16—膝盖骨；17—胫骨；18—跗骨；19—跖骨；20—趾骨

(一) 头部骨骼

头骨主要由扁骨和不规则骨构成,分为颅骨和面骨两部分(图3-7)。

1. 颅骨

颅骨构成颅腔以及感觉器官(眼、耳)和嗅觉器官的保护壁。包括成对的额骨、顶骨、颞骨和不成对的枕骨、顶间骨、蝶骨和筛骨等7种骨(共10块骨)。枕骨后端正中有枕骨大孔,前通颅腔,后接椎管。在枕骨大孔的两侧有卵圆形的关节面,称为枕髁,与寰椎构成寰枕关节。额骨前部有向两侧伸出的眶上突,构成眼眶的上界。额骨后缘与顶骨之间形成头骨的最高点,称额隆起。有角的牛,额骨后方两侧有角突。颞骨与下颌骨成关节。筛骨位于颅腔的前壁,参与构成颅腔、鼻腔及鼻旁窦的一部分,由筛板、垂直板和一对筛骨迷路组成。筛板上有许多小孔,为嗅神经纤维的通路。

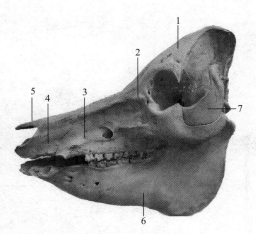

图3-7 猪的头骨(侧面)
1—额骨;2—颧骨;3—上颌骨;4—颌前骨;
5—鼻骨;6—下颌骨;7—颞骨

2. 面骨

面骨形成口腔、鼻腔、咽、喉和舌的支架。由成对鼻骨、上颌骨、切齿骨、泪骨、颧骨、腭骨、翼骨、上鼻甲骨、下鼻甲骨及不成对的下颌骨、犁骨和舌骨等12种骨(共21块骨)组成。鼻骨构成鼻腔顶壁的大部。上颌骨位于面部的两侧,构成鼻腔的侧壁、底壁和口腔的上壁,几乎与所有面骨连接,分为骨体和腭突。骨体外侧面宽大,有不甚明显的面嵴和眶下孔,其前端有面结节。上颌骨的下缘称齿槽缘,有臼齿槽;腭突由骨体内侧下部向正中矢面伸出的水平骨板形成,构成硬腭的骨质基础,将口腔和鼻腔隔开。切齿骨位于上颌骨的前方。骨体位于前端,薄而扁平,无切齿槽。鼻突与鼻骨前部的游离缘共同形成鼻切齿骨切迹或鼻颌切迹。腭骨构成鼻后孔侧壁及硬腭的骨性支架。鼻甲骨是两对卷曲的薄骨片,附着于鼻腔两侧壁上。上、下鼻甲骨,将每侧鼻腔分为上、中、下三个鼻道。下颌骨是头骨中最大的骨,分为前部的骨体和后部的下颌支。骨体前部为切齿部,有切齿槽;后部为臼齿部,有臼齿槽。切齿槽与臼齿槽之间为齿槽间缘。下颌支较宽阔,内、外侧面均凹,供咀嚼肌附着。下颌支上端的后方有下颌髁与颞骨成关节,两侧下颌骨之间形成下颌间隙。

3. 鼻旁窦

在一些头骨的内部,形成直接或间接与鼻腔相通的腔,称为鼻旁窦或副鼻窦(图3-8)。鼻旁窦内的黏膜是鼻腔的黏膜延续,当鼻黏膜发炎时,常蔓延到鼻旁窦,引起鼻旁窦炎。鼻旁窦在兽医临床上较重要的有额窦、上颌窦和腭窦。牛的额窦较大,与角突的腔相通。

 查一查

利用课余时间查阅有关鼻旁窦的作用的资料。

查一查

动物断角是否会感染额窦?

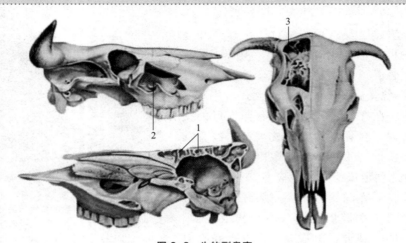

图 3-8 牛的副鼻窦
1—额窦；2—上颌窦；3—角窦

4. 头骨的连结

头骨的连结大部分为直接连结，主要是纤维连结，也有软骨连结。只有一个由颞骨、关节盘和下颌骨构成的颞下颌关节可动，进行开口、闭口和左右运动。

（二）躯干骨骼

1. 躯干骨

躯干骨包括脊柱、肋和胸骨。它们连接起来构成胸廓。脊柱由一系列椎骨借软骨、关节和韧带连结而成，构成畜体的中轴，前端连接头骨。脊柱的作用是支持体重，保护脊髓，传递推动力，参与胸腔、腹腔及骨盆腔的构成。

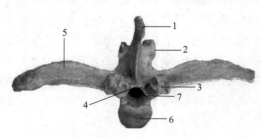

图 3-9 典型椎骨的构造
1—棘突；2—后关节突；3—前关节突；
4—椎弓；5—横突；6—椎头；7—椎孔

（1）椎骨 典型的椎骨由椎体、椎弓和突起组成，如图 3-9 所示。椎体位于椎骨的腹侧，呈短圆柱形，前面略凸称椎头，后面稍凹称椎窝。椎弓是椎体背侧的拱形骨板。椎弓与椎体之间形成椎孔，所有的椎孔依次相连，形成椎管容纳脊髓。突起分为棘突、横突和关节突，关节突又分为前关节突和后关节突。

按照部位，可将椎骨分为颈椎、胸椎、腰椎、荐椎和尾椎。各部椎骨的主要特征如下：

① 颈椎 家畜的颈部骨骼作为头的支柱和头部运动的杠杆，必须坚固而灵活。颈椎由 7 节组成。第 1 颈椎呈环状，又称寰椎，由背侧弓和腹侧弓围成。两弓的前面形成一较深的关节窝，与枕骨髁形成寰枕关节。两弓的后面则形成鞍状关节面，与第 2 颈椎（枢椎）形成寰枢关节。横突呈翼状，称寰椎翼，其外侧缘可在体表触摸到。寰椎的背弓较薄，无棘突。第 2 颈椎又称枢椎，椎体最长，前端形成齿状突，伸入寰椎的椎孔内，形成可以转动的寰枢关节，便于头部的旋转运动。第 3~5 颈椎的

形状大致相似，具有典型椎骨的一般构造。主要特点为关节突很强大，横突分前后两支，横突基部有横突间孔，各颈椎的横突间孔连成横突管。第 6 颈椎除具有与第 3～5 颈椎相同的特点外，其腹侧的横突呈平板状，称为腹板。第 7 颈椎是向胸椎过渡的椎骨，一般棘突较长，具有一对横突，无横突孔，椎窝两侧具一对小关节面，称为肋后窝，可与第一肋形成关节。

② 胸椎　胸椎棘突发达，牛第 2～6 胸椎棘突最高，马第 3～5 胸椎棘突最高；关节突小；横突短，游离端有小关节面，称横突肋凹，与肋结节成关节。各种家畜胸椎数目不同。

③ 腰椎　横突发达，呈上下扁的板状，伸向外侧。

④ 荐椎　成年时荐椎愈合成一整体，称荐骨。横突相互愈合，前部宽并向两侧突出，称荐骨翼，第一荐椎腹侧前端突出部叫荐骨岬。荐骨翼的背外侧有粗糙的耳状关节面，前端有卵圆关节面。荐骨的背侧有背侧荐孔，腹侧有腹侧荐孔，是血管神经的通路。

⑤ 尾椎　前几个尾椎仍具有椎骨的构造，牛前几个尾椎椎体腹侧有成对腹棘，中间形成一血管沟，供尾中动脉通过。后几个尾椎椎弓、突起则逐渐退化，仅保留椎体并逐渐变细，呈棒状。

(2) 肋　肋是左右成对的扁骨，构成胸廓的侧壁。肋一般包括肋骨和肋软骨（图 3-10）。

肋软骨直接与胸骨相连的肋，称为真肋；肋软骨不与胸骨相连的肋，称为假肋，有的动物最后的一或两对假肋细短，末端游离，称为浮肋。浮肋外的所有假肋由结缔组织顺次连接形成肋弓。相邻两肋之间的空隙称为肋间隙。肋的数量与胸椎对数相一致。

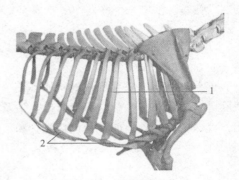

图 3-10　羊肋骨及胸廓
1—肋；2—肋软骨

(3) 胸骨　位于腹侧，构成胸廓的底壁，由若干个胸骨片和软骨构成。牛、猪和犬的胸骨上下扁平，马的胸骨呈舟状。胸骨的前部为胸骨柄，中部为胸骨体，在胸骨体两侧有成对的肋窝。马的胸骨体腹侧有发达的胸骨嵴，胸骨的后端有上下扁圆形的剑状软骨。

2. 躯干骨的连结

躯干骨的连结包括椎骨的连结、肋与椎骨连结和肋与胸骨连结。

(1) 椎骨的连结　可分为椎体间连结、椎弓间连结、脊柱总韧带、寰枕关节和寰枢关节。

① 椎体间连结　是相邻两椎骨的椎头与椎窝，借椎间盘相连结。

② 椎弓间连结　是相邻椎骨的前关节突和后关节突构成的关节，是滑动关节。

③ 脊柱总韧带　是分布在脊柱上起连结加固作用的辅助结构，除椎骨间的短韧带外还有 3 条贯穿脊柱的长韧带，包括棘上韧带、背纵韧带和腹纵韧带。

棘上韧带位于棘突顶端，由枕骨伸至荐骨。在颈部特别发达，形成强大的项韧带。项韧带由弹性组织构成，呈黄色，按构造可分为索状部和板状部（图 3-11），其作用是辅助颈部肌肉，支持头部。

背纵韧带位于椎管底部，椎体的背侧，由枢椎

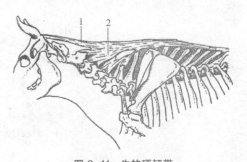

图 3-11　牛的项韧带
1—索状部；2—板状部

至荐骨。

腹纵韧带位于椎体的腹面,并紧密附着于椎间盘上,由胸椎中部开始,止于荐骨。

④寰枕关节　由寰椎与枕骨形成,可做屈伸运动和小范围的侧运动。

⑤寰枢关节　由寰椎与枢椎构成,可沿枢椎的纵轴做旋转运动。

(2) 肋与椎骨连结　又称肋椎关节,是肋骨与胸椎形成的关节。

(3) 肋与胸骨连结　又称肋胸关节,是真肋的肋软骨与胸骨两侧的肋窝形成的关节。

3. 胸廓

胸椎、肋和胸骨连接在一起构成胸廓(图3-10)。胸廓为平卧的截顶圆锥形,前口较窄,由第1胸椎、第1对肋和胸骨柄围成;后口较宽大,由最后胸椎、最后1对肋和剑状软骨构成。胸廓前部的肋较短,并与胸骨相连,坚固性强但活动范围小,适于保护胸腔内器官和连接前肢。胸廓后部的肋长而且弯曲,活动范围大,形成呼吸运动的杠杆。

想一想

家畜的胸廓与生产性能有怎样的关系?

(三) 前肢骨骼

1. 前肢骨

前肢骨是前肢各个部位的骨质基础,由肩胛骨、肱骨、前臂骨和前脚骨所组成(图3-12)。肩胛骨、锁骨和乌喙骨合称为肩带,牛及其他有蹄动物因四肢运动单纯化,锁骨和乌喙骨已退化,仅保留肩胛骨。前臂骨包括桡骨和尺骨。前脚骨包括腕骨、掌骨、指骨和籽骨。

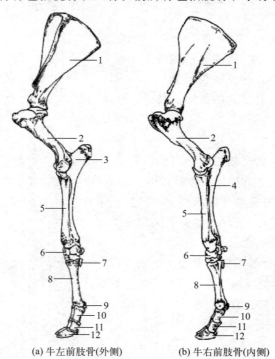

(a) 牛左前肢骨(外侧)　　(b) 牛右前肢骨(内侧)

图 3-12　牛的前肢骨

1—肩胛骨;2—臂骨(肱骨);3—肘突;4—尺骨;5—桡骨;6—腕骨;7—第5掌骨;
8—第3、4掌骨;9—籽骨;10—系骨;11—冠骨;12—蹄骨

(1) 肩胛骨　肩胛骨是三角形扁骨，位于胸廓前部的两侧。外侧面有一条纵行的隆起称肩胛冈。冈的中部增厚，形成一长而厚的粗糙区，称冈结节。肩胛冈向下延伸变薄，下端突出较高并形成尖的突起，称肩峰。牛、兔和猫肩峰明显；猪的冈结节特别发达且弯向后方，肩峰不明显。肩胛冈将外侧面分为前上方较小的冈上窝和后下方较大的冈下窝，供肌肉附着。

(2) 肱骨（臂骨）　肱骨为管状长骨，由前上方斜向后下方。近端有圆而光滑的肱骨头，与肩胛骨的关节窝成关节。远端有外侧两个滑车状关节面，分别称内侧髁和外侧髁，髁间是肘窝（鹰嘴窝），尺骨的肘突（鹰嘴）伸入其中。

(3) 前臂骨　前臂骨包括位于前方较粗的桡骨和在后外侧较细的尺骨。马、牛和羊等动物，桡骨发达；尺骨显著退化，仅近端发达，骨体向下逐渐变细，与桡骨愈合，近端有间隙，称前臂骨间隙。在猪、犬、兔和鼠等动物，尺骨比桡骨长。桡骨近端有前后略扁的关节窝，与肱骨髁成关节。远端有滑车状关节面，与腕骨构成关节。尺骨近端粗大而突出，称肘突，肘突下方有半月形的关节面，与肱骨远端成关节。远端表面有关节面，与腕骨成关节。

(4) 腕骨　腕骨属于短骨，排成两列。近列腕骨自内向外为桡腕骨、中间腕骨、尺腕骨和副腕骨；远列自内向外依次为第1、第2、第3和第4腕骨。第1和第2腕骨在马愈合为一块；牛缺第1腕骨，而第2和第3腕骨愈合。近列腕骨的近侧关节面与桡骨成关节。近、远列腕骨与各腕骨之间均有关节面，彼此成关节。远列腕骨的远侧关节面和掌骨成关节。

(5) 掌骨　属于长骨，由内向外分别称为第1、第2、第3、第4和第5掌骨。马有3个，中间是大掌骨（第3掌骨），内侧和外侧是小掌骨（即第2和第4掌骨），第1和第5掌骨退化。牛和羊有发达的大掌骨（第3、第4掌骨相互愈合而成），远端分别与第3指、第4指成关节，其他掌骨退化。猪有4个掌骨，第3、第4掌骨大，第2、第5掌骨小，缺第1掌骨。犬、猫、兔和鼠有5个掌骨。大掌骨近端具有两个微凹的关节面与远列腕骨成关节，远端有轴状关节面，被滑车间切迹分为两部分，每一轴状关节面中央均有较明显的矢状嵴。

(6) 指骨　每一完整的指骨从上至下顺次包括系骨、冠骨和蹄骨。蹄骨近端前缘突出称伸腱突，底面凹且粗糙，称屈腱面。马只有第3指。牛、羊的第3、第4指发育完全，称为主指，与地面接触；第2、第5指大部分退化，称为悬指，不与地面接触。猪的第3、第4指发达，第2、第5指小。犬、猫、兔和鼠有5指，但第1指仅含二指节。

(7) 籽骨　籽骨分近籽骨和远籽骨。分别位于掌指关节和远指节间关节的掌侧面，参与相应关节的形成。

2. 前肢骨的连结

前肢的肩带与躯干之间不形成关节，而是借肩带肌将肩胛骨与躯干连结。前肢各骨之间均形成关节，自上而下依次为肩关节、肘关节、腕关节和指关节。指关节又包括掌指关节、近指节间关节和远指节间关节，也称系关节、冠关节、蹄关节。

(1) 肩关节　肩关节是由肩胛骨关节窝（肩臼）和肱骨头构成的单关节，无侧韧带，故肩关节的活动性大，为多轴关节。但由于受内、外侧肌肉的限制，主要进行屈、伸运动，而内收和外展运动范围较小。

(2) 肘关节　是由肱骨远端的关节面与桡骨及尺骨近端关节面构成的单轴关节，两侧有韧带。由于侧韧带将关节牢固地连结与限制，故肘关节只能做屈、伸运动。

（3）腕关节　是由桡骨远端、两列腕骨和掌骨近端构成的单轴复关节。包括桡腕关节、腕间关节和腕掌关节，仅能向掌侧屈曲。

（4）指关节　指关节包括系关节、冠关节和蹄关节。这三个关节都是单轴单关节。系关节又称球节，由掌骨远端、系骨近端和一对近籽骨组成。其侧韧带与关节囊紧密相连。悬韧带和籽骨下韧带固定籽骨，防止关节过度背屈。悬韧带起自大掌骨近端掌侧，止于籽骨，并有分支转向背侧，并伸入肌腱。牛的悬韧带含有肌质，称骨间中肌。冠关节由系骨远端和冠骨近端构成，有侧韧带紧连于关节囊。蹄关节由冠骨与蹄骨及远籽骨构成，有短而强的侧韧带。牛、羊、猪为偶蹄动物，两指关节成对，其构造与上述各指关节结构相似，两主指系关节的关节囊在掌侧相互交通。

（四）后肢骨骼

1. 后肢骨

后肢骨是由髋骨、股骨、髌骨（膝盖骨）、小腿骨和后脚骨所组成的（图3-13）。髋骨由髂骨、坐骨和耻骨组成，以支持后肢。小腿骨有胫骨和腓骨。后脚骨包括跗骨、跖骨、趾骨和籽骨。

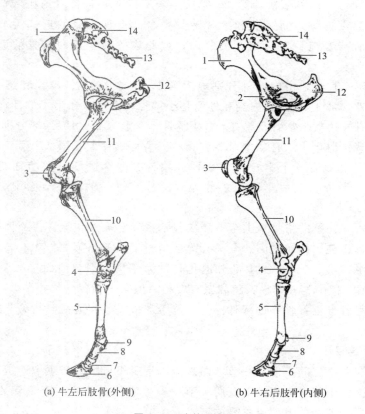

(a) 牛左后肢骨（外侧）　　　　(b) 牛右后肢骨（内侧）

图 3-13　牛的后肢骨

1—髂骨；2—耻骨；3—膝盖骨；4—跗骨；5—跖骨；6—蹄骨；7—冠骨；8—系骨；9—近侧籽骨；10—胫骨；11—股骨；12—坐骨；13—尾椎；14—荐骨

（1）髋骨　髋骨的特征是不规则，由髂骨、耻骨和坐骨结合而成（图3-14）。三块骨结合处形成杯状的关节窝，称髋臼，与股骨头成关节。

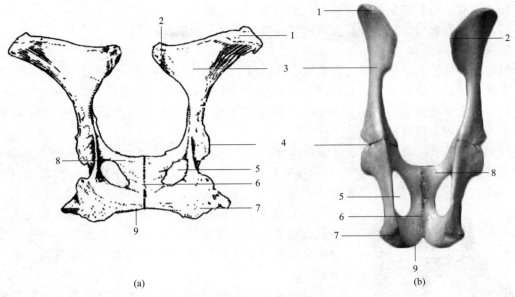

图 3-14 髋骨
1—髋结节；2—荐结节；3—髂骨；4—髋臼；5—闭孔；6—骨盆联合；7—坐骨结节；8—耻骨；9—坐骨弓

① 髂骨 位于前上方，分髂骨体（三棱柱状）和髂骨翼（宽而扁），髂骨翼外侧角称为髋结节（马为四边形，牛的形状不规则），内侧角为荐结节。

② 坐骨 为不正的四边形，位于后下方，构成骨盆底的后部。左、右坐骨的后缘连成坐骨弓，弓的两端突出是坐骨结节（牛为三角形，马的形状不规则）。两侧坐骨在骨盆底壁正中由软骨或骨结合在一起，称坐骨联合，是骨盆联合的一部分。

③ 耻骨 位于前下方，构成骨盆底的前半部。两侧耻骨的内侧缘由软骨或骨结合形成耻骨联合，耻骨联合和坐骨联合统称为骨盆联合；坐骨和耻骨共同围成闭孔。由两侧髋骨、背侧的荐骨和前 4 枚尾椎以及两侧的荐结节阔韧带共同围成的结构称为骨盆。雌性动物骨盆的底壁平而宽，雄性动物则较窄。

（2）股骨 为长骨，近端内侧是球状的股骨头，外侧粗大的突起是大转子。骨干呈圆柱状，内侧近上 1/3 处的嵴称为小转子。外侧缘在与小转子相对处有一较大的突，称第 3 转子（马）。猪和犬的第 3 转子不明显。股骨远端前部是滑车关节面，与膝盖骨成关节。后部为股骨内、外侧髁，与胫骨成关节。

（3）髌骨（膝盖骨） 是体内最大的一块籽骨，位于股骨远端前方，并与其滑车关节面构成关节，呈楔状。

（4）小腿骨 由前上方斜向后下方，包括胫骨和腓骨。胫骨粗大，近端有三个面和两个关节隆起，与相应的股骨髁及半月板成关节。远端较小，有滑车状关节面，与距骨滑车成关节。腓骨细小，位于胫骨近端后外侧，牛、羊腓骨退化只剩近端的腓骨头，腓骨远端退化成一小骨块，称踝骨。猪的腓骨发达。

（5）跗骨 由近列跗骨、中央跗骨、远列跗骨组成。近列 2 块，内侧的称距骨，外侧的为跟骨。距骨近端和背侧有滑车状关节面，与胫骨和跟骨成关节。跟骨长而窄，近端有粗大突出的根结节，为腓肠肌腱附着部。中央跗骨 1 块。远列跗骨由内向外依次是第 1、第 2、第 3 和第 4 跖骨。

（6）跖骨　跖骨与前肢掌骨相似，但较细长。

（7）趾骨和籽骨　趾骨和籽骨同前肢的指骨和籽骨相似。

2. 后肢骨的连结

后肢骨的连结有荐髂关节、髋关节、膝关节、跗关节和趾关节。其中荐髂关节属盆带与躯干之间连结。后肢各关节与前肢各关节相对应，除趾关节外，各关节角方向相反，这种结构特点有利于家畜站立时姿势保持稳定。除髋关节外，各关节均有侧副韧带，故为单轴关节，主要进行屈、伸运动。

（1）荐髂关节　由荐骨翼和髂骨翼构成，运动范围很小。在荐骨与髋骨之间还有荐结节阔韧带（又称荐坐韧带），起自荐骨侧缘和第1、第2尾椎横突，止于坐骨。其前缘与髂骨形成坐骨大孔，下缘与坐骨形成坐骨小孔。

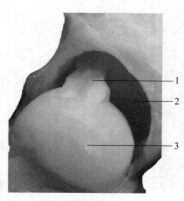

图 3-15　羊髋关节

1—圆韧带；2—髋臼；3—股骨头

（2）髋关节　是由髋臼和股骨头构成的多轴关节，关节角在前方，关节囊宽松。在髋臼与股骨头之间有一短而强的圆韧带（图 3-15）。马属动物还有一条副韧带，来自耻前腱。

（3）膝关节　包括股胫关节和股膝关节。膝关节角在后方，属单轴关节，可做伸屈动作。

（4）跗关节　又称飞节，是由小腿骨远端、跗骨和跖骨近端构成的单轴复关节。关节角在前方。其滑膜形成胫跗囊、近侧跗间囊、远侧跗间囊和跗跖囊，有内、外侧韧带和背、跖侧韧带。

（5）趾关节　分为系关节、冠关节和蹄关节，其构造与前肢指关节相同。

3. 骨盆

由左右的髋骨、荐骨和前3～4个尾椎以及两侧的荐结节阔韧带相连构成骨盆。骨盆为一前宽后窄的圆锥形腔，前口以荐骨岬、髂骨以及耻骨为界；背侧是荐骨和尾椎；两侧是髂骨和荐结节阔韧带；腹侧是坐骨和耻骨。骨盆的形状和大小因性别、种类而异。总的来说，母畜的骨盆比公畜的大而宽，骨盆的横径母畜较公畜宽，有利于母畜分娩。牛骨盆腔横径小，骨盆腔狭窄，易发生难产。

 想一想

母畜的骨盆与其生产性能有怎样的关系？

四、识别家畜全身肌肉

家畜全身肌肉分为皮肌、头部肌肉、躯干肌肉和四肢肌肉（图 3-16）。

（一）皮肌

皮肌是分布在皮下浅筋膜内的薄层肌肉，大部分与皮肤深面紧密相连。皮肌收缩，使皮肤颤动，以驱除蚊蝇、抖掉灰尘及水滴等。皮肌并不覆盖全身，根据部位可分为面皮肌、颈皮肌、肩臂皮肌及胸腹皮肌。

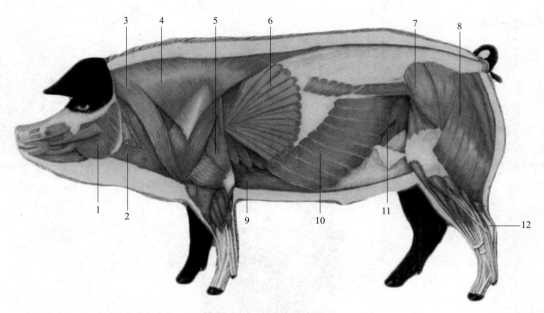

图3-16 猪主要浅层肌肉

1—咬肌；2—胸骨舌骨肌；3—臂头肌；4—斜方肌；5—臂三头肌；6—背阔肌；7—臀中肌；8—股二头肌；9—胸深后肌；10—腹外斜肌；11—腹横肌；12—跟腱

（二）头部主要肌肉

头部肌肉分为面肌和咀嚼肌。

面肌是位于口腔、鼻孔和眼裂周围的肌肉，主要有鼻唇提肌、上唇固有提肌、鼻翼开肌、下唇降肌、口轮匝肌和颊肌。

咀嚼肌是使下颌运动的强大肌肉，均起于颅骨，止于下颌骨，分为闭口肌和开口肌。闭口肌很发达，且富有腱质，位于颞下颌关节的前方，包括咬肌、翼肌和颞肌。开口肌包括枕颌肌和二腹肌等。

（三）躯干主要肌肉

躯干肌肉包括脊柱肌、颈腹侧肌、胸壁肌及腹壁肌。

1. 脊柱肌

脊柱肌可分为脊柱背侧肌和脊柱腹侧肌。

脊柱背侧肌包括背最长肌、髂肋肌、夹肌、颈最长肌、头环最长肌、头半棘肌、背颈棘肌、多裂肌、头背侧大直肌、头背侧小直肌、头前斜肌和头后斜肌等。背最长肌为全身最长的肌肉，又称眼肌（是胴体测量的肌肉），呈三棱形，起于髂骨前缘及腰荐骨和后位胸椎的棘突，止于后4个颈椎的棘突、横突及前部肋骨近端，位于胸、腰椎棘突与横突和肋骨椎骨端所形成的夹角内。背最长肌由许多肌束结合而成，表面覆盖一层强厚的腱膜，作用是：伸展背腰；协助呼气；跳跃时提举躯干前部和后部。髂肋肌位于背最长肌的腹外侧，起于腰椎横突末端和后几个肋骨的前缘，向前止于所有肋骨的后缘和前12个肋骨的后缘及第7颈椎横突。背最长肌与髂肋肌之间的肌沟，称为髂肋肌沟。

脊柱腹侧肌群不发达，仅位于颈部和腰部脊柱的腹侧。包括头长肌、颈长肌、腰小肌、腰大肌和腰方肌等。

> **想一想**
>
> 胴体测量时如何测量眼肌面积？

2. 颈腹侧肌

颈腹侧肌位于颈部腹侧皮下，包括胸头肌、胸骨甲状舌骨肌和肩胛舌骨肌。胸头肌位于颈部腹外侧皮下臂头肌的下缘，与臂头肌之间形成颈静脉沟（图3-17）。肩胛舌骨肌呈薄带状，在颈后部位于臂头肌的深面，在颈前部形成颈静脉沟的沟底，把颈总动脉和颈外静脉隔开，因此，在颈前部进行静脉注射较为安全。

图 3-17　颈静脉沟
1—臂头肌；2—胸头肌；3—颈静脉

 拓展训练

如何给牛、羊进行颈静脉采血和注射？

3. 胸壁肌

分布于胸腔的侧壁，并形成胸腔的后壁，故也称胸壁肌，根据其机能可分为吸气肌和呼气肌。

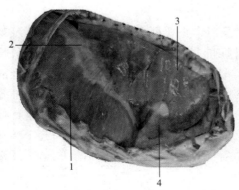

图 3-18　膈
1—肌质缘；2—中心腱；3—肺；4—心脏

（1）肋间外肌　肋间外肌位于肋间隙的浅层，起于前一肋骨的后缘，肌纤维斜向后下方，止于后一肋骨的前缘。可向前外方牵引肋骨，使胸腔扩大，引起吸气。

（2）膈　位于胸、腹腔之间，呈圆顶状，突向胸腔，由周围的肌质部和中央的腱质部组成（图3-18）。肌质部根据其附着部位，又分为腰部、肋部和胸骨部。腰部由长而粗的左、右膈脚构成。膈上有三个孔，由上向下依次为：主动脉裂孔，位于左、右膈脚之间，供主动脉、左奇静脉和胸导管通过；食管裂孔，位于右膈脚中，接近中心腱，供食管和迷走神经通过；腔静脉孔，位于中心腱上，供后腔静脉通过。膈是主要的吸气肌，收缩时使突向胸腔的部分变扁平，从而增大胸腔的纵径，致使胸腔扩大，引起吸气。

（3）肋间内肌　肋间内肌位于肋间外肌深面，起于肋骨和肋软骨的前缘，肌纤维方向自后上向前下，止于前一个肋骨的后缘，可牵引肋骨向后并拢，协助呼气。

> **想一想**
>
> 屠宰场如何检验猪肉旋毛虫？

4. 腹壁肌

腹壁肌都是板状肌，构成腹腔的侧壁和底壁。前连肋骨，后连髋骨，上面附着于腰椎，下面左、右两侧的腹壁肌在腹底壁正中线上，以腱质相连，形成一条白线，称腹白线。腹壁肌共有四层，由外向内为腹外斜肌、腹内斜肌、腹直肌和腹横肌（图3-19），在动物左侧观察，4层肌肉的纤维顺序和方向是"米"字的笔顺。

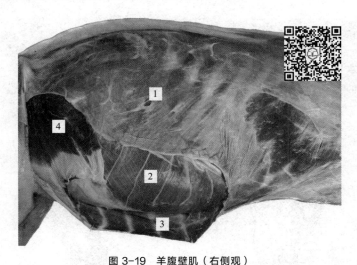

图 3-19　羊腹壁肌（右侧观）
1—腹外斜肌；2—腹内斜肌；3—腹直肌；4—腹横肌

（1）腹外斜肌　为腹壁肌的最外层，肌纤维斜向后下方，自髋结节至耻前腱，腱膜强厚，称腹股沟韧带（腹股沟弓），在其前方腱膜上有一长约10cm的裂孔，为腹股沟管皮下环。

（2）腹内斜肌　位于腹外斜肌的深层，肌纤维斜向前下方。起于髋结节和第3～5腰椎横突，呈扇形向前下方扩展，其前上缘肥厚，称髂肋脚，是饥窝的下界。

（3）腹直肌　腹直肌呈宽而扁平的带状，位于腹底壁，在白线两侧，被腹外斜肌、腹内斜肌和腹横肌所形成的内、外鞘所包裹。表面有5～6条（牛）横行的腱划。于第2或第3腱划处，在剑状软骨外侧，有供腹皮下静脉通过的孔，称为乳井。

（4）腹横肌　是腹壁的最内层肌，较薄，起自腰椎横突及肋弓下端的内侧面，肌纤维横行，走向内下方，以腱膜止于腹白线。在该肌肉内表面是一层腹膜（牛、羊、马）或腹壁脂肪（猪）。

拓展训练

家畜做腹部手术时应如何做切口，应注意哪些问题？

 想一想

家畜做腹腔手术，为什么沿着腹白线做切口最合适？

（5）腹股沟管 是腹外斜肌和腹内斜肌之间的楔形缝隙，是胎儿时期睾丸从腹腔下降到阴囊的通道，位于股内侧，有内、外2个口。外口通皮下，称腹股沟管皮下环，公畜与阴囊相通；内口通腹腔，称腹股沟内环。公畜的腹股沟管明显，内有精索通过。母畜的腹股沟管仅供血管和神经通过。

 查一查

腹股沟疝和阴囊疝是如何形成的？

（四）前肢主要肌肉

前肢肌肉按部位可分为肩带肌和作用于前肢各关节的肌肉（图3-20）。

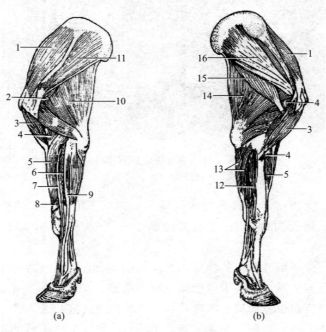

图3-20 牛前肢肌肉

1—冈上肌；2—小圆肌；3—臂二头肌；4—臂肌；5—腕桡侧伸肌；6—指总伸肌；
7—指内侧伸肌；8—腕斜伸肌；9—指外侧伸肌；10—臂三头肌；11—冈下肌；
12—腕桡侧屈肌；13—腕尺侧屈肌；14—前臂筋膜长肌；15—大圆肌；16—肩胛下肌

1. 肩带肌

肩带肌是连接躯干与前肢的肌肉，分为背侧组和腹侧组。背侧组包括斜方肌、菱形肌、背阔肌、臂头肌和肩胛横突肌；腹侧组包括胸肌和腹侧锯肌。

 想一想

要卸掉家畜的前肢，需要切断哪些肌肉？

2. 肩部肌

肩部肌为作用于肩关节的肌肉，可分为外侧组和内侧组。外侧组包括冈上肌、冈下肌和三角肌。内侧组包括肩胛下肌、大圆肌和喙臂肌。

3. 臂部肌

臂部肌为作用于肘关节的肌肉，分为伸肌组和屈肌组。伸肌组包括臂三头肌和前臂筋膜张肌。屈肌组包括臂二头肌和臂肌。

4. 前臂及前脚部肌

前臂及前脚部肌为作用于腕、指关节的肌肉，分为背外侧肌群和掌侧肌群。

背外侧肌群为作用于腕关节和指关节的伸肌，由前向后依次为腕桡侧伸肌、指内侧伸肌、指总伸肌、指外侧伸肌和腕斜伸肌。

掌侧肌群为作用于腕关节和指关节的屈肌，有腕桡侧屈肌、腕尺侧屈肌、指浅屈肌和指深屈肌。

（五）后肢主要肌肉

后肢肌肉包括臀部肌、股部肌和小腿及后脚部肌。

1. 臀部肌

臀部肌位于臀部，包括臀肌和髂腰肌，臀肌包括臀浅肌、臀中肌和臀深肌。

 想一想

家畜肌内注射为什么不选择在臀部？

2. 股部肌

股部肌分布于股骨周围，分为股前、股后和股内肌群。股前肌群包括阔筋膜张肌和股四头肌。股后肌群包括臀股二头肌、半腱肌和半膜肌。股内侧肌群包括缝匠肌、耻骨肌、内收肌和股薄肌。

 拓展训练

动物产品检验时检查囊虫要检查哪些肌肉？

3. 小腿及后脚部肌

小腿及后脚部肌肌腹位于小腿周围，作用于跗关节和趾关节，可分为背外侧肌群和跖侧肌群。背外侧肌群包括第3腓骨肌、趾内侧伸肌、趾长伸肌、腓骨长肌、趾外侧伸肌和胫骨前肌。跖侧肌群包括腓肠肌、比目鱼肌、趾浅屈肌、趾深屈肌和腘肌。

4. 跟腱

跟腱为圆形强腱，由臀股二头肌、半腱肌、腓肠肌、趾浅屈肌和比目鱼肌的腱构成，对跗关节有伸张的作用。

项目四　神经系统结构与功能识别

- **知识目标**
  - 了解神经系统的常用术语、组成和基本结构，理解神经纤维传导和突触传递的特点；
  - 掌握植物性神经对内脏的调节机能，条件反射的生物学意义。

- **技能目标**
  - 能够解释植物性神经对各系统的调节功能；
  - 能够应用神经递质治疗某些疾病；能应用条件反射驯化、饲养动物；
  - 熟练掌握不同手术时的麻醉部位和需要麻醉的神经。

- **技能目标**
  - 培养家国情怀；
  - 养成自主、探究学习，以及与他人合作学习的习惯；
  - 培养严谨、求实的科研态度和创新精神；
  - 能运用所学知识发现生产中的问题，并能分析原因、解决问题，采用合理措施避免或减少问题的出现。

一、识别神经组织及其功能

神经组织由神经元（神经细胞）和神经胶质细胞组成。神经元是神经系统形态和功能的基本单位。神经胶质细胞起支持、营养、保护和隔离等作用。

（一）神经元的结构

神经元由胞体和突起构成（图4-1）。

1. 细胞体

神经元的胞体大小相差悬殊，胞体形态多样。细胞核呈球形。神经元的细胞质亦称神经浆，其中除了一般的细胞器以外，还有特有的神经原纤维和尼氏体。

2. 树突

呈树枝状，自细胞体发出，起始部较粗，逐渐变细，它是神经元接受化学信使的部位，将神经冲动传入细胞体。树突内含有尼氏体、神经原纤维等。

3. 轴突

轴突是自胞体发出的一个细长的突起，其起始部呈丘状隆起，称轴丘。轴突和轴丘内无尼氏体。轴突的末端有树枝状的终末分支，其末端有许多内含神经递质的膜包小泡，称突触小泡。轴突内的胞质称轴浆，轴突处的细胞膜称轴膜。轴突主要是将胞体发生的冲动传至另一种神经元或传至肌细胞和腺细胞等效应器。

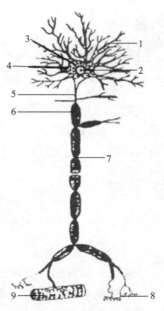

图4-1　运动神经元构造模式

1—树突；2—细胞核；3—尼氏体；4—胞体；5—轴突；6—施万鞘；7—郎飞结；8—神经末梢；9—肌纤维

4. 神经纤维

由轴突或长树突与包在其外面的神经膜细胞，即施万细胞共同组成。分为有髓神经纤维和无髓神经纤维（图4-2）。动物机体绝大多数的神经纤维属于有髓神经纤维，它是由中央的轴突或长树突和外包的髓鞘和施万鞘构成的。髓鞘是直接包在轴突外面的鞘状结构，每隔一定的距离出现间断，此处称郎飞结，两个郎飞结之间称结间段。施万鞘由扁平的施万细胞构成，紧贴于髓鞘表面。通常认为髓鞘是绝缘物质，能防止神经冲动从一个轴突扩散到邻近的轴突。无髓神经纤维的主要特征是有施万鞘而缺少髓鞘，亦不存在郎飞结，故纤维较细，表面光滑，电镜下可见若干条轴突陷入施万细胞内，缺少缠绕的过程。

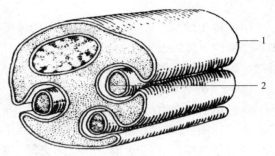

图4-2 无髓神经纤维示意图
1—神经膜细胞；2—轴索

5. 神经末梢

按功能分为感觉神经末梢和运动神经末梢。

感觉神经末梢：是感觉神经的周围突与外周器官的接触点。

运动神经末梢：是运动神经元轴突末梢与肌细胞、腺细胞等构成的结构，它将神经冲动传至肌肉或腺体。

内脏运动神经末梢：神经纤维较细，末梢分支呈串珠状或膨大的扣结状，包绕在平滑肌纤维或穿行于腺细胞间，支配平滑肌纤维收缩或腺细胞的分泌。

（二）神经元的分类

按功能可将神经元分为感觉神经元、运动神经元和联合神经元。

根据细胞突起的多寡可将其分成假单极神经元、双极神经元和多极神经元。

神经元也可按其所释放的递质分类，如胆碱能神经元、肾上腺素能神经元。

（三）神经元与神经纤维的功能和特性

1. 神经元的基本功能

神经元具有接受、整合和传递信息的功能。树突和胞体接受从其他神经元传来的信息，并进行整合，然后通过轴突将信息传递给另一些神经元或效应器。

2. 神经纤维传导兴奋的特征

（1）生理完整性　神经纤维只有在结构和生理机能都完整时，才有传导冲动能力，这一特性称为神经纤维传导的生理完整性。如果神经纤维受损伤、被切断，或者被冷冻、压迫、麻醉药等因素作用时，其生理完整性也会受破坏，传导冲动能力随之消失。

（2）绝缘性　在一条神经干中包含有很多数量的神经纤维，由于具有绝缘性，各条纤维上传导的冲动互不干扰，从而可保证神经调节具有极高的精确性。

（3）双向传导性　人为刺激神经纤维上任何一点，所产生的冲动都可沿纤维同时向两端传导。但在整体条件下，由于轴突总是将神经冲动由胞体传向末梢，表现为传导的单向性，这是由轴突的极性所决定的。

（4）不衰减性　神经纤维传导冲动时，具有不因传导距离的增大而使动作电位的幅度变小和传导速度减慢的特性，称为传导的不衰减性。它是调节作用及时、迅速和准确的原因。

（5）相对不疲劳性　试验表明，用50～100次/s的感应电流连续刺激蛙的神经9～12h，神经纤维仍保持传导冲动的能力,这说明神经纤维具有相对不疲劳性。

3. 传导速度

不同种类的神经纤维,其传导兴奋的速度有很大的差别,这与神经纤维的直径、有无髓鞘、髓鞘的厚度以及温度有密切关系。神经纤维的直径越大,传导速度越快;有髓鞘的神经纤维传导速度比无髓鞘的神经纤维快;低温时神经纤维传导兴奋速度变慢。

（四）神经胶质细胞

神经组织内含有大量的神经胶质细胞。在中枢神经系统内有星形胶质细胞、少突胶质细胞、小胶质细胞和室管膜细胞;在外周神经系统,有包绕轴索形成髓鞘的施万细胞和脊神经节中的卫星细胞。它们分布于神经元之间,起着支持、营养、黏合（能把神经元黏合在一起）、保护和绝缘作用。神经胶质细胞具有分裂和增殖能力,特别是脑或脊髓受到损伤时能大量增殖,局部出现许多巨噬细胞,吞噬变性的神经组织碎片,并由星形胶质细胞填充缺损。外周神经再生时,轴突则沿着施万细胞形成的索道生长。少突胶质细胞形成中枢神经纤维的髓鞘,起到绝缘作用,可防止神经冲动传导时的电流扩散,使神经元的活动互不干扰。神经胶质细胞参与血脑屏障的形成,是构成血脑屏障的重要组成成分。星形胶质细胞可通过加强自身膜上的钠-钾泵活动,维持细胞外液中合适的 K^+ 浓度,有助于神经活动的正常进行。

二、认识突触及突触传递

一个神经元的轴突末梢与其他神经元的胞体或突起相接触,相接触处所形成的特殊结构称为突触。神经元与效应器细胞相接触而形成的特殊结构称为接头。在突触前面的神经元称为突触前神经元,在突触后面的神经元称为突触后神经元。

（一）突触的微细结构

用电子显微镜观察一个典型的突触,可发现突触由突触前膜、突触间隙和突触后膜三部分组成（图4-3）。

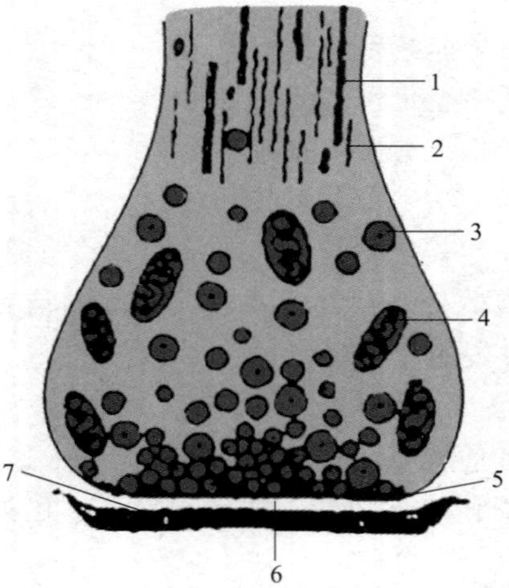

1. 突触前膜

突触前神经元的轴突末梢首先分成许多小支,每个小支的末梢部分膨大呈球状,称为突触小体,贴附在下一个神经元的胞体或树突的表面。突触小体外面有一层突触前膜包裹,比一般神经元膜稍厚,约7.5nm,突触小体内部除含有轴浆外,还有大量线粒体和突触小泡。突触小泡内含有兴奋性介质或抑制性介质。

2. 突触间隙

它是突触前膜和突触后膜之间的空隙,突触间隙宽约20～40nm,间隙内有糖胺聚糖和黏蛋白。

3. 突触后膜

指与突触前膜相对的后一种神经元的树突、胞体或轴突膜。突触后膜比一般神经元膜稍厚,约7.5nm,

图4-3 突触结构示意图
1—微管;2—微丝;3—突触小泡;
4—线粒体;5—突触前膜;
6—突触间隙;7—突触后膜

上有相应的特异性受体。

（二）突触的分类

根据突触接触的部位,可将其分为轴-树型、轴-体型和轴-轴型三类,轴-树型最常见。

按照突触传递信息的方式,可将其分为化学突触和电突触。机体内大多数突触是化学突触。

按照突触的功能，可将其分为兴奋性突触和抑制性突触。电突触大都是兴奋性突触，化学突触有兴奋性的，也有抑制性的。大多数轴-体突触是抑制性突触。

（三）化学性突触传递的机理

神经冲动由一个神经元通过突触传递到另一个神经元的过程叫作突触传递。

1. 兴奋性突触传递

在兴奋性突触中，当神经冲动从突触前神经元传到突触前末梢时，突触小体内的突触小泡就释放出兴奋性介质（如乙酰胆碱或去甲肾上腺素等）。介质通过扩散作用穿过突触间隙，作用于突触后膜上的受体，提高后膜对 Na^+ 和 K^+ 的通透性，尤其是对 Na^+ 的通透性，从而导致局部膜的去极化。

突触后膜的膜电位在递质作用下发生去极化改变，使该突触后神经元对其他刺激的兴奋性升高，这种电位变化称为兴奋性突触后电位（EPSP）。

2. 抑制性突触的传递

在抑制性突触中，每当神经冲动从突触前神经元传到突触末梢时，突触小体内的突触小泡就释放出抑制性介质。介质通过扩散作用穿过突触间隙，作用于突触后膜的受体，使后膜的 Cl^- 内流，从而使膜电位发生超极化。有人认为，后膜电位的变化也与 K^+ 外流增加，以及 Na^+ 和 Ca^{2+} 通道的关闭有关。

突触后膜的膜电位在递质作用下产生超极化改变，使该突触后神经元对其他刺激的兴奋性下降，这种电位变化称为抑制性突触后电位（IPSP）。抑制性突触后电位有空间和时间的总和作用。

3. 动作电位在突触后神经元的产生

在中枢神经系统中，一个神经元常与其他多个神经末梢构成许多突触，这些突触中有的产生兴奋性突触后电位，有的产生抑制性突触后电位。因此，突触后神经元的胞体实质上起着整合器的作用，不断地对电位变化进行整合。突触后膜上的电位改变的总趋势取决于同时产生的兴奋性突触后电位和抑制性突触后电位的代数和。当突触后神经元的膜电位去极化达到一定程度时，就足以达到阈电位水平而产生可传播的动作电位，使突触后神经元进入兴奋状态。

（四）突触传递兴奋的特征

1. 单向传导

突触传递只能由突触前神经元沿轴突传给突触后神经元，不可逆向传递。

2. 总和作用

当一个突触前神经元末梢连续传来一系列冲动，或许多突触前神经元末梢同时传来一排冲动，释放的化学递质积累到一定的量时，才能激发突触后神经元产生动作电位，这种现象称为总和作用。抑制性突触后电位也可以进行总和。

3. 突触延搁

神经冲动由突触前末梢传递给突触后神经元，必须经历化学递质的释放、扩散及其作用于后膜引起 EPSP，总和后才使突触后神经元产生动作电位，这种传递需较长时间的特性即为突触延搁。据测定，冲动通过一个突触的时间约 $0.3\sim0.5ms$。

4. 兴奋节律的改变

在一个反射活动中，如果同时分别记录背根传入神经和腹根传出神经的冲动频率，可发现两者的频率并不相同。因为传出神经的兴奋除取决于传入冲动的节律外，还取决于传出神经元本身的功能状态。在多突触反射中则情况更复杂，冲动由传入神经进入中枢后，要经过中间神经元的传递，因此传出神经元发放的频率还取决于中间神经元的功能状态和联系方式。

5. 对内环境变化敏感

缺氧、酸碱度升降、离子浓度变化等均可改变突触的传递能力。例如，缺氧可导致神经元和突触部位丧失兴奋性、传导障碍甚至神经元死亡；碱中毒时神经元兴奋性异常高，甚至发生惊厥；酸中毒时，兴奋性降低，严重时致昏迷。

6. 对某些化学物质较敏感和易疲劳

许多中枢性药物的作用部位大都是在突触。有些药物能阻断或加强突触传递，如咖啡碱、可可碱和茶碱可以提高突触后膜对兴奋性递质的敏感性，对大脑中突触尤为明显。士的宁能降低突触后膜对抑制性递质的敏感性，导致神经元过度兴奋，对脊髓内作用尤为明显，临床用作脊髓兴奋药。各种受体激动剂或阻断剂可直接作用于突触后膜受体而发挥生理效应。

突触是反射弧中最易疲劳的环节，疲劳的出现是防止中枢过度兴奋的一种保护性抑制。

（五）神经递质及受体

1. 神经递质

神经递质是指突触前神经元合成并在末梢处释放，经突触间隙扩散，特异性地作用于突触后神经元或效应器细胞上的受体，引导信息从突触前传递到突触后的一些化学物质。

一个化学物质被确认为神经递质，应符合以下条件：

① 在突触前神经元内具有合成递质的前体物质和合成酶系，能够合成这一递质；

② 递质贮存于突触小泡以防止被胞浆内其他酶系所破坏，当兴奋冲动抵达神经末梢时，小泡内递质能释放入突触间隙；

③ 递质通过突触间隙作用于突触后膜的特殊受体，发挥其生理作用；

④ 存在使这一递质失活的酶或其他环节（摄取回收）；

⑤ 用递质拟似剂或受体阻断剂能加强或阻断这一递质的突触传递作用。

动物体内的神经递质根据其产生部位可分为中枢神经递质和外周神经递质。

（1）中枢神经递质　由中枢神经系统的神经元合成，主要有乙酰胆碱、生物胺类、氨基酸类和肽类。

① 乙酰胆碱　脊髓腹角运动神经元、脑干网状结构前行激动系统、大脑基底神经节等部位的一些神经元，均以乙酰胆碱作为神经递质，多数呈现兴奋作用。这种递质对中枢神经系统的感觉、运动、心血管活动、呼吸、体温等功能均有重要影响。

② 生物胺类　包括肾上腺素、去甲肾上腺素、多巴胺等。肾上腺素能神经元的胞体主要位于延髓和下丘脑，主要参与血压和呼吸的调控。在中枢神经系统内，去甲肾上腺素能神经元的胞体主要集中在延髓和脑桥，发出的前行和后行纤维支配前脑和脊髓，功能主要涉及心血管活动、情绪、体温、摄食和觉醒等方面的调节。多巴胺能神经元主要位于黑质-纹状体、中脑-边缘系统以及结节-漏斗部分，与调节肌紧张、躯体运动、情绪精神活动以及内分泌活动有密切关系。

③ 氨基酸类　包括谷氨酸、甘氨酸、γ-氨基丁酸、天冬氨酸、丙氨酸和牛磺酸等。谷氨酸和天冬氨酸等酸性氨基酸，对中枢神经系统的多数神经元起兴奋作用；γ-氨基丁酸、甘

氨酸、丙氨酸和牛磺酸等中性氨基酸，对中枢神经系统的神经元起抑制作用。

④ 肽类　主要有 P 物质、阿片肽和脑-肠肽等。P 物质见于脊髓背根神经节内，是第一级传入神经元的末梢，特别是痛觉传入纤维末梢释放的兴奋性递质。在中枢神经系统的高级部位，P 物质有明显的镇痛作用。阿片肽包括 β-内啡肽、脑啡肽和强啡肽 3 类，在纹状体、下丘脑前区、中脑灰质和杏仁核等部位含量最高，在脊髓背角的胶质区也有较高浓度，它可能是调节痛觉纤维传入活动的中枢递质。脑内还存在有脑-肠肽，如胆囊收缩素、血管活性肠肽、胃泌素、胰高血糖素、胰泌素、胃动素等。

(2) 外周神经递质　由外周神经系统的神经元合成，主要有乙酰胆碱、去甲肾上腺素和肽类。

① 乙酰胆碱　凡是释放乙酰胆碱作为递质的神经纤维，均称为胆碱能纤维，主要分布在所有植物性神经的节前纤维、大多数副交感神经的节后纤维、少数交感神经的节后纤维（如支配汗腺、胰腺的节后纤维及支配骨骼肌和腹腔内脏的舒血管纤维）以及躯体运动神经纤维等部位。

② 去甲肾上腺素　以去甲肾上腺素作为递质的神经纤维，称为肾上腺素能纤维，主要分布在大部分交感神经节后纤维等部位。

③ 肽类　凡释放肽类物质作为递质的神经纤维均称为肽能纤维，主要分布于胃肠道、心血管、呼吸道、泌尿道等器官。特别是胃肠道的肽能神经元，能释放多种肽类递质，主要包括降钙素基因相关肽、血管活性肠肽、胃泌素、胆囊收缩素、脑啡肽、强啡肽和生长抑素等。

2. 受体

受体是指细胞膜或细胞内能与某些化学物质（如递质、激素等）发生特异性结合并诱发生物学效应的特殊生物分子。受体具有特异性、敏感性、饱和性、可逆性和多样性的特征。

3. 主要的神经递质和受体

(1) 乙酰胆碱（ACh）及其受体　在周围神经系统，释放乙酰胆碱作为递质的神经纤维称为胆碱能神经纤维。在中枢神经系统中，以乙酰胆碱作为递质的神经元，称为胆碱能神经元，胆碱能神经元在中枢的分布极为广泛。

凡是能与乙酰胆碱结合的受体，都称为胆碱能受体。根据其药理特性，胆碱能受体可分为两种。

① 毒蕈碱受体　毒蕈碱是一种从有毒伞菌科植物中提取的生物碱，对植物神经节中的受体几乎没有作用，但能模拟释放乙酰胆碱对心肌、平滑肌和腺体的刺激作用。所以这些作用称为毒蕈碱样作用（M 样作用），相应的受体称为毒蕈碱受体（M 受体），它的作用可被阿托品阻断。毒蕈碱受体分布在胆碱能节后纤维所支配的心脏、肠道、汗腺等效应器细胞和某些中枢神经元上。当乙酰胆碱作用于这些受体时，可产生一系列植物神经节后胆碱能纤维兴奋的效应，它包括心脏活动的抑制，支气管平滑肌的收缩，胃肠平滑肌的收缩，膀胱闭尿肌的收缩，虹膜环形肌的收缩，消化腺分泌的增加以及汗腺分泌的增加和骨骼肌血管的舒张等。

② 烟碱受体　这些受体存在于所有植物性神经节神经元的突触后膜和神经-肌肉接头的终板膜上。小剂量的乙酰胆碱能兴奋植物性神经节神经元，也能引起骨骼肌收缩，而大剂量乙酰胆碱则阻断植物性神经节的突触传递。这些效应不受阿托品影响，但可被从烟草叶中提取的烟碱所模拟，因此这些作用称为烟碱样作用（N 样作用），其相应的受体称为烟碱受体

（N受体）。

想一想

动物轻度有机磷中毒时会出现哪些症状，应该如何进行解毒？

（2）儿茶酚胺及其受体　儿茶酚胺类递质包括肾上腺素、去甲肾上腺素（NE）和多巴胺。在周围神经系统，至今尚未发现释放肾上腺素作为递质的神经纤维。多数交感神经节后纤维释放的递质是去甲肾上腺素。凡是神经末梢释放的神经递质是去甲肾上腺素的都称为肾上腺素能纤维。最近研究表明，在植物性神经系统中，还有少量的神经末梢释放多巴胺的多巴胺能纤维。在中枢神经系统中，以肾上腺素为递质的神经元称为肾上腺素能神经元，胞体主要分布在延髓。以去甲肾上腺素为递质的神经元称为去甲肾上腺素能神经元。绝大多数去甲肾上腺素能神经元位于脑干。

凡是能与去甲肾上腺素或肾上腺素结合的受体均称为肾上腺素能受体。肾上腺素能受体主要分为α型肾上腺素能受体（α受体）和β型肾上腺素能受体（β受体）两种。受体的分布及作用如表4-1所示。

表4-1　肾上腺素能受体的分布及效应

效应器	受体	效应
瞳孔散大肌	α	收缩
睫状肌	β	舒张
心脏	β	心率加快、传导加速、收缩加强
冠状动脉	α、β	收缩、舒张（在体内主要为舒张）
骨骼肌血管	α、β	收缩、舒张（舒张为主）
皮肤血管	α	收缩
脑血管	α	收缩
肺血管	α	收缩
腹腔内脏血管	α、β	收缩、舒张（除肝血管外舒张为主）
支气管平滑肌	β	舒张
胃平滑肌	β	舒张
小肠平滑肌	α、β	舒张
胃肠括约肌	α	收缩

三、识别中枢神经

（一）脊髓

脊髓是由胚胎时期的神经管后部发育而成的，具有节段性，是中枢神经系统的低级部分。脊髓是躯干与四肢的初级反射中枢，与脑的各级中枢联系密切，又是神经冲动的传导通路。正常情况下，脊髓的活动都是在脑的控制下进行的。

脊髓位于椎管内，其前端在枕骨大孔处与延髓相连，后端止于荐骨中部。呈背腹略扁的圆柱状，依据所在部位可分为颈髓（颈部）、胸髓（胸部）、腰髓（腰部）、荐髓（荐部）。脊髓的全长粗细不等，有两个膨大，即颈膨大和腰膨大。腰膨大之后则逐渐缩小呈圆锥状，称脊髓圆锥。脊髓圆锥向后伸出一根细丝，称为终丝。

脊髓由灰质和白质（图4-4）构成，从脊髓的横切面观察，灰质位于中央，呈"H"形，颜色灰暗。白质位于灰质的外周，呈白色。灰质中央是中央管，纵贯脊髓全长，前接第四脑室，后达终丝的起始部，并在脊髓圆锥内呈梭形扩张形成终室。

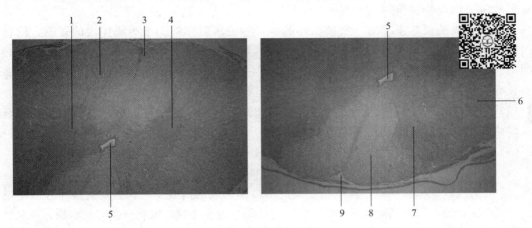

图 4-4 脊髓组织构造

1—灰质；2—白质（腹侧索）；3—腹正中裂；4—腹角；5—中央管；6—外侧索；7—背角；8—背侧索；9—背正中沟

（二）脑

脑位于颅腔内，经枕骨大孔与脊髓相连，包括大脑、小脑和脑干（图4-5）。

1. 大脑

大脑位于脑干前方，后端以大脑横裂与小脑分开，背侧以大脑纵裂分为左、右2个大脑半球。纵裂的底部结合紧密，是连接两半球的横行宽纤维板，称为胼胝体。大脑半球表面为灰质，称大脑皮质，皮质深面为白质，白质内藏灰质团块纹状体，称为基底核。每侧大脑半球均包括大脑皮质和白质、嗅脑、基底核和侧脑室（图4-5）。

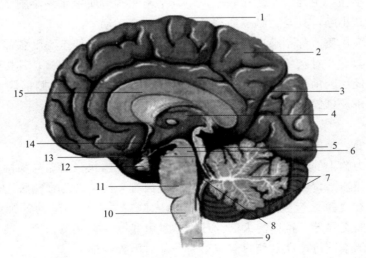

图 4-5 脑部结构

1—大脑皮层；2—大脑；3—沟；4—丘脑；5—下丘脑；6—大脑脚；7—小脑；8—第四脑室；9—脊髓；10—延髓；11—脑桥；12—垂体；13—中脑导水管；14—第三脑室；15—胼胝体

（1）皮质 指覆盖于大脑半球表面的灰质，为新皮质，是神经活动的高级中枢，主要由

4~6层神经细胞所构成。皮质表面凹凸不平,有许多弯曲的沟和回,以增加大脑皮质的面积。每侧大脑皮质的背外侧面均可分为4叶,前部为额叶,后部为枕叶,背侧部为顶叶,外侧部为颞叶。一般认为额叶是运动区,枕叶是视觉区,顶叶是感觉区,颞叶是听觉区。各区的面积和位置因动物种类不同而异。

大脑皮质内侧面在下部有环绕胼胝体的沟,称为胼胝体沟。于胼胝体沟的背侧,约在大脑内侧面中部,有与半球背侧缘平行的沟,称为扣带沟。胼胝体沟与扣带沟之间的脑回,称为扣带回,此回环绕胼胝体,在胼胝体后端折转向前,一直延续到脑底面的部分,称为海马旁回;并有伸向胼胝体后部腹侧的皮质,内侧呈锯齿状,称为齿状回。

(2) 白质 位于皮质深面,也称为大脑半球髓质,由神经纤维构成。大脑白质由联合纤维、联络纤维和投射纤维3种神经纤维构成。

(3) 嗅脑 嗅脑位于大脑半球底部,由嗅球、嗅束、嗅三角、梨状叶和海马等构成。

(4) 基底核 基底核是大脑半球内部的灰质核团,位于大脑的基底部深层,是皮质下运动中枢,主要有尾状核和豆状核,在两核之间有由白质构成的内囊。尾状核斜向位于丘脑的前外侧,并与丘脑相接,作为侧脑室前部的底壁。腹外侧与内囊相接,内囊外侧有豆状核,豆状核被白质分为内部的苍白球和外部的壳核。尾状核、内囊和豆状核在横切面上呈灰质、白质相间的条纹状,故称纹状体。纹状体是椎体外系的主要联络站,有维持肌紧张和协调肌肉运动的作用。

(5) 侧脑室 侧脑室位于大脑半球内,是左右对称的两个腔隙,顶壁为胼胝体;底壁前部为尾状核,后部为海马;内侧壁是透明中隔,经室间孔与第三脑室相通。侧脑室内有脉络丛,在室间孔处与第三脑室脉络丛相连。

2. 小脑

小脑略呈球形,位于延髓和脑桥的背侧,构成第四脑室顶壁,其表面有许多沟和回。小脑两侧为小脑半球,正中为蚓部。蚓部最后有一小结,向两侧伸入小脑半球腹侧,与小脑半球的绒球合称绒球小结叶,是小脑最古老的部分。绒球小结叶与延髓的前庭核相联系。蚓部的其他部分属旧小脑,主要与脊髓相联系,主管平衡和调节肌紧张。小脑半球是随大脑半球发展起来的,属新小脑,其与大脑皮质联系,调节随意运动。

小脑的表面为灰质,称小脑皮质。白质在深部,呈树枝状伸至小脑各部,称髓树,又称小脑髓质。髓质内有3对灰质核团,外侧的一对最大,称小脑外侧核,其接受小脑皮质来的纤维;发出纤维经小脑前脚至红核和丘脑。小脑借3对小脑脚(小脑前脚、中脚和后脚),分别与中脑、脑桥及延髓相连。

3. 脑干

脑干包括延髓、脑桥、中脑和间脑。延髓与脊髓相连。

(1) 延髓 为脑干的末段,呈前宽后窄背腹稍扁的锥体状。前端与脑桥相连,后端在枕骨大孔处与脊髓相连,背侧面被小脑覆盖,在腹侧面有一浅沟,为脊髓腹正中裂的延续。腹正中裂的两侧各有1条纵行隆起,称为锥体,由大脑皮质发出的运动纤维束(锥体束)构成。在延髓与脊髓交界处,锥体的大部分纤维越过中线,左右交叉,形成锥体交叉,交叉后的纤维沿脊髓外侧索下行。在延髓腹侧有第Ⅺ~Ⅻ对脑神经根。

延髓内部主要为网状结构,内有心跳、呼吸、吞咽、呕吐、咳嗽等生命中枢。

(2) 脑桥 位于小脑腹侧,前接中脑,后连延髓。其腹面呈一宽的横行隆凸,正中央有一纵行的浅沟,称基底沟。在横切面上可分为腹侧部(基底)和背侧部(被盖)。在脑桥腹侧面与小脑中脚交界处有粗大的第Ⅴ对脑神经根。

(3) 中脑 位于脑桥的前方,内有一管腔,称中脑导水管,前连第三脑室,后通第四脑室。中脑导水管将中脑分为背侧的四叠体和腹侧的大脑脚。四叠体又称顶盖,由前、后 2 对圆丘组成。前丘较大,是皮质下视觉反射中枢。后丘较小,是皮质下听觉反射中枢。中脑的内部结构为网状结构,内有黑质、红核、动眼神经核和滑车神经核。黑质、红核均有调节肌紧张和协调肌肉活动的作用。

(4) 间脑 间脑位于中脑和大脑半球之间,被两侧大脑半球覆盖,内有第三脑室。间脑主要可分为丘脑和丘脑下部。

丘脑占间脑的最大部分,为 1 对卵圆形灰质团块。左、右两丘脑的内侧部相连,断面呈圆形,称丘脑间黏合,其周围环状裂隙为第三脑室。丘脑后部的背外侧有外侧膝状体和内侧膝状体。外侧膝状体较大,位于前方较外侧,接受视束来的纤维,并发出纤维至大脑皮质,是视觉冲动传向大脑皮质的联络站。内侧膝状体较小,呈卵圆形,位于外侧膝状体后下方,接受耳蜗神经的听觉纤维,并发出纤维至大脑皮质,是听觉冲动传向大脑的联络站。丘脑中还有一些与运动、记忆及其他功能有关的神经核群。在左、右丘脑的背侧,中脑四叠体的前方,有一椭圆形小体,称松果体,属于内分泌腺。

丘脑下部又称下丘脑,位于丘脑腹侧,包括第三脑室侧壁上的一些结构,是植物性神经的皮质下中枢。从脑底面看,由前向后依次为视交叉、视束、灰结节、漏斗、脑垂体、乳头体。丘脑下部前下方的视交叉前连视神经。视交叉的后方有 1 对圆形的突起,称乳头体。视交叉与乳头体之间为灰结节,向下延续为漏斗,漏斗的下端连接脑垂体(内分泌腺)。丘脑下部有许多重要的灰质核群,如位于视交叉上方的视上核,可分泌抗利尿激素;位于第三脑室两侧的室旁核,可分泌催产素;在下丘脑内侧基底部有弓状核和腹内侧核等,可分泌多种释放激素和抑制激素。

第三脑室位于间脑内部的正中矢面上,是围绕丘脑间黏合的矢状环形空腔,内部充满脑脊液。前方以 1 对室间孔连通 2 个大脑半球的侧脑室;顶壁为脉络丛;腹侧形成一漏斗形凹陷;后方通中脑导水管。

(三) 脑脊膜和脑脊液

1. 脑、脊髓的被膜

脑和脊髓外周包有 3 层结缔组织膜,由外向内依次为硬膜、蛛网膜和软膜。

(1) 硬膜 为厚而坚韧的致密结缔组织膜。脑硬膜紧贴颅腔壁,无间隙存在。脊硬膜和椎管之间有一较宽的腔隙,称脊硬膜外腔,内含静脉和脂肪。

(2) 蛛网膜 薄而透明,位于硬膜深层。蛛网膜分出无数结缔组织小梁与软膜相连。蛛网膜与硬膜之间形成狭窄的硬膜下腔,内含少量淋巴。脑硬膜下腔与脊硬膜下腔前后相通。在脑脊髓的蛛网膜与软膜之间的腔隙称为蛛网膜下腔,其中充满脑脊液。

(3) 软膜 薄而富有血管,紧贴于脑脊髓的表面,并深入沟裂之中,分别称为脑软膜和脊软膜。在脑室壁的一些部位,脑软膜上的血管丛与脑室膜上皮共同折入脑室,形成脉络丛,能产生脑脊液。

2. 脑脊液

脑脊液是由各脑室脉络丛产生的无色透明液体,充满于各脑室、脊髓中央管和蛛网膜下腔。各脑室内的脑脊液汇集到第四脑室,经第四脑室脉络丛上的孔进入蛛网膜下腔,流向大脑背侧及脑硬膜中的静脉窦,最后回到血液循环中,这个过程称为脑脊液循环。脑脊液对脑、脊髓有营养作用。

> **查一查**
> 临床上应用的脊髓硬膜外麻醉如何操作？

四、识别外周神经

（一）脊神经

除颈神经为8对之外，其他脊神经的对数均与相应的椎骨个数相同。每条均分为背侧支和腹侧支。

1. 臂神经丛

由第6~8颈神经和第1、2胸神经的腹侧支形成，在斜角肌上、下两部之间穿出，位于肩关节内侧。其主要分支有肩胛上神经、肩胛下神经、腋神经、桡神经、尺神经和正中神经。

2. 膈神经

由后几个颈神经的腹侧支和前几个胸神经的腹侧支合成，自胸廓前口入胸之后，经纵隔分布于膈。

3. 胸神经

腹侧支又称肋间神经，伴随肋间背侧动、静脉，沿肋骨的后缘在肋间内、外肌之间下行，沿途分支分布肋间肌。最后肋间神经又称肋腹神经，分布于腹外斜肌、躯干皮肌及皮肤。

4. 腰、荐神经丛

腰、荐神经的腹侧支相互连接形成腰、荐神经丛。腰神经丛位于腰椎腹侧，主要分支有髂下腹神经和髂腹股沟神经。髂下腹神经来自第1腰神经的腹侧支，分布于腹内斜肌、腹横肌、腹直肌及腹底壁的皮肤。髂腹股沟神经来自第2腰神经的腹侧支，牛的经第4腰椎横突顶端的下方向后伸延，分布于膝褶外侧的皮肤、腹内斜肌、腹直肌和腹底壁的皮肤。荐神经丛主要分支是坐骨神经，它来自第6腰神经和第1、2荐神经腹侧支，由坐骨大孔出盆腔，沿荐结节阔韧带外侧走向后下方，分为胫神经和腓神经，分布于后肢。

（二）脑神经

脑神经共十二对，其名称的记忆口诀为：一嗅二视三动眼，四滑五叉六外展，七面八听九舌咽，十迷一副舌下全。见脑神经简表（表4-2）。

表4-2　脑神经简表

对别	名称	性质	分布范围	连脑部位	机能
Ⅰ	嗅神经	感觉	鼻黏嗅区	嗅脑	嗅觉
Ⅱ	视神经	感觉	视网膜	间脑	视觉
Ⅲ	动眼神经	运动	眼球肌	中脑	眼球运动
Ⅳ	滑车神经	运动	眼球肌	中脑	眼球运动
Ⅴ	三叉神经	混合	头部肌肉、皮肤、泪腺黏膜、口腔齿髓、舌、鼻腔等	脑桥	头部皮肤、鼻腔、口腔、舌等感觉；咀嚼运动
Ⅵ	外展神经	运动	眼球肌	延髓	眼球运动

续表

对别	名称	性质	分布范围	连脑部位	机能
Ⅶ	面神经	混合	鼻唇肌肉、耳肌、眼睑肌、唾液腺等	延髓	面部感觉、运动、唾液分泌
Ⅷ	听神经	感觉	内耳	延髓	听觉和平衡觉
Ⅸ	舌咽神经	混合	舌、咽	延髓	咽肌运动、味觉、舌部感觉
Ⅹ	迷走神经	混合	咽、喉、食管、胸腔、腹腔内大部分脏器及腺体	延髓	咽、喉及内脏器官的感觉和运动
Ⅺ	副神经	运动	斜方肌、臂头肌、胸头肌	延髓、颈部脊髓	头、颈、肩带部的运动
Ⅻ	舌下神经	运动	舌肌	延髓	舌的运动

（三）植物性神经

在神经系统中，分布到内脏器官、血管和皮肤的平滑肌以及心肌和腺体等的神经称为植物性神经，又称自主神经或内脏神经。根据形态、功能和药理的特点，植物性神经分为交感神经和副交感神经。

躯体运动神经一般都受意识支配，而植物性神经在一定程度上不受意识的直接控制。脊神经和植物性神经反射径路见图4-6。

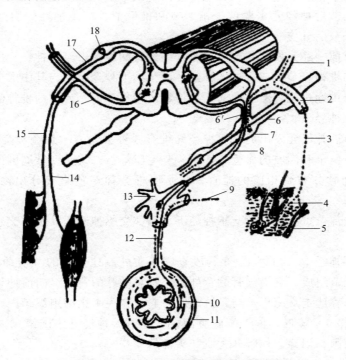

图4-6 脊神经和植物性神经反射径路模式图

1—脊神经背侧支；2—脊神经腹侧支；3—交感节后神经纤维；4—竖毛肌；5—血管；6—交感神经干；6′—交通支；7—椎神经节；8—交感节前神经纤维；9—副交感节前神经纤维；10—副交感节后神经纤维；11—消化管；12—交感节后神经纤维；13—椎下神经节；14—脊神经运动神经纤维；15—感觉神经纤维；16—腹侧根；17—背侧根；18—脊神经节

1. 植物性神经的一般特征

植物性神经与躯体神经的运动神经相比较，具有下列一些结构和功能上的特点：

(1) 躯体运动神经支配骨骼肌，而植物性神经则支配平滑肌、心肌和腺体。

(2) 躯体运动神经自中枢到效应器只经过1个运动神经元。植物性神经自中枢到效应器要由2个神经元来完成。前1个神经元称节前神经元，其胞体位于脑干和脊髓灰质侧柱，由它们发出的轴突称节前纤维。后1个神经元称节后神经元，其胞体位于周围的植物性神经节内，由它发出的轴突称为节后纤维。节前纤维离开中枢后，在植物性神经节内与节后神经元形成突触；节后神经元发出的节后纤维将中枢发出的冲动传至效应器。节后神经元的数目较多，1个节前神经元可与多个节后神经元形成突触，这有利于较多效应器同时活动。

(3) 躯体运动神经的纤维一般是较粗的有髓纤维。植物性神经的节前纤维是细的有髓纤维，而节后纤维则是细的无髓纤维。

(4) 躯体运动神经一般都受意识支配，而植物性神经在一定程度上不受意识的直接控制，具有相对的自主性。

(5) 植物性神经分交感神经和副交感神经，在中枢的调节下，交感神经和副交感神经的作用是相互对抗的，又是协调统一的。在植物性神经所支配的大多数器官中，一般既有交感神经，又有副交感神经，即其分布和支配大多是双重的。而躯体运动神经在效应器上的分布则是单一的。

2. 交感神经

交感神经分为中枢部和周围部。交感神经的低级中枢位于脊髓的胸1至腰4节段的灰质侧柱。交感神经的节后神经元主要位于椎旁节和椎下节。交感神经的周围部包括交感神经干、神经节、神经节的分支及神经丛。

交感神经的节前神经元发出的节前神经纤维经脊髓腹侧根至脊神经，出椎间孔后经白交通支到相应部位的椎神经节，或经过椎神经节而至椎下神经节，与其中的节后神经元形成突触，另一些节前纤维通过椎神经节向前、后伸延，终止于前、后段的椎神经节，因而在脊柱两侧形成2条交感神经干。

交感神经的节后神经元发出的节后神经纤维有3种去向：一是经灰交通支返回脊神经，随着脊神经分布于躯干和四肢的血管、汗腺、竖毛肌等；二是在动脉周围形成神经丛，攀附动脉而行，并随动脉分布到相应的器官；三是由椎旁神经节直接分出内脏支到所支配的脏器。

交感神经干按部位可分为颈部交感神经干、胸部交感神经干、腰部交感神经干和荐尾部交感神经干。

(1) 颈部交感神经干　由第1～6胸段脊髓灰质外侧柱发出的节前纤维和颈前、颈中、颈后3个交感神经节组成。它沿气管的背外侧、颈总动脉的背侧缘向前伸延至颅腔底面，常与迷走神经并行，称迷走交感干，与颈总动脉一起包在一个结缔组织鞘内。

① 颈前神经节　呈梭形，位于颅底腹面。发出节后神经纤维围绕颈内、外动脉形成神经丛，分布于唾液腺、泪腺、虹膜开大肌和头部的皮肤。

② 颈中神经节　位于颈后部，其节后神经节纤维分布于主动脉、心脏、气管和食管。

③ 颈后神经节　与第1、2胸神经节合并成星状神经节，位于胸前口内，在第1肋骨椎骨端的内侧，呈星芒状，向四周发出节后神经纤维，向后下方发出心支，参与构成心神经丛，分布于心、肺；向背侧分支到臂神经丛，分布于前肢。

(2) 胸部交感神经干 紧贴于胸椎的腹外侧,由椎旁神经节和节间支组成。每一节有1个胸神经节,神经节的数目与胸椎数目相等。在每一椎间孔附近有1个椎旁神经节,每个椎旁神经节都以白交通支和灰交通支与相应的胸神经相连,分布于胸壁的皮肤。另一些节后神经纤维形成小支,至主动脉、食管、气管和支气管,并参与心和肺神经丛。胸部交感神经干还发出内脏大神经和内脏小神经。

① 内脏大神经 由胸部交感神经干中后段分出,与其并行,穿过膈脚的背侧入腹腔,连于腹腔肠系膜前神经节。

② 内脏小神经 由胸部交感神经干的后段分出,也连于腹腔肠系膜前神经节,向后下方发出心支,参与构成肾神经丛。

(3) 腰部交感神经干 在最后胸椎后端接胸部交感神经干,沿腰小肌内侧缘向后伸延,有2～5个腰神经节,发出节后神经纤维组成灰交通支返回腰神经。腰部交感神经干还发出腰内脏神经,连于肠系膜后神经节。腹腔内有2个神经节,即腹腔肠系膜前神经节和肠系膜后神经节。

① 腹腔肠系膜前神经节 位于腹腔动脉根部两侧和肠系膜前动脉根部的后方,呈半月形。其节后纤维与迷走神经的分支一起参与形成腹腔神经丛（或称太阳丛）,分布于胃、肝、脾、胰、肾、小肠、大肠等。

② 肠系膜后神经节 为1对扁而小的神经节,位于肠系膜后动脉根部两侧,在肠系膜后神经丛内。其节后纤维沿动脉分布到结肠后段、精索、睾丸、附睾或卵巢、输卵管、子宫角。此外,还分出1对腹下神经,向后伸延到骨盆腔内,参与构成盆神经丛,分布于结肠后段、直肠、膀胱、前列腺、公畜的阴茎或母畜的子宫和阴道。

(4) 荐尾部交感神经干 沿荐骨骨盆面向后伸延,并逐渐变细,前部的神经节较大,后部的较小。其节后神经纤维组成灰交通支连于荐神经和尾神经,分布于所属部位的血管、汗腺、竖毛肌、平滑肌等。

3. 副交感神经

副交感神经的节前神经元胞体位于脑干和荐部脊髓,故可分为颅部和荐部副交感神经。节后神经元的胞体位于所支配的器官旁或器官内,统称为终末神经节,其节后神经纤维较短。

(1) 颅部的副交感神经 其节前神经纤维位于动眼神经、面神经、舌咽神经和迷走神经内。

迷走神经为混合神经,是脑神经中伸延最长、分布最广的神经。其中,副交感节前纤维最多,占80%以上,迷走神经还含有内脏传入纤维,胞体位于结状神经节,周围突分布于内脏,中枢突入延髓止于孤束核；躯体传入纤维少,胞体位于颈静脉神经节,周围突分布于外耳皮肤,中枢突止于三叉神经脊束核；躯体运动纤维分布于咽、喉的横纹肌。

迷走神经由破裂孔出颅腔,与交感神经合并成迷走交感干,沿颈总动脉的背侧缘向后伸延,到颈后端离开交感干,经锁骨下动脉腹侧进入胸腔,在纵隔中继续向后伸延,约于支气管背侧分为食管背侧支和食管腹侧支。左、右迷走神经的食管背侧支合成迷走背侧干,腹侧支合成迷走腹侧干,分别沿食管的背侧缘和腹侧缘向后伸延,穿过膈的食管裂孔进入腹腔。迷走腹侧干分布于胃、幽门、十二指肠、肝和胰；迷走背侧干除分布于胃外,还向后伸延,通过腹腔肠系膜前神经节参与构成腹腔肠系膜前神经丛,分布于胃、肠、肝、胰、脾、肾等器官。迷走神经分出的侧支有咽支、喉前神经、喉返神经、心支、支气管支及一些分布于外耳的小支，分布于相应的器官。

（2）荐部副交感神经　其节前神经元胞体位于荐部脊髓第1~4节外侧柱内，节前纤维随第2~4荐神经的腹侧支出椎管，形成1~2条盆神经。盆神经沿骨盆侧壁向腹侧伸延到直肠或阴道外侧，与腹下神经一起构成盆神经丛，节前纤维在盆神经丛中的终末神经节交换神经元，节后纤维分布于结肠末端、直肠、膀胱、前列腺、公畜的阴茎或母畜的子宫及阴道。

五、识别眼、耳及神经系统的感觉功能

（一）眼

1. 眼球

眼球位于眼眶内，后端有视神经与脑相连，其由眼球壁和眼球内容物两部分组成。

（1）眼球壁　眼球壁由三层构成，由外向内依次为纤维膜、血管膜和视网膜。

① 纤维膜　可分为前部的角膜和后部的巩膜。角膜占纤维膜的前1/6，无色透明，具有折光作用。巩膜位于眼球的后部，约占纤维膜的后5/6，是白色不透明的致密纤维膜，有保护眼球的作用。前接角膜，后接巩膜筛板，为视神经纤维的通路。

② 血管膜　位于纤维膜与视网膜之间，含有大量血管和色素细胞，有营养眼内组织、调节进入眼球光量和产生眼房水的作用。血管膜由后向前可分为脉络膜、睫状体和虹膜三部分。虹膜的中央有一孔，称为瞳孔。瞳孔呈横椭圆形，其游离缘有一些小颗粒。从眼球前面透过角膜可看到虹膜和瞳孔。虹膜内有瞳孔括约肌和瞳孔开大肌，可分别缩小或开大瞳孔。

③ 视网膜　紧贴在血管膜的内面，可分为视网膜盲部和视部两部分。盲部贴附在虹膜和睫状体的内面，无感光作用。视部贴附在脉络膜的内面，由高度分化的神经组织构成，有感光作用。视部外层为色素层，由单层色素上皮构成。内层为神经层，主要由三层神经细胞组成。其中最外层为接受光刺激的感光细胞（视杆细胞和视锥细胞），是构成视觉器官的最主要部分。

（2）眼球内容物　眼球内容物包括晶状体、玻璃体和眼房水，它们均无血管而透明，和角膜一起构成眼球的折光装置，使物体在视网膜上映出清晰的物像，对维持正常视力有重要作用。

2. 眼球的辅助器官

眼球的辅助器官包括眼睑、泪器、眼眶、眶骨膜及眼球肌。

眼睑是位于眼球前方的皮肤褶，俗称眼皮，分为上眼睑和下眼睑，有保护眼球免受伤害的作用。眼睑外面为皮肤，内面为睑结膜，中间为眼轮匝肌和睑板腺。内外两面移行部称为睑缘，睑缘上长有睫毛。

第三眼睑又称瞬膜（图4-7），是位于睑内侧角的结膜褶，呈半月形，常有色素，内有一片软骨。第三眼睑无肌肉控制，仅在眼球被眼肌向后拉时，压迫眼眶内组织而使其被动露出。动物在闭眼后或转动头部时，第三眼睑可覆盖至角膜中部。

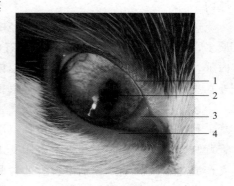

图4-7　眼的外观
1—上眼睑；2—瞳孔；
3—第三眼睑；4—下眼睑

查一查

家畜结膜状态为什么常作为临床诊断的依据？

（二）耳

耳包括外耳、中耳和内耳，外耳包括耳廓、外耳道和鼓膜。

耳廓形状因家畜种类和品种而不同，一般呈圆筒状，上端较大，开口向前，下端较小，连于外耳道。耳廓外面隆凸称耳背，里面的凹陷称舟状窝，窝内的皮肤形成纵走的皱褶。耳廓以耳廓软骨为支架，内、外被覆皮肤，内面的皮肤上部长有长毛，基部毛少而具有很多皮脂腺。耳廓基部包有脂肪垫，并附着有较发达的耳肌，包括耳廓内肌和耳廓外肌，使耳廓能做灵活运动，便于收集声波。中耳由鼓室、听小骨和咽鼓管组成。鼓室的前下方通咽鼓管。咽鼓管又称耳咽管，连接咽腔和鼓室，为衬有黏膜的管道，其黏膜与咽及鼓室黏膜相延续。咽鼓管一端开口于鼓室前下壁，称咽鼓管鼓口。另一端开口于咽侧壁，称咽鼓管咽口。空气从咽腔经此管到鼓室，可以保持鼓膜内、外两侧大气压力的平衡，防止鼓膜被冲破。

耳是平衡觉感受器和听觉感受器。

拓展训练

如何给家畜打耳标？

（三）神经系统的感觉分析功能

动物接受外界事物和机体内环境中的各种各样的刺激，首先由感受器或感觉器官感受，然后将各种刺激形式的能量转换为神经冲动沿传入神经传导，并通过各自的神经通路传向中枢，最后经过中枢神经系统的分析和综合形成各种各样的感觉。

根据刺激的来源与感受器的位置可将感受器分为外感受器、距离感受器、本体感受器和内感受器几类。

根据丘脑向各部分大脑皮层投射特征的不同，可把感觉投射系统分为两类，即特异性投射系统和非特异性投射系统。

大脑皮层是感觉的最高中枢。大脑皮层的感觉区主要有：产生触觉、压觉、温度觉和痛觉的皮肤感觉和肌肉、关节等本体感觉的躯体感觉区在顶叶的中央后部；视觉感觉区在枕叶距状裂的两侧；听觉感觉区在颞叶外侧；嗅觉感觉区在边缘叶的前梨状区和大脑基底的杏仁核；味觉感觉区在颞叶外侧裂附近；内脏感觉区在边缘叶的内侧面和皮层下的杏仁核等部。大脑通过对各种感觉冲动的分析和综合产生精细的感觉，并能把各种感觉综合起来成为整体，然后发生反应。

六、神经系统对躯体运动的调节

躯体运动在中枢神经系统的调控下，以骨骼肌收缩活动为基础来进行姿势和位置的改变。它是畜禽对外界进行反应的主要活动，能够使机体迅速地适应生存条件。

脊髓内含有骨骼肌反射的低级中枢，能完成简单的躯体反射。如屈肌反射和牵张反射（实现骨骼肌运动的最基本的反射）等。

脑干有反射和传导两种机能。延髓可调节对空间方位的平衡；脑桥能加强骨骼肌的牵张反射，使骨骼肌的紧张性升高；中脑控制着肌紧张，保持着动物体的正常姿势。在中脑部切断脑干后，抑制肌紧张的中枢联系被切断较多，使平衡发生改变，伸肌紧张性增加，表现为去大脑强直；破坏丘脑则引起屈肌紧张度增高。

小脑中有控制躯体运动和平衡感觉的中枢，主要功能是调节肌紧张，维持身体的平衡及协调随意运动。

大脑皮层是中枢神经系统控制和调节骨骼肌活动的最高中枢，它是通过锥体系统和锥体外系统来实现的。实验证明，皮质运动区支配对侧骨骼肌，呈现左右交叉关系，即左侧运动区支配右侧躯体的骨骼肌，右侧运动区支配左侧躯体的骨骼肌。

七、神经系统对内脏活动的调节

植物性神经对内脏器官上的效应器的支配特点见表4-3。

表4-3 交感神经和副交感神经的主要功能

器官	交感神经	副交感神经
心血管	心搏动加快、加强，腹腔脏器血管、皮肤血管、唾液腺与生殖器官血管收缩，肌肉血管收缩或舒张（胆碱能）	心搏动减慢，收缩减弱，分布于软脑膜与外生殖器的血管舒张
呼吸器官	支气管平滑肌舒张	支气管平滑肌收缩，黏液腺分泌增加
消化器官	分泌黏稠的唾液，抑制胃肠运动，促进括约肌收缩，抑制胆囊活动	分泌稀薄的唾液，促进胃液、胰液分泌，促进胃肠运动，括约肌舒张，胆囊收缩
泌尿生殖器官	闭尿肌舒张，括约肌收缩，子宫（有孕）收缩或子宫（无孕）舒张	闭尿肌收缩，括约肌舒张
眼	瞳孔放大，睫状肌松弛，上眼睑平滑肌收缩	瞳孔缩小，睫状肌收缩，促进泪腺的分泌
皮肤	竖毛肌收缩，汗腺分泌	—
代谢	促进糖的分解，促进肾上腺髓质的分泌	促进胰岛素的分泌

中枢神经也对内脏活动进行调节：

脊髓整合着简单的植物性反射，主要是局部的节段性反射活动，如排粪反射、排尿反射、血管运动反射、出汗与竖毛反射等。

由延髓发出的植物性神经传出纤维支配头面部的所有腺体、心、支气管、喉、食管、胃、胰腺、肝和小肠等。同时，脑干网状结构中存在许多与内脏活动功能有关的生命活动中枢，如呼吸中枢、心血管运动中枢、咳嗽中枢、呕吐中枢、吞咽中枢、唾液分泌中枢等。这些中枢完成比较复杂的植物性反射活动。

下丘脑能把内脏活动和其他生理活动联系起来，调节体温、水平衡、内分泌、营养摄取、情绪反应等生理过程。

大脑的边缘系统是调节内脏活动的十分重要的高级中枢，能调节许多低级中枢的活动，其调节作用复杂而多变。不仅与内脏活动有关，还与情绪、记忆等机能有关。

八、认识条件反射

（一）反射的概念和分类

神经系统活动的基本形式是反射。反射是指机体在中枢神经系统参与下对内、外环境变化所做出的规律性应答。例如异物碰到角膜即引起眨眼反应。

1. 非条件反射

先天就有的反射称为非条件反射，它是神经系统反射活动的低级形式，是动物在种族进化中固定下来的。而且也是外界刺激与机体反应间的联系，它有固定的神经反射路径，不受客观条件影响而改变。其反射中枢多数在皮层下部位，切除大脑皮层，这种反射还存在。

2. 条件反射

通过后天接触环境、训练等而建立起来的反射称为条件反射。它是反射活动的高级形式，是动物在个体生活过程中获得的外界刺激与机体反应间的暂时联系。它没有固定的反射路径，易受客观环境影响而改变。其反射中枢在大脑皮层，切除大脑皮层，此反射消失。

（二）条件反射的形成

凡能引起条件反射的刺激称条件刺激。条件刺激在条件反射形成之前，对这个反射还是一个无关的刺激，只有与某种反射的非条件刺激相伴或提前出现并多次重复后能引起某种反射时，才能成为条件刺激，即单独作用时就能引起与非条件刺激相同的反射活动。

（三）反射弧的组成

反射的结构基础和基本单位是反射弧。反射弧包括感受器、传入神经、神经中枢、传出神经和效应器五个部分。

反射弧的任何环节及其联结受到破坏，或者功能障碍，都将使这一反射不能出现，或者紊乱，导致相应器官的功能调节异常。

感受器起换能器的作用，可把刺激的能量转换为细胞的兴奋，引起冲动的发放。效应器是产生效应的器官。反射中枢是中枢神经系统中调节某一特定生理功能的神经元群及其突触联系的综合体。

（四）反射的基本过程

一定的刺激被一定的感受器所感受，感受器即发生兴奋；兴奋以冲动的形式经传入神经传向中枢；通过中枢的分析和综合活动，中枢产生兴奋过程；中枢的兴奋又经一定的传出神经到达效应器；最终效应器发生某种活动改变。如果中枢发生抑制，则中枢原有的传出冲动减弱或停止。在自然条件下，反射活动需要反射弧结构的完整，如果反射弧中任何一个环节中断，反射将不能进行。

（五）中枢兴奋过程的特征

1. 中枢兴奋的单向传导

在中枢神经系统中，兴奋只能沿着一定的方向进行单向传导。即由传入神经元传到感受神经元，再由感受神经元传到中间神经元，最后传到传出神经元。

2. 中枢神经兴奋传导的延搁

完成任何反射都需要一定的时间。从刺激作用于感受器起，到效应器开始出现反应为止所需的时间，叫作反射时。这是兴奋通过反射的各个环节所需的总时间。兴奋在中枢内通过突触所发生的传导速度明显减慢的现象，叫作兴奋传导的中枢延搁。

3. 中枢兴奋的总和

由于中枢兴奋在突触传递中有空间总和与时间总和的特性，所以在反射活动中，传出冲动的频率与传入冲动的频率往往并不一致。

4. 中枢兴奋的扩散和集中

从机体不同部位传入中枢的神经冲动，常常在最后集中传递到中枢的比较局限的部位，这种现象称为中枢兴奋的集中；从机体某一部位传入中枢的神经冲动，常常并不局限于只在中枢的某一局部发生兴奋，而是使兴奋在中枢内由近及远地广泛传播，这种现象称为中枢兴奋的扩散。

5. 中枢兴奋的后作用

中枢兴奋都由刺激引起,但是当刺激的作用停止后,中枢兴奋并不立即消失,反射常常会延续一段时间,这种特征称为中枢兴奋的后作用。

(六)影响条件反射形成的因素

条件反射的形成受许多条件的限制,归纳起来有两个方面:

1. 刺激

条件刺激必须与非条件刺激多次反复紧密结合;条件刺激必须在非条件刺激之前或同时出现;刺激强度要适宜;已建立起来的条件反射要经常用非条件刺激来强化和巩固,否则条件反射会逐渐消失。

2. 机体

要求动物必须是健康的,大脑皮层必须是清醒的。此外,还应避免其他刺激对动物的干扰。

(七)条件反射的生物学意义

提高动物机体对环境的适应能力,便于科学饲养管理和合理使用,提高动物的生产性能。

 查一查

在动物生产中应如何应用动物的条件反射?

项目五　内分泌系统结构与功能识别

知识目标
- 掌握主要内分泌器官和组织的位置、分泌的激素及其功能。

技能目标
- 能够识别畜禽内分泌腺的位置和形态；
- 会分析糖尿病、呆小病、侏儒症、甲状腺功能亢进（甲亢）等疾病的病因以及防治措施；
- 能在生产实践中正确使用激素。

素质目标
- 培养严谨、求实和创新的精神；
- 养成自主、探究学习，以及与他人合作学习的习惯；
- 会运用对比法、实验法等综合分析问题；
- 能运用所学知识发现生产中的问题，并能分析原因、解决问题。

内分泌系统是由内分泌腺体、内分泌组织和分散的内分泌细胞组成的一个信息传递系统，它们分泌的某些特殊化学物质称为激素。激素通过毛细血管或毛细淋巴管直接进入血液或淋巴，随血液循环传递到全身，以体液调节的方式，对机体新陈代谢、生长发育和繁殖等起重要的调节作用，并与神经系统相配合，以维持内环境的相对稳定。

一、初识激素

由内分泌细胞合成、分泌，经由组织液或血液进行信息传递的生物活性物质称为激素。激素通过远距分泌、旁分泌、扩散、自分泌、神经分泌对畜禽体的新陈代谢、生长发育、各种功能活动发挥重要而广泛的调节作用。所有激素均具有特异性、高效性、半衰期较短等特征，而且激素之间存在协同与拮抗或允许作用的特征。按照其化学性质可分为含氮类激素和脂类激素两大类。

受到某一激素作用的器官、组织或细胞称为靶器官、靶组织或靶细胞。激素对靶细胞的作用是通过受体（这些受体存在于细胞外膜、细胞内膜及细胞内）介导的。含氮类激素不能穿透细胞膜，只能与胞膜上受体结合，作为第一信使先引起胞浆中第二信使（如 cAMP）的生成，由第二信使调节细胞内酶类的活性，再改变细胞的功能，实现调节效应（第二信使学说）；而类固醇激素则可通过细胞膜而进入细胞内，与胞内受体结合成复合物，直接起介导靶细胞效应，调节基因表达而实现生理效应（基因表达学说）。

二、内分泌器官及其分泌的激素

（一）垂体

垂体又称脑垂体，为一扁圆形小体，位于脑的底部蝶骨构成的垂体窝内，借漏斗连于下丘脑。垂体是体内最重要的内分泌腺，可分为腺垂体和神经垂体 2 部分（图 5-1）。各种动物的垂体形状见图 5-2。

图 5-1　兔垂体
1—腺垂体；2—神经垂体

(a) 马垂体正中切面　　　(b) 牛垂体正中切面　　　(c) 猪垂体正中切面

图 5-2　垂体正中切面模式图

黑色表示远侧部与结节部；细点表示中间部；粗点表示神经部；白色为垂体腔

腺垂体的远侧部和结节部称为前叶，其中间部和神经部则称为后叶。前叶目前已确定能分泌生长激素、催乳素、促黑素细胞激素、促肾上腺皮质激素、促甲状腺激素、促卵泡激素、促黄体素或促间质细胞激素七种激素。其性质和功能见表 5-1。

表 5-1　腺垂体激素的化学性质和主要作用

种类	英文缩写	化学性质	主要作用
生长激素	GH	多肽	①促进生长：促进骨、软骨、肌肉以及肾、肝等其他组织细胞分裂增殖。 ②促进代谢：促进蛋白质合成，减弱蛋白质分解；加速脂肪分解、氧化和供能；抑制糖分解利用，升高血糖
催乳素	PRL、LTH	蛋白质	①促进乳腺发育生长并维持泌乳； ②刺激 LH 受体生成； ③促进黄体分泌孕激素（少数动物）
促甲状腺激素	TSH	糖蛋白	①促进甲状腺细胞的增生及其活动； ②促进甲状腺激素的合成和释放
促肾上腺皮质激素	ACTH	多肽	①促进肾上腺皮质（束状带和网状带）的生长发育； ②促进糖皮质激素的合成和释放
促黑素细胞激素	MSH	多肽	①促进黑色素的合成； ②使皮肤和被毛颜色加深
促卵泡激素	FSH	糖蛋白	①促进卵巢发育生长，促进排卵； ②促进曲细精管发育，促进精子生成； ③促进雌激素分泌
促黄体素	LH	糖蛋白	①在 FSH 协同下，使卵巢分泌雌激素； ②促使卵泡成熟并排卵； ③使排卵后的卵泡形成黄体，分泌孕酮； ④刺激睾丸间质细胞发育并产生雄激素

神经垂体是一个贮存激素的地方，接受由下丘脑视上核和室旁核神经元所分泌的加压素（抗利尿激素）和催产素。其性质和作用见表 5-2。

表 5-2　神经垂体激素的化学性质和主要作用

种类	英文缩写	化学性质	主要作用
抗利尿素	ADH	多肽	①抗利尿作用：增加肾远曲小管、集合管对水的重吸收，使尿量减少； ②升高血压作用：使除脑、肾以外的全身小动脉强烈收缩，从而使血压升高

续表

种类	英文缩写	化学性质	主要作用
催产素	OXT	多肽	①对乳腺的作用：促使肌上皮和导管平滑肌收缩引起排乳。②对子宫的作用：促使妊娠子宫收缩，利于分娩；促进排卵期的子宫收缩，有助于精子向输卵管移动

 想一想

幼年动物生长素分泌不足，会造成什么现象？

 拓展训练

请查阅资料了解腺垂体分泌的激素在实践中有哪些应用？

（二）甲状腺

甲状腺位于喉的下后方，第 1~2 个气管环的两侧和腹侧，可分为左、右 2 个侧叶和连接 2 个侧叶的一腺峡（图 5-3），呈红褐色或红黄色。甲状腺被膜伸入实质内，将腺组织分隔成许多腺小叶。小叶内含有大小不等的滤泡（甲状腺腺泡）（图 5-4）。滤泡呈囊状，无开口，滤泡腔中充盈着含有甲状腺素成分的胶状分泌物。

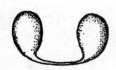
(a) 马甲状腺的形态

(b) 牛甲状腺的形态

(c) 猪甲状腺的形态

图 5-3 甲状腺的形态

图 5-4 甲状腺组织构造

甲状腺分泌的甲状腺素主要有四碘甲腺原氨酸（T_4）和三碘甲腺原氨酸（T_3）2 种。甲状腺 C 细胞分泌降钙素。其性质和功能见表 5-3。

表 5-3 甲状腺激素的化学性质和主要作用

种类	英文缩写	化学性质	主要作用
甲状腺素	T_3、T_4	胺类	①对代谢的影响：使组织耗氧增加，产热量增加；常量时加速蛋白质及酶的合成；超生理量时加速蛋白质分解，升高血糖，促进脂肪分解和脂肪酸氧化，调节水盐代谢。②对生长发育的影响：促进红细胞生成；促进组织分化、生长、发育、成熟以维持畜禽正常生长和发育。③对神经和心血管的影响：提高神经兴奋性，使心率增加，心缩力增强。④促进和维持泌乳
降钙素	CT	多肽	①抑制骨质溶解，减少细胞膜对 Ca^{2+} 的通透性，促进骨中钙盐沉积，促进成骨过程，使血钙、血磷下降。②抑制肾小管对钙、磷、钠重吸收，使尿钙、尿磷升高

想一想

幼年动物甲状腺素分泌不足,会造成什么现象?

 想一想

动物缺碘会造成什么疾病,食入碘过多呢?

拓展训练

请查阅资料了解甲状腺功能亢进、甲状腺功能低下的症状。

(三)甲状旁腺

甲状旁腺是位于甲状腺附近或包埋在甲状腺内部的小腺体,呈豆状,一般有 2 对。甲状旁腺由主细胞和嗜酸细胞组成,主细胞为分泌细胞。甲状旁腺分泌甲状旁腺激素,其性质和功能见表 5-4。

表 5-4　甲状旁腺分泌激素的化学性质和主要作用

种类	英文缩写	化学性质	主要作用
甲状旁腺激素	PTH	蛋白质	①促使骨质溶解,将磷酸钙释放到细胞外液,使血钙升高; ②促进远曲小管重吸收钙,使血钙升高,尿钙减少; ③促进近曲小管重吸收磷,使血磷减少,尿磷升高; ④间接促进小肠对钙的吸收

(四)松果体

松果体又称脑上腺,是红褐色卵圆形小体,位于四叠体与丘脑之间,以柄连于丘脑上部。松果体主要由松果体细胞和神经胶质形成,外面包有脑软膜。随着年龄的增长松果体内的结缔组织增多,成年后不断有钙盐沉着,形成大小不等的颗粒,称为脑砂。

松果体分泌褪黑激素,有抑制促性腺激素的释放,防止性早熟等作用。此外,松果体内还含有大量的 5-羟色胺和去甲肾上腺素等物质。光照能抑制松果体合成褪黑激素,促进性腺活动。

 想一想

在蛋鸡生产中,如何使用光照调控产蛋时间?

(五)肾上腺

肾上腺成对位于肾的前内侧,质软,一般呈淡黄色,外包被膜,其实质可分为外层的皮质和内层的髓质(图 5-5)。

皮质由外向内分为球状带、束状带和网状带,肾上腺皮质主要受下丘脑-垂体的调节形成下丘脑-垂体-肾上腺皮质轴。皮质分泌的激素称为皮质激素,包括近百种类固醇物质,按其作用大致可分为三类:①以醛固酮为代表的盐皮质激素,它们主要由球状带细胞所分泌;②以皮质醇(氢化可的松)和皮质素(可的松)为代表的糖皮质激素,它们主要由束状带细

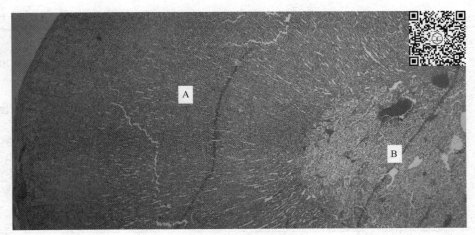

图 5-5　肾上腺组织构造
A—皮质；B—髓质

胞所分泌；③以脱氧异雄酮和雌二醇为代表的少量性激素，它们主要由网状带细胞所分泌。这三类皮质激素都是类固醇衍生物，故统称类固醇激素。盐皮质激素和糖皮质激素的性质和作用见表 5-5。

髓质呈灰色或肉色。髓质部分泌去甲肾上腺素和肾上腺素，统称髓质激素，均为胺类激素。其机能与交感神经的活动密切联系，与交感神经组成"交感-肾上腺髓质系统"。当动物机体遭遇特殊紧急情况时（如畏惧、焦虑、剧痛、失血、脱水、缺氧、暴冷、暴热以及剧烈运动等），通过交感神经-肾上腺髓质系统发生适应性的反应，肾上腺素和去甲肾上腺素的分泌大大增加，它们作用于中枢神经系统，提高其兴奋性，使机体进入警觉状态，表现为反应变灵敏、呼吸加强、加快、心跳加快、心缩力增强、心输出量增加、血压升高、血液循环加快、内脏血管收缩、骨骼肌血管舒张，同时血流量增多，全身血液重新分配，以利于应急时重要器官得到更多的血液供应；肝糖原分解增强，血糖升高，脂肪分解加速，血中游离脂肪酸增多，葡萄糖与脂肪酸氧化过程增强，以适应在应急情况下对能量的需要，称为"应急反应"。实际上，应急反应与应激反应，两者相辅相成，共同维持机体的适应能力。去甲肾上腺素和肾上腺素都是在动物遇到紧急状态时分泌加强。前者主要与循环的调整有关，后者主要与代谢变化有关，两者对心血管系统、呼吸器官、代谢、中枢神经系统、肌肉等具有广泛的作用，但两者对某一器官的作用不完全相同。

想一想

> 动物遭受应激或发生应激反应后，身体内哪些激素分泌增多？如果是屠宰动物，会有哪些影响？

表 5-5　皮质激素的化学性质和主要作用

种类	化学性质	主要作用
醛固酮	类固醇	①促进肾远曲小管重吸收 Na^+、Cl^-； ②促进水的重吸收； ③促进远曲小管排 K^+、H^+、NH_4^+（以上作用概括为"保钠排钾"，"保钠排钾"作用不仅仅局限于肾小管，还发生在汗腺和唾液腺处）

续表

种类	化学性质	主要作用
皮质醇	类固醇	①调节物质代谢：促进糖原异生，升高血糖；促进蛋白质分解；促进脂肪分解和脂肪酸氧化。 ②调节水盐代谢：有较弱的保钠排钾作用。 ③调节血细胞代谢：使红细胞、血小板和中性粒细胞增多；使淋巴细胞和嗜酸性粒细胞减少。 ④调节心血管：允许儿茶酚胺对血管平滑肌的作用；降低毛细血管壁通透性；减少血浆渗出。 ⑤参加应激反应：增强机体抵抗力。 ⑥调节消化机能：使胃酸分泌增多，使胃蛋白酶分泌稍增。 ⑦抗炎、抗过敏。 ⑧抑制促肾上腺皮质激素的分泌

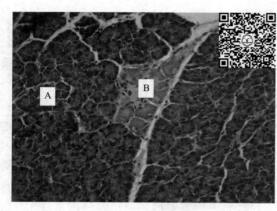

图 5-6　胰脏组织构造
A—外分泌部；B—内分泌部（胰岛）

（六）胰岛

胰岛是一些大小不等、形状不定、散在于胰腺腺泡（外分泌腺）之间的细胞群，形似小岛，故称之为胰岛（图 5-6）。胰岛的细胞群分为 4 种：A 细胞（又称 α 细胞），约占总数 20%，分泌胰高血糖素；B 细胞（又称 β 细胞），约占总数 70%，分泌胰岛素；D 细胞，占总数的 1%～8%，分泌生长抑制素；PP 细胞，占 1%～3%，分泌胰多肽。胰岛细胞主要分泌胰岛素和胰高血糖素，其性质与功能见表 5-6。

（七）性腺

性腺包括雄性动物的睾丸和雌性动物的卵巢。性腺在内分泌方面的功能是产生性激素。睾丸间质细胞分泌睾酮、双氢睾酮和雄烯二酮 3 种雄性激素；睾丸的支持细胞能分泌抑制素。卵巢内的分泌细胞包括卵泡内膜的细胞和黄体细胞，在卵泡生长的过程中，能分泌出雌性激素，排卵后形成的黄体细胞分泌孕激素。此外，卵巢本身还能分泌少量的雄性激素及抑制素，在妊娠期还能分泌松弛素。

 查一查

结合腺垂体和性腺的功能，养殖中如何使用激素调控牛、羊、猪的繁殖周期？

表 5-6　胰岛激素的化学性质和主要作用

种类	化学性质	主要作用
胰高血糖素	多肽	①促进糖原分解，促进糖的异生，升高血糖； ②促进脂肪分解，促进脂肪酸氧化，使酮体增多； ③促进胰岛素和胰岛生长抑素的分泌； ④增强心肌收缩力

续表

种类	化学性质	主要作用
胰岛素	蛋白质	①促进肝糖原合成，抑制糖异生，促进葡萄糖分解和糖生脂，降低脂肪； ②促进脂肪合成和贮存，抑制脂肪分解，使酮体减少； ③促进蛋白质的合成和贮存，抑制蛋白质的分解，抑制尿素生成； ④抑制胰高血糖素的分泌

 想一想

静脉注射葡萄糖与口服等量葡萄糖后，哪种情况分泌的胰岛素更多，为什么？

项目六 体温调节

知识目标
- 了解影响动物正常体温波动的因素及生理波动范围；
- 掌握动物产热和散热的途径，掌握动物体温的调节方式。

技能目标
- 能测量动物的体温，并判断是否正常；
- 能采取正确的防暑御寒措施。

素质目标
- 培养生物安全和动物福利意识；
- 培养创新意识。

一、初识体温

畜禽都属于恒温动物，具有相对恒定的体温。同一个体各部位的温度并不相同，可分为体表温度和体核温度。体表温度是指体表及体表下结构（如皮肤、皮下组织等）的温度。体表各部分温差较大。体核温度是机体深部（如内脏）的温度，比体表温度高，相对稳定。通常用直肠温度来代表动物体温。各种动物正常体温见表 6-1。

表 6-1 各种动物正常体温范围   单位：℃

动物	平均温度	温度范围	动物	平均温度	温度范围
肉牛	38.3	36.7~39.1	山羊	39.1	38.5~39.7
奶牛	38.6	38.0~39.3	犬	38.9	37.9~39.9
猪	39.2	38.7~39.8	猫	38.6	38.1~39.2
马	37.7	37.2~38.2	兔	39.5	38.6~40.1
绵羊	39.1	38.3~39.9	鸡	41.6	39.6~43.6

 想一想

> 动物种别、年龄、生理状况、生活环境、昼夜对体温有无影响？

二、体温恒定的维持

畜禽正常体温的维持，有赖于体内产热和散热过程的动态平衡。如产热多于散热，可见体温升高，散热超过产热则引起体温下降。

（一）产热

1. 主要产热器官

肝脏的代谢旺盛，产热量最大；在劳役时，骨骼肌代谢加强，产热量明显增加；草食动物的饲料在消化管发酵，产生大量热能，也是体热产生的重要来源。

2. 机体的产热形式

动物在寒冷环境中，机体要维持体温的相对稳定，可通过战栗产热和非战栗产热 2 种形式来增加产热量。

(1) **战栗产热** 表现为骨骼肌不随意的节律性收缩，特点是屈肌和伸肌同时收缩，不做外功，产热量很高。发生战栗时，代谢率可增加 4～5 倍。

(2) **非战栗产热** 又称代谢产热，指机体处于寒冷环境时，除战栗产热外，体内还会发生广泛的代谢产热增加现象。这一过程中，在增加的代谢产热中，以褐色脂肪组织的产热量最大，可占非战栗产热的 70%。

3. 等热范围及代谢稳定区

动物的产热量随环境温度而改变（图 6-1）。在适当的环境温度范围内，动物的代谢强度和产热量可保持在生理的最低水平而体温仍能维持恒定，这种环境温度称动物的等热范围或代谢稳定区。环境温度过低，机体将提高代谢强度，增加产热量以维持体温，因而饲料的消耗增加；反之，环境温度过高则会降低动物的生产性能。所以，生产实践中，外界环境温度在等热范围内饲养家畜最为适宜，在经济上也最为有利。各种家畜的等热范围如表 6-2 所示。

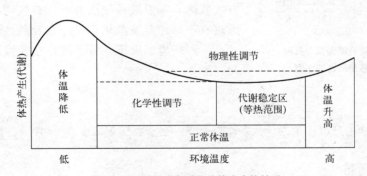

图 6-1 环境温度与动物体热产生的关系

表 6-2 各种家畜的等热范围

家畜	等热范围/℃	家畜	等热范围/℃
妊娠母猪	11～15	兔	15～25
分娩母猪	15～20	奶牛	10～15
初生仔猪	27～32	肉牛	10～15
肥猪	15～17	母绵羊	7～24
成年马	7～24	初生羔羊	24～27
马驹	24～27	蛋用母鸡	13～20

等热范围的低限温度称为临界温度。环境温度升高超过等热的高限时，机体代谢也开始升高，这时的外界气温称为过高温度。

（二）散热

1. 散热途径

散热的主要途径是通过体表皮肤散热，经这一途径散发的热占全部散热量的 75%～85%。另外，机体还可通过呼吸器官、消化器官和排尿等途径散热。当外界环境温度低于体表温度时,机体通过皮肤以辐射、传导、对流等方式进行散热,反之,只能以蒸发方式散热。

2. 皮肤散热的方式

(1) 辐射　体热以热射线(红外线)的形式向外界散发的方式,称为辐射散热。在常温和安静状态下辐射散热是机体最主要的散热方式。辐射散热量的多少主要与皮肤和周围环境之间的温度差、有效辐射面积等因素有关。

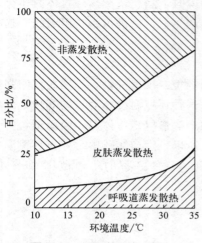

图 6-2　不同环境温度下各种散热途径散热所占的比例

(2) 传导　机体的热量直接传递给其接触的温度较低的物体的一种散热方式,称为传导散热。传导散热量的多少与接触物体的导热性能、接触面积、体表与环境温度差等有关。

(3) 对流　机体通过与周围流动的气体进行热量交换的一种散热方式,称为对流散热,是传导散热的一种特殊形式。

(4) 蒸发　蒸发散热是指机体通过体表和呼吸道水分蒸发来散发体热的一种散热方式。当环境温度等于或高于体表温度时,机体已不能通过辐射、传导和对流等方式散热,蒸发散热便成为唯一有效的散热方式。蒸发散热有不显汗蒸发散热和显汗蒸发散热两种方式。

不同环境温度下,各种散热途径散热所占的比例不同(图 6-2)。

 想一想

在从事动物生产过程中为什么冬季要保暖,夏季要防暑降温?常采用哪些措施?

三、体温调节

恒温动物主要通过神经和内分泌系统调节产热和散热过程,使两者在外界环境温度和机体代谢水平经常变化的情况下保持动态平衡,使健康动物的体温能维持在一个正常范围之内,实现体温的相对稳定。体温调节由温度感受器、体温调节中枢、效应器共同完成(图 6-3)。

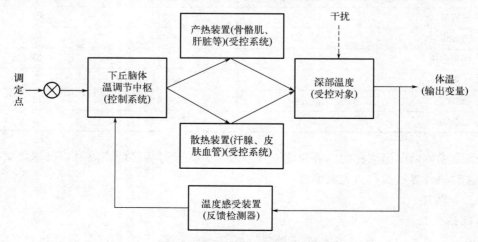

图 6-3　体温调节自动控制示意图

（一）温度感受器

温度感受器是感受机体各个部位温度变化的特殊结构。按其感受的刺激可分为冷感受器和热感受器；按其分布的部位又可分为外周温度感受器和中枢温度感受器。

外周温度感受器广泛分布于皮肤、黏膜和内脏中，皮肤温度感受器在体温调节中主要感受外界环境的冷刺激，防止体温下降。

中枢温度感受器指分布于脊髓、延髓、脑干网状结构以及下丘脑等处对温度变化敏感的神经元。根据它们对温度的不同反应，可分为热敏神经元和冷敏神经元。当局部脑组织温度变动 0.1℃，这两种神经元的放电频率就会发生变化，而且不出现适应现象。

（二）体温调节中枢

最基本的体温调节中枢位于下丘脑。大脑皮层在体温调节中起重要作用，行为性体温调节主要是通过大脑皮层实现的。视前区-下丘脑前部（PO/AH）是体温调节中枢的关键部位。

由 PO/AH 区发出的传出信号可通过植物性神经系统、躯体运动神经系统和内分泌系统3 种途径以维持体温的稳定。

（三）体温调定点学说

体温调定点学说认为，在 PO/AH 区中有一个控制体温的调定点，它的作用是将机体温度设定在一个恒定的温度值，调定点的高低决定着体温的水平。当体温处于这一温度值时，热敏神经元和冷敏神经元的活动处于动态平衡，致使机体的产热和散热也处于动态平衡状态，体温就维持在调定点设定的温度值水平。当中枢的温度超过调定点时，散热过程增强而产热过程受到抑制，体温因而不至于过高。如果中枢的温度低于调定点时，产热增强而散热过程受到抑制，因此体温不至于过低。

在正常情况下，调定点虽然可以上下移动，但范围很窄。当细菌感染后，由于致热原的作用，PO/AH 区热敏神经元的反应阈值升高，而冷敏神经元的阈值则下降，调定点因而上移。因此，先出现恶寒战栗等产热反应，直到体温升高到新的调定点水平以上时才出现散热反应。

想一想

使用退热药后动物的体温如何变化？动物体会出现哪些体表变化？除了使用退热药，还可以用哪些方式给动物降低体温？

四、动物对环境的耐受与适应

（一）家畜的耐热与抗寒

家畜采用各种散热方式对抗环境温度升高，并且各种家畜的耐热能力不同，例如，绵羊有较强的耐热能力，在 43℃下可坚持数小时；奶牛的耐热能力较差；猪的耐热能力较弱，仔猪耐热能力更弱。

家畜的抗寒能力一般较强。马、牛和羊在气温－18℃时仍能保持体温稳定。猪的抗寒力低于其他动物，尤其是仔猪。

（二）家畜对高温与低温的适应

家畜较长期地处于寒冷或炎热环境中，或由于一年中季节性温差变化，或由寒带（或热带）地区迁入热带（或寒带）地区时，初期可通过各种体温调节机制保持体温恒定，随后则发生不同程度的适应现象。适应可分为 3 类。

1. 习服

动物短期（通常数月）生活在超常环境温度（寒冷或炎热）中所发生的适应性反应称为习服，主要表现为与糖、脂肪代谢有关酶的活性和代谢率的变化，使产热过程适应已变化的温度环境。

2. 风土驯化

随着季节性变化机体发生的对环境温度的适应称为风土驯化，表现为被毛厚度和血管收缩性发生变化等，以增强机体对外界温度变化的适应能力。

3. 气候适应

经过几代自然选择和人工选择，动物的遗传性发生变化，不仅本身对当地的温度环境表现了良好的适应，而且能传给后代，成为该种或品种的特点。

 想一想

地区跨度较大引种的动物机体如何适应新的环境？

项目七 心血管系统结构与功能识别

知识目标
- 掌握血液的成分、理化特性与功能,以及生理性止血;
- 掌握不同动物心脏的形态、位置、结构和功能;
- 掌握血管的分类,肺、体循环的路径,以及全身动、静脉的分布;
- 掌握动脉血压形成,微循环的组成及作用,组织液和淋巴的生成与回流过程;
- 了解胎儿血液循环的特点以及出生以后的变化。

技能目标
- 能够制作血浆和血清;
- 能准确进行心音的听取、动脉血压和动脉脉搏的测定;
- 找到动物体表主要静脉血管;
- 能进行组织水肿的病因分析。

素质目标
- 培养良好的理论指导实践、综合运用与创新的能力;
- 培养良好的职业素养、自主学习能力、团结协作精神和服务"三农"的意识;
- 倡导健康的生活习惯,讲究动物福利。

一、初识机体内环境与心血管系统

(一)体液与机体内环境

体液是动物体内水分及溶解于水中的物质的总称。体液占体重的60%~70%,包括细胞内液和细胞外液。细胞内液是指存在于细胞内的液体,占体重的40%~45%;细胞外液是指存在于细胞外的液体,包括血浆、组织液、淋巴和脑脊液等,占体重的20%~25%。细胞外液是细胞直接生活的具体环境,故又称为机体的内环境。

内环境的成分和理化性质在一定范围内波动,保持着动态的平衡。内环境的稳定性是细胞进行生命活动的必要条件。血液在维持内环境稳定方面起着重要作用。

各种体液通过细胞膜和毛细血管壁进行物质交换。

(二)心血管系统

心血管系统由心脏、血管(包括动脉、静脉和毛细血管)和血液组成。

血液是由血浆和血细胞组成的营养性结缔组织,是体液的重要组成部分。血液在心脏的推动下循环流动,具有运输各种代谢产物及营养物质,维持机体内环境的稳定等生理功能。

心脏是血液的动力器官,在神经、体液调节下,进行有节律的收缩和舒张,使血管内的血液按一定的方向流动。

动脉起于心脏,输送血液到肺和全身各处,沿途反复分支,管径越来越小,管壁越来越薄,最后移行为毛细血管。毛细血管是连接于小动脉与小静脉之间的微细血管,互相吻合成网,遍布全身。静脉则从毛细血管起始逐渐汇集成小、中、大静脉,收集血液最后回到心脏。全身回流的淋巴从前腔静脉进入心脏。

成年动物血液循环如图 7-1 所示。

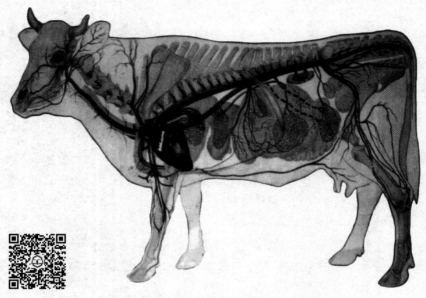

图 7-1　成年动物血液循环模式图
红色表示动脉及动脉血；蓝色表示静脉及静脉血

二、认识血液

（一）血液的组成及功能

正常血液为红色黏稠的液体。它由血浆和悬浮在血浆内的有形成分组成（图 7-2）。把加有抗凝剂的血液置于离心管中离心沉淀后（3000r/min，30min），血液能明显地分成 3 层：

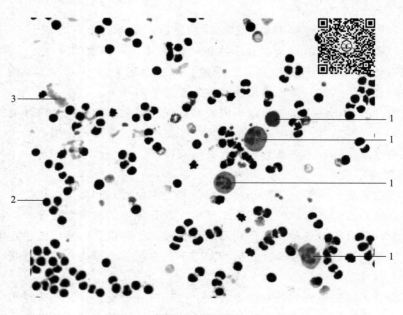

图 7-2　猪血涂片
1—白细胞；2—红细胞；3—血小板

上层液体部分为血浆；下层的深红色沉淀物为红细胞；在红细胞与血浆之间有一白色薄层是白细胞和血小板（图7-3）。

离体血液不做抗凝处理，所凝固的血块不久后将进一步紧缩，并析出淡黄色的清亮液体，这种液体称为血清（图7-4）。

图7-3 抗凝血

1—血浆；2—白细胞和血小板；3—红细胞

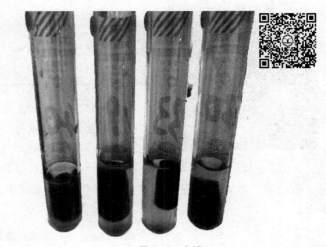

图7-4 血清

淡黄色液体为血清；深红色部分为血凝块

想一想

如何制备血清和血浆？两者有何区别？

1. 血浆及其功能

血浆中含90%～92%的水分，8%～10%的溶质。溶质中包括无机盐和有机物。

（1）无机盐　血浆中无机盐约占0.9%，主要以离子形式存在，少数以分子或与蛋白质结合状态存在。主要的阳离子有Na^+、K^+、Ca^{2+}、Mg^{2+}；主要的阴离子有Cl^-、HCO_3^-、HPO_4^-和SO_4^{2-}。主要的微量元素有铜、锌、铁、锰、碘、钴等，它们主要存在于有机化合物分子中。这些无机离子的主要生理功能如下：

① 维持血浆晶体渗透压。

② 维持体液的酸碱平衡。

③ 维持组织细胞的兴奋性。

（2）有机物

① 血浆蛋白　血浆蛋白占血浆的6.2%～7.9%，是血浆中多种蛋白质的总称。根据分子质量不同，血浆蛋白分为白蛋白（又称清蛋白）、球蛋白和纤维蛋白原等。其中白蛋白含量最多，球蛋白次之，纤维蛋白原最少。纤维蛋白原主要在血液凝固过程中起作用，可形成血凝块，当组织受伤出血时，有堵塞血管破口、止血的作用。

② 血浆中其他有机物

a. 非蛋白含氮化合物。通常称这类化合物所含的氮为非蛋白氮（NPN），它们主要是蛋白质代谢的中间产物，包括尿素、尿酸、肌酐、氨基酸、胆红素和氨等。

b. 血浆中不含氮的有机物。如葡萄糖、甘油三酯、磷酸、胆固醇和游离脂肪酸等，它们与糖代谢和脂质代谢有关。

c. 血浆中微量的活性物质。主要包括酶类、激素和维生素等。

2. 血细胞及其功能

（1）红细胞

① 红细胞的形态与数量　大多数哺乳动物的成熟红细胞（RBC）呈双面内凹的圆盘状，无细胞核和细胞器（图 7-5），骆驼和鹿的红细胞则呈卵圆状。

红细胞在血细胞中数量最多，以 10^{12} 个/L 表示。

红细胞的细胞质内充满大量血红蛋白（Hb），约占红细胞成分的 33%。血红蛋白由亚铁血红素和珠蛋白结合而成，具有携带 O_2 和 CO_2 的功能。各种动物的红细胞数量和血红蛋白含量见表 7-1。

图 7-5　红细胞

单位容积红细胞数量、血红蛋白含量同时或其中之一显著减少而低于正常值，都称为贫血。

表 7-1　成年健康动物红细胞数量和血红蛋白含量

动物种类	红细胞数量/（×10^{12} 个/L）	血红蛋白含量/（g/L）
猪	6.5（5.0~8.0）	130（100~160）
牛	7.0（5.0~10.0）	110（80~150）
绵羊	10.0（8.0~12.0）	120（80~160）
山羊	13.0（8.0~18.0）	110（80~140）
鸡	3.5（3.0~3.8）	100（80~120）

② 红细胞的生理特性

a. 可塑性变形。红细胞在体内循环过程中要挤过口径比它小的毛细血管和血窦孔隙，这时红细胞将发生变形，通过后又恢复原状，这称为红细胞的可塑性变形。红细胞的表面积与体积的比值愈大，其变形能力也愈大。

b. 渗透脆性。正常情况下，红细胞内外液体之间的渗透压基本相等，可使红细胞保持正常形态和大小。能使悬浮于其中的红细胞形态体积维持正常的盐溶液，称为等渗溶液。0.9% 的 NaCl 溶液是等渗溶液。如果把红细胞悬浮于低渗盐溶液中，水分子将透入红细胞内，引起红细胞膨胀、破裂，血红蛋白逸出，这种现象称为渗透性溶血。红细胞在低渗盐溶液中发生膨胀破裂，这一特性称为红细胞渗透脆性，表示红细胞膜对低渗盐溶液的抵抗力。

c. 悬浮稳定性。红细胞能比较稳定地悬浮于血浆中的特性，称为红细胞的悬浮稳定性。将抗凝血放置于垂直竖立的沉降管中，虽然红细胞的相对密度大于血浆，却下沉得很慢。通常以第一小时末红细胞沉降的距离（mm）表示红细胞的沉降速度，称为红细胞沉降率（ESR），简称血沉。血沉越小，表示红细胞的悬浮稳定性越好。在某些疾病中，许多红细胞较快地以凹面相互接触，形成一叠红细胞，称为红细胞叠连。叠连后造成了红细胞表面积减小，使红细胞下沉时与血浆的摩擦力减小，沉降加速。

想一想

贫血有哪些类型？畜牧生产中应如何防止家畜发生贫血？

想一想

测定动物的红细胞渗透脆性和血沉值在诊断上具有哪些临床意义？

③ 红细胞的功能　红细胞的主要功能是运输 O_2 和 CO_2，并对酸碱物质具有缓冲作用，而这些功能均与红细胞中的血红蛋白有关。

④ 红细胞的生成和破坏　正常情况下，哺乳动物的红细胞是由红骨髓生成的。骨髓造血机能正常情况下，蛋白质和铁是红细胞生成的主要原料。维生素 B_{12}、叶酸和铜离子是促进红细胞发育和成熟的物质。此外红细胞生成还需要氨基酸、维生素 B_6、维生素 B_2、维生素 C、维生素 E 以及微量元素 Mn、Zn 等。

红细胞平均寿命约 120d。衰老的红细胞在血流的冲击下破裂或滞留于脾中被巨噬细胞吞噬。红细胞被破坏后，释放出的血红蛋白很快被分解成为珠蛋白、铁和胆绿素 3 部分。珠蛋白和铁可重新参加体内代谢，胆绿素立即被还原成胆红素，经肝脏随胆汁排入十二指肠。

(2) 白细胞

① 白细胞的数量和分类　白细胞（WBC）是血液中无色、有核的细胞，根据白细胞胞浆中有无粗大颗粒可将其分成颗粒细胞和无颗粒细胞 2 大类。颗粒细胞包括嗜中性粒细胞、嗜酸性粒细胞和嗜碱性粒细胞；无颗粒细胞包括单核细胞和淋巴细胞（图 7-6）。

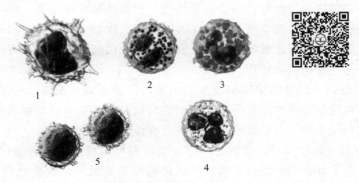

图 7-6　白细胞

1—单核细胞；2—嗜酸性粒细胞；3—嗜碱性粒细胞；4—中性粒细胞；5—淋巴细胞

白细胞数量以 10^9 个/L 表示。各种动物白细胞的数量如表 7-2 所示。

表 7-2　成年动物白细胞总数及白细胞分类百分比

动物种类	白细胞总数/(10^9 个/L)	各种白细胞的百分比/%				
		嗜中性粒细胞	嗜酸性粒细胞	嗜碱性粒细胞	淋巴细胞	单核细胞
猪	8.5	53.0	4.0	0.6	39.4	3.0
牛	8.0	31.0	7.0	0.7	54.3	7.0
绵羊	8.2	37.2	4.5	0.6	54.7	3.0

续表

动物种类	白细胞总数/(10^9 个/L)	各种白细胞的百分比/%				
		嗜中性粒细胞	嗜酸性粒细胞	嗜碱性粒细胞	淋巴细胞	单核细胞
山羊	9.6	42.2	3.0	0.8	50.0	4.0
马	14.8	46.1	3.0	1.2	47.6	2.1
鸡♂	16.6	25.8	1.4	2.4	64.0	6.4
鸡♀	29.4	13.3	2.5	2.4	76.1	5.7

② 白细胞的功能 白细胞依靠其具有的游走、趋化性和吞噬作用等特性，抵抗外来微生物对机体的损害，实现对机体的保护功能。白细胞的趋化性是指白细胞能够向其周围环境中存在的某些化学物质靠近的特性。

a. 嗜中性粒细胞。是粒细胞中数量最多的一种，占粒细胞总数的50%左右，胞体呈球形，具有很强的变形运动和吞噬能力。当机体的局部受到细菌侵害时，嗜中性粒细胞对细菌产物和受损组织所释放的某些化学物质有趋向性，以变形运动穿出毛细血管，聚集到病变部位吞噬细菌和清除组织碎片。在急性化脓性炎症时，嗜中性粒细胞显著增多。

b. 嗜酸性粒细胞。数量较少，细胞呈圆球形。嗜酸性粒细胞基本上没有杀菌能力，它的主要机能在于缓解过敏反应和限制炎症过程。当机体发生抗原-抗体相互作用而引起过敏反应时，可引起大量嗜酸性粒细胞以变形运动穿出毛细血管进入结缔组织，吞噬抗原-抗体复合物，释放组胺酶，灭活组胺，从而减轻过敏反应。

c. 嗜碱性粒细胞。数量最少，细胞呈球形，胞核常呈S形或分叶形。胞质内含有大小不等、分布不均的嗜碱性颗粒，染成深紫蓝色，胞核常被颗粒掩盖。颗粒内有肝素、组胺和白三烯。嗜碱性粒细胞能变形游走，但无吞噬功能。颗粒中的组胺对局部炎症区域的小血管有舒张作用，能加大毛细血管的通透性，有利于其他白细胞的游走和吞噬活动，它所含的肝素对局部炎症部位起抗凝血作用。

d. 单核细胞。是白细胞中体积最大的细胞，呈圆形或椭圆形。胞核呈肾形、马蹄形或扭曲折叠的不规则形。其功能与嗜中性粒细胞类似，亦具有运动与吞噬能力，并能激活淋巴细胞的特异性免疫功能，促使淋巴细胞发挥免疫作用。

e. 淋巴细胞。数量较多，细胞呈球形。胞核圆形、椭圆形或肾形，淋巴细胞按其直径分为大、中、小3种。中淋巴细胞和大淋巴细胞核多为圆形，核染色质较疏松，着色较浅，有时可见核仁；胞质相对较多，胞核周围的淡染晕比较明显。小淋巴细胞核多为圆形或椭圆形，核的一侧有小凹陷，核染色质呈致密的块状，染成深蓝紫色；胞质很少，仅在核周围有一薄层，呈嗜碱性，染成天蓝色。健康动物血液中，大淋巴细胞极少，中淋巴细胞较少，主要是小淋巴细胞。淋巴细胞主要参与体内免疫反应。

③ 白细胞的生成与破坏 各类白细胞来源不同，颗粒白细胞由红骨髓的原始粒细胞分化而来；单核细胞大部分来源于红骨髓，小部分来源于单核巨噬细胞系统，经短暂的血液中生活之后进入疏松结缔组织，最后分化成巨噬细胞；淋巴细胞生成于脾、淋巴结、胸腺、骨髓、扁桃体，散在于肠黏膜下的集合淋巴结内。

白细胞在血液中停留的时间一般都不长，约若干小时至几天。衰老的白细胞大部分被单核巨噬细胞系统的巨噬细胞所清除，小部分可在执行防御功能时被细菌或毒素所破坏，或经由唾液、尿、肺和胃肠黏膜被排出。

(3) 血小板

① 形态与数量　哺乳动物的血小板很小，呈两面凸起的圆盘形或椭圆形。在血涂片上，其形状不规则，常成群分布于血细胞之间。在 Wright 染色的标本上，可见血小板周围部分染成浅蓝色，称透明区；中央部分有蓝紫色颗粒，称颗粒区。血小板的数量以 10^9 个/L 表示。几种动物血液中血小板的数量见表 7-3。

表 7-3　几种动物血液中血小板的数量　　　　　单位：10^9 个/L

动物种类	数量	动物种类	数量
马	200~900	驴	400
牛	260~710	骆驼	367~790
绵羊	170~980	犬	199~577
山羊	310~1020	猫	100~760
猪	130~450	兔	125~250

② 生理特性　血小板有黏附、聚集、释放、收缩、吸附等特性。

③ 生理功能　血小板的主要功能是维持血管内皮的完整性，参与生理性止血和血液凝固过程。

④ 血小板的生成　血小板是从骨髓中成熟巨核细胞的胞浆裂解脱落下来的、具有生物活性的生物质块。

 想一想

临床上检测动物的血常规有什么意义？

（二）血量

动物体内的血液总量称为血量，是血浆量和血细胞量的总和。血量占体重的 6%~8%（表 7-4）。

表 7-4　几种动物的血液总量　　　　　单位：mL/kg 体重

动物种类	血量	动物种类	血量
马（赛马）	109.6	鸡	74.0
马（役用）	71.7	犬	92.5
奶牛	57.4	猫	66.7
猪	7.0	兔	56.4
绵羊	58.0	小白鼠	54.3
山羊	70.0	豚鼠	72.0

绝大部分血液在心血管系统中循环流动着，这部分称为循环血量；其余部分（主要是红细胞）贮存在肝、脾和皮肤中，称为贮存血量。当动物剧烈运动或大出血时，贮存血量可释放出来，以补充循环血量之不足。

血量的相对恒定对于维持正常血压、保证各器官的血液供应非常重要。如动物一次失血量不超过总血量的 10%，对生命活动没有明显影响；如一次失血量达 20%，就会对生命活动产生显著影响；如一次急性失血量达 25%~30%，则危及生命。

拓展训练

一只体重30kg的健康动物,在安全范围内最多可以贡献多少血液?

(三) 血液的理化特性

1. 血色、血味

动物血液呈红色,颜色随红细胞中血红蛋白的含氧量而变化。含氧量高的动脉血呈鲜红色;含氧量低的静脉血则呈暗红色。血液中因含有氯化钠而呈咸味,因含有挥发性脂肪酸而具有特殊的血腥味。

2. 血液的密度

健康动物血液的密度在 $1.050\sim1.060g/cm^3$ 之间。

3. 血液的黏滞性

血液流动时,由于内部分子间相互摩擦产生阻力,表现出流动缓慢和黏着的特性,叫作黏滞性。黏滞性大小主要取决于红细胞数量和血浆蛋白浓度。

4. 血浆的渗透压

血浆渗透压约为7.6atm,约相当于770kPa。血浆的渗透压由两种压力构成:一种是由血浆中的晶体物质,特别是各种电解质构成的,叫作晶体渗透压,约占总渗透压的99.5%,对于维持细胞内外的水分平衡极为重要;另一种是由血浆蛋白构成的胶体渗透压,仅占总渗透压的0.5%,有利于保持血管内外的水分平衡。

与细胞和血浆的渗透压相等的溶液,叫作等渗溶液,常用的等渗溶液是0.9%的氯化钠溶液(又称为生理盐水)或者5%的葡萄糖溶液。

 想一想

给动物静脉注射时可以使用蒸馏水稀释药物吗?为什么?

5. 血液的酸碱度

动物的血液呈弱碱性,pH值在7.35~7.45之间。生命活动能够耐受的血液pH值最大范围为6.9~7.8。

在正常情况下,血液pH值保持稳定主要依赖于血液中的缓冲对。血浆中的缓冲对有: $NaHCO_3/H_2CO_3$、Na_2HPO_4/NaH_2PO_4、Na-蛋白质/H-蛋白质;红细胞中的缓冲对有: KHb/HHb、$KHbO_2/HHbO_2$。这些缓冲对中,以 $NaHCO_3/H_2CO_3$ 最为重要。生理学中常把血浆中的 $NaHCO_3$ 含量称为血液的碱贮。在一定范围内,碱贮增加表示机体对固定酸的缓冲能力增强。

 拓展训练

家畜过度运动或饲喂大量酸性饲料为什么会出现酸中毒?

(四) 血液凝固与纤维蛋白溶解

1. 生理性止血

生理性止血是指当小血管受损,血液自血管内流出数分钟后自行停止的过程。生理性止血主要包括受损伤局部的血管收缩、血栓的形成和纤维蛋白凝块形成3个过程。

2. 血液凝固

血液凝固是指血液由流动的液体状态转变为不流动的胶冻状凝块的过程。动物受伤出血,血液凝固则可避免机体失血过多,因此它是机体的一种保护功能。

动画:血液凝固

(1) 凝血因子 血浆和组织中直接参与凝血的物质统称为凝血因子,已发现的凝血因子有十几种,按照国际统一规定,依发现年代顺序以罗马数字命名,各种凝血因子见表7-5。

表 7-5 各种凝血因子

凝血因子	同义名	合成部位	凝血过程中的作用
因子 I	纤维蛋白原	肝	变为纤维蛋白
因子 II	凝血酶原	肝	变为有活性的凝血酶
因子 III	组织凝血激酶	各种组织	启动外源性凝血
因子 IV	钙离子(Ca^{2+})	来自细胞外液	参与凝血的多步过程
因子 V	前加速素	肝	参与外源性和内源性凝血
因子 VII	前转变素	肝	参与外源性凝血
因子 VIII	抗血友病因子	肝为主	参与内源性凝血
因子 IX	血浆凝血激酶	肝	变为有活性的因子IX(IX→IXa)
因子 X	Stuart-Prower 因子	肝	变为有活性的因子X(X→Xa)
因子 XI	血浆凝血激酶前质	肝	变为有活性的因子XI(XI→XIa)
因子 XII	接触因子	未明确	启动内源性凝血
因子 XIII	纤维蛋白稳定因子	肝	参与不溶性纤维蛋白形成

(2) 凝血过程 凝血过程大体经历3个主要步骤:第1步为凝血酶原激活物的形成,有内源性和外源性2种途径(图7-7);第2步为凝血酶的形成;第3步为凝血酶催化纤维蛋白

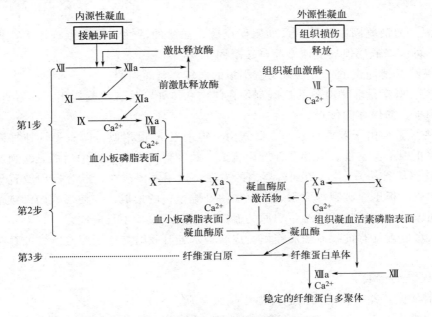

图 7-7 血液凝固过程示意图

原转变为纤维蛋白，至此血凝块形成。

3. 抗凝系统

体液抗凝系统主要包括抗凝血酶Ⅲ、肝素、蛋白质C和组织因子途径抑制物（TFPI）。最重要的抗凝物质是抗凝血酶Ⅲ和肝素。

抗凝血酶Ⅲ是血浆中一种抗丝氨酸蛋白酶，通过其分子上的精氨酸残基与凝血酶、因子Ⅸa、Ⅺa和Ⅻa的活性中心所含有的丝氨酸残基结合使之失活，从而起到抗凝作用。肝素是一种酸性糖胺聚糖，主要由肥大细胞产生，它具有多方面的抗凝作用：能增强抗凝血酶原的活性；抑制血小板黏附、聚集和释放反应等。肝素和抗凝血酶Ⅲ联合使用，可使抗凝血酶Ⅲ的抗凝作用增加上千倍。

4. 纤维蛋白溶解与抗纤溶

血纤维溶解的过程称为纤溶。纤溶系统包括纤溶酶原、纤溶酶、激活物与抑制物。纤溶的基本过程可分为两个阶段：

（1）纤溶酶原激活　纤溶酶原可能在肝、肾、骨髓和嗜酸性粒细胞中合成。其激活物主要有血管激活物、组织激活物和血浆激活物三类。

（2）纤维蛋白的降解　纤溶酶可逐个将纤维蛋白或纤维蛋白原水解分割成许多可溶性小肽，使其不能再凝固，还可水解凝血酶、因子Ⅴa和Ⅷa等，促进血小板聚集和释放5-羟色胺、ADP等，激活血浆补体系统等。

血小板解体释放出的纤溶抑制物，主要是抗纤溶酶，其特异性低，能普遍地抑制在凝血与纤溶两个过程中起作用的一些酶，包括纤溶酶、凝血酶、激肽释放酶等。这有利于将血凝与纤溶限于创伤局部。

5. 抗凝和促凝措施

在实际工作中，常采取一些措施促进凝血或防止、延缓凝血。

（1）抗凝或延缓凝血的方法

① 移钙法　在凝血的三个阶段中，Ca^{2+}都是必需的。除去血浆中的钙离子可以达到抗凝的目的。

② 低温　血液凝固主要是一系列酶促反应，而酶的活性受温度影响较大，把血液置于较低温度下可因降低酶促反应速率而延缓凝固。

③ 血液与光滑面接触　可以减少血小板的破坏，延缓血凝。

④ 肝素　肝素是非常有效的抗凝剂，在体内和体外都具有抗凝作用。肝素具有用量小、对血液影响小、易保存的优点。

⑤ 双香豆素　由于双香豆素的主要结构与维生素K很相似，能竞争性地抑制维生素K的作用，阻止因子Ⅹ、Ⅸ、Ⅶ和Ⅱ在肝内合成，故注射到循环血液中后能延缓血凝。

⑥ 搅拌（脱纤法）　若将流入容器内的血液迅速用木棒搅拌，或容器内放置玻璃球加以摇晃，由于血小板迅速破裂等原因，即可加快纤维蛋白的形成，并使形成的纤维蛋白附着在木棒或玻璃球上。这种除掉纤维蛋白原的血液叫作脱纤血，不再凝固。

此外，水蛭素具有抗凝血酶的作用。皮肤被水蛭叮咬时，常因有水蛭素的存在，出血不易凝固。

（2）促凝的常用方法

① 血液加温　能提高酶的活性，加速凝血反应。

② 使用维生素K　对出血性疾病具有加速血凝和止血的作用，是临诊常用的止血剂。

③ 按压及接触粗糙面　接触粗糙面，可促进凝血因子Ⅻ的活化，促使血小板解体释放凝血因子，最后形成凝血酶原酶复合物。机体因创伤或外科手术出血时，用温生理盐水纱布按压创口，可很好地止血。

三、心脏结构与功能识别

（一）心脏的结构

1. 心脏的位置和形态

心脏位于胸腔纵隔内，夹于左、右两肺之间，略偏左侧，在第2肋间隙（或第3肋骨）和第6肋间隙（或第6肋骨）之间。猪的心脏位于第2～5肋骨之间，心尖位于第7肋骨和肋软骨相连处。牛的心基大致位于肩关节的水平线上，心尖位于最后胸骨片的背侧，距膈2～5cm。

心脏（图7-8）呈左、右稍扁的倒圆锥形，为中空的肌质性器官，外被心包包裹。心的上部大，称为心基，有进出心的大血管，位置较固定；下部小而游离，称为心尖。心的前缘凸，后缘短而直。

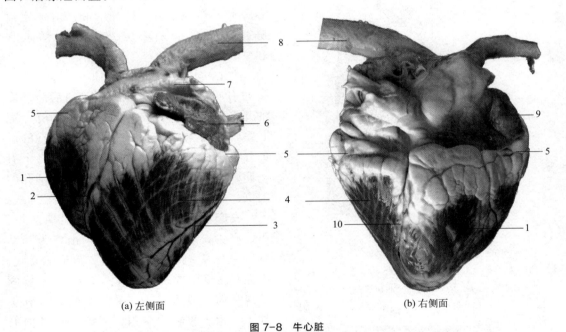

(a) 左侧面　　　　　　　　(b) 右侧面

图7-8　牛心脏

1—右心室；2—左纵沟；3—第三纵沟；4—左心室；5—冠状沟；6—左心房；
7—肺动脉；8—主动脉；9—右心房；10—右纵沟

心脏的表面有冠状沟和左、右纵沟，在牛心的后面还有一条副纵沟（第三纵沟）。冠状沟靠近心基，是心房和心室的外表分界。沟的上部为心房，下部为心室。左纵沟位于心的左前方，自冠状沟向下伸延，几乎与心的后缘平行。右纵沟位于心的右后方，自冠状沟向下伸至心尖。两沟是左、右心室的外表分界，两沟前部为右心室，后部为左心室。副纵沟位于心的后面，自冠状沟向下伸延。在冠状沟、纵沟及副纵沟内有营养心脏的血管，并有脂肪填充。

 想一想

　　如何确定羊的心音听诊位置？

2. 心包

心包（图7-9）为包裹心脏的锥形囊，由外层的纤维膜和内层的浆膜组成，具有保护心脏的作用。

纤维膜在心尖部折转与心包胸膜共同构成胸骨心包韧带，使心脏附着于胸骨。

浆膜分为壁层和脏层。脏层即心外膜。壁层和脏层之间的腔隙称心包腔，内有少量浆液（心包液），有润滑作用，可减少心脏搏动时的摩擦。

3. 心腔的构造

心腔被纵走的房中隔和室中隔分为左、右互不相通的2部分，每半又分为上部的心房和下部的心室，同侧的心房和心室以房室口相通，即右心房、右心室、左心房和左心室（图7-10）。

右心房构成心基的右前部，包括静脉窦和右心耳2部分。静脉窦是前后腔静脉的开口部位。在后腔静脉口的腹侧有一冠状窦，为心大静脉、心中静脉和左奇静脉的开口。在后腔静脉口附近的房中隔上有一卵圆窝（图7-11），为胚胎时期卵圆孔的遗迹。右心耳壁内面有许多梳状肌。

右心室位于心的右前方，顶端向下，不达心尖，入口为右房室口，出口为肺动脉口。右房室口附着有3片三角形的瓣膜，称为右房室瓣或三尖瓣（图7-12）。瓣膜的游离缘向下垂入心室，通过腱索连于乳头肌上。由于腱索的牵引，瓣膜不致翻向右心房，从而可防止血液倒流。肺动脉口位于右心室的左前上方，有一纤维环支持，上端附着有3个半月形的瓣膜，称为肺动脉瓣或半月瓣。每个瓣膜均呈袋状，袋口向着肺动脉干，防止血液倒流回心室。在室中隔上有横过室腔走向室侧壁的心横肌，也称为隔缘肉柱，当心室舒张时，有防止其过度扩张的作用。

左心房构成心基的左后部。左心房的构造与右心房相似。在左心房的后背侧壁上有6~8个肺静脉口。

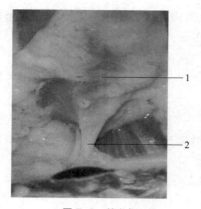

图7-9 羊心包
1—心包（纤维膜）；2—胸骨心包韧带

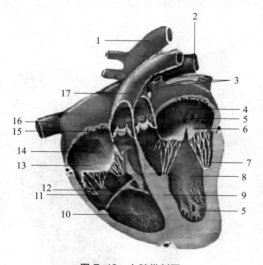

图7-10 心脏纵剖面
1—主动脉；2—后腔静脉；3—肺静脉；4—左心房；5—梳状肌；6—二尖瓣；7—腱索；8—左心室；9—室中隔；10—右心室；11—乳头肌；12—心横肌；13—三尖瓣；14—右心房；15—动脉瓣；16—前腔静脉；17—肺静脉

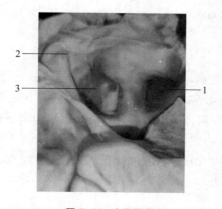

图7-11 牛卵圆窝
1—前腔静脉；2—后腔静脉；3—卵圆窝

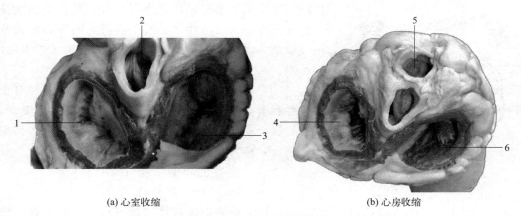

(a) 心室收缩　　　　　　　　　　　(b) 心房收缩

图 7-12　心脏瓣膜

1—二尖瓣（闭合）；2—主动脉瓣；3—三尖瓣（闭合）；4—二尖瓣（开张）；5—肺动脉瓣；6—三尖瓣（开张）

左心室位于左心房的下方，顶端伸至心尖，室腔的上方有左房室口和主动脉口。左房室口位于左心室的后上方，附着 2 片强大的瓣膜，称为左房室瓣或二尖瓣，其结构和作用与三尖瓣相似。主动脉口纤维环上也具有 3 个半月瓣，称为主动脉瓣。左心室内也有心横肌。

4. 心壁的构造

心壁由外向内依次为心外膜、心肌和心内膜（图 7-13）。

（1）心外膜　心外膜为被覆于心肌表面的一层浆膜，由间皮和薄层结缔组织构成。在心脏基部的血管周围移行为心包壁层。

（2）心肌　心肌由心肌纤维构成，内有血管、淋巴管和神经等。心房肌薄，心室肌厚，左心室肌最厚，厚度为右心室肌的 2～3 倍。

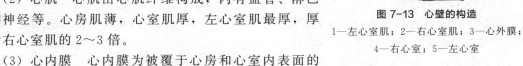

图 7-13　心壁的构造

1—左心室肌；2—右心室肌；3—心外膜；4—右心室；5—左心室

（3）心内膜　心内膜为被覆于心房和心室内表面的一层光滑的薄膜，与血管的内膜相延续。其深面有血管、淋巴管、神经和心脏传导系的分支。

心脏的各种瓣膜就是由心内膜向心腔折转成的双层内皮，中间夹着一层致密结缔组织。瓣膜上没有血管分布，但其基部有血管和平滑肌。

5. 心脏的血管

心脏本身的血液循环称为冠状循环，包括冠状动脉、毛细血管和心静脉。

（1）冠状动脉　冠状动脉有左、右 2 条，分别从主动脉根部发出。冠状动脉分支分布于心房和心室，在心肌内形成丰富的毛细血管网。

（2）心静脉　心静脉分为心大静脉、心中静脉和心小静脉。心大静脉和心中静脉伴随左、右冠状动脉分布，最后注入右心房的冠状窦；心小静脉分成数支，在冠状沟附近直接开口于右心房。

6. 心脏的传导系统与神经

（1）心脏的传导系统　心脏的传导系统（图 7-14）由特殊的心肌纤维组成，包括窦房

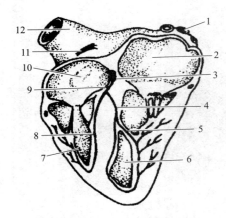

图 7-14 心脏传导系统示意图
1—肺静脉；2—左心房；3—房室结；
4—左束支；5—心横肌；6—左心室；
7—右心室；8—右束支；9—房室束；
10—右心房；11—窦房结；12—前腔静脉

结、房室结、房室束和浦肯野纤维。其主要功能是产生并传导心搏动的冲动至整个心脏，调控心脏的节律性收缩和舒张。其中窦房结是心脏正常功能的起搏点。

（2）心脏的神经 分布于心脏的运动神经有交感神经和副交感神经（迷走神经），前者可兴奋窦房结，使心肌活动加强，因此称为心加强神经；后者作用正好相反，称为心抑制神经。

（二）心脏的泵血功能

1. 心肌细胞的生理特性

心肌细胞的生理特性包括自律性、兴奋性、传导性和收缩性。其中自律性、兴奋性和传导性是在心肌细胞生物电活动的基础上形成的，属于心肌的电生理特性；而收缩性则属于心肌细胞的机械特性。

心肌对适宜刺激发生反应的能力称为兴奋性。心肌细胞兴奋性的重要特点之一在于有效不应期特别长，可保证心肌细胞完成正常的功能。

心肌细胞之间兴奋的扩布是通过局部电流实现的。由于心肌细胞间存在闰盘结构，允许电荷顺利通过闰盘传递到另一个心肌细胞，从而可引起整个心肌的兴奋和收缩，使心肌组织俨然成为一个功能合胞体。

心肌细胞的收缩性是指心房和心室工作细胞具有接受阈刺激产生收缩反应的能力。正常情况下它们仅接收来自窦房结的节律性兴奋的刺激。心肌细胞同步收缩（全或无式收缩），有利于心脏射血。而且心肌细胞不发生强直收缩，可保证心脏的射血和充盈的正常进行。

窦房结细胞的自律性最高，它产生的节律性冲动按一定顺序传播，引起其他部位的自律组织和心房、心室肌细胞兴奋，从而产生与窦房结一致的节律性活动，因此窦房结是心脏的正常起搏点。正常心脏是按窦房结的自动节律性进行活动的，窦房结产生的每次兴奋，都在前一次心肌收缩过程完成后才传到心房肌和心室肌。如果在心室的有效不应期之后，心肌受到人为的刺激或起自窦房结以外的病理性刺激时，心室可产生一次正常节律以外的收缩，称为期外收缩。由于期外收缩发生在下一次窦房结兴奋所产生的正常收缩之前，故又称为期前收缩。期前兴奋也有自己的有效不应期，当紧接在期前收缩后的一次窦房结的兴奋传至心室时，正好落在期前兴奋的有效不应期内时，则不能引起心室兴奋和收缩。必须等到下一次窦房结的兴奋传来，才能发生收缩。所以在一次期前收缩之后，往往有一段较长的心脏舒张期，称为代偿间歇。代偿间歇后的收缩往往比正常收缩强而有力。

在异常情况下，如窦房结功能降低，或窦房结的兴奋下传受阻（传导阻滞），此时潜在起搏点则可取代窦房结的功能而表现自律性，以维持心脏的兴奋和搏动，这时的潜在起搏点就称为异位起搏点，其表现的心搏节律称为异位节律。

2. 心动周期

心脏不断进行着有节律的收缩和舒张运动。心脏每收缩和舒张一次称为一个心动周期。由于心脏由两个合胞体组成，心动周期包括心房收缩、舒张和心室收缩、舒张四个过程（图 7-15），这四个过程有

动画：心脏的泵血过程

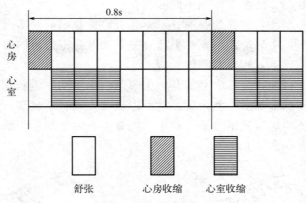

图 7-15 心动周期示意图

严格的顺序性，一般分为三个时期。

① 心房收缩期：此时左右心房同时收缩。

② 心室收缩期：此时左右心室几乎同时开始收缩，心室收缩的持续时间比心房长，而心房已经收缩完毕，并保持在舒张状态中。

③ 间歇期：此时心室收缩完毕而进入舒张状态，心房继续保持舒张状态。

当心房开始下一次收缩时，就是另一个心动周期的开始。由于心室收缩时间长，力量大，是推动血液循环的主要力量，所以一般都以心室的舒缩为标志，把心室的收缩期称为心缩期，而把心室的舒张期称为心舒期。

 知识拓展

为什么正常情况下心脏长期工作不会感到疲劳？

3. 心率

动物在安静状态下单位时间内心脏搏动的次数称为心跳频率，简称心率。各种畜禽心率的正常变异范围见表 7-6。

表 7-6 各种畜禽心率的正常变异范围　　　　　　　　　　单位：次/min

动物种类	心率	动物种类	心率
骆驼	25～40	猪	60～80
马	28～42	犬	80～130
奶牛	60～80	猫	110～130
公牛	30～60	兔	120～150
山羊、绵羊	60～80	鸡、火鸡	300～400

4. 心音

心音是由于心脏收缩舒张过程中瓣膜关闭和血液撞击心室壁引起的振动而产生的，可在胸壁的一定部位上通过直接听诊或借助听诊器听到"通-塔"两个声音，分别称为第一心音和第二心音。偶尔能听到第三心

动画：心音的产生

音。用记录仪，在心音图上还可观察到第四心音。

第一心音发生于心缩期，又称为收缩音，标志着心室收缩的开始。第一心音主要是由于心室收缩房室瓣的关闭，血液冲击房室瓣引起心室振动及心室射出的血液撞击动脉壁引起的振动而产生的。其音调较低，持续时间较长。

第二心音发生于心舒期，又称为心舒音，主要是由于主动脉瓣和肺动脉瓣的关闭和动脉内的血液倒流冲击大动脉根部及心室内壁振动而形成的。其音调较高，持续时间短。

胸廓前壁任一部位均能听到第一心音和第二心音。有时为确实听诊，可选择最佳听取部位，马心音听诊的位置如图7-16所示。

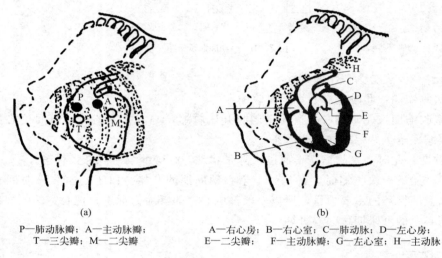

P—肺动脉瓣；A—主动脉瓣；
T—三尖瓣；M—二尖瓣

A—右心房；B—右心室；C—肺动脉；D—左心房；
E—二尖瓣；F—主动脉瓣；G—左心室；H—主动脉

图 7-16 马心音听诊部位

想一想

羊、牛等动物如何进行心音听诊？

5. 心输出量及其影响因素

（1）每搏输出量和每分输出量　每一个心动周期中，从左、右心室喷射进动脉的血液量是基本相等的。每搏输出量是一侧心室一次收缩射入动脉的血量，简称搏出量。一侧心室1min内射入动脉的血量称为每分输出量，简称心输出量，它等于每搏输出量与心率的乘积：

$$心输出量(L/min)=心率×每搏输出量$$

正常生理状态下，心输出量是随着机体新陈代谢的强度而改变的。新陈代谢增强时，心输出量也会相应增加。心脏这种能够通过增加心输出量来适应机体需要的能力，称为心力储备。心力储备的大小可反映心脏泵血功能对代谢需要的适应能力。家畜通过调教和训练可以提高心力储备，这对乘骑马和役用家畜尤其明显。

想一想

动物可以从哪几个方面增加心力储备？

（2）影响心输出量的主要因素　心输出量的大小取决于心率和每搏输出量，而每搏输出量的大小主要受静脉回流量和心室肌收缩力的影响。

① 静脉回流量　心脏能自动地调节并平衡心搏输出量和回心血量之间的关系：回心血量愈多，心脏在舒张期充盈就愈大，心肌受牵拉就愈大，则心室的收缩力量就愈强，搏出到动脉的血量就愈多。换言之，在生理范围内，心脏能将回流的血液全部泵出，使血液不会在静脉内蓄积。心脏的这种自身调节不需要神经和体液的参与。

心脏的这种自动调节机制是维持左、右心室输出量相等的最重要的机制。如果由于某种原因，右心室突然比左心室输出更多的血液，则流入左心室的血量增加，左心室心舒容积增加，也就会自动地相应增加左心室的输出，使流入肺循环和体循环的血量相等。

② 心室肌的收缩力　在静脉回流量和心舒末期容积不变的情况下，心肌可以在神经系统和各种体液因素的调节下，改变心肌的收缩力量。例如，动物在使役、运动和应激时，搏出量成倍地增加，而此时心脏舒张期容量或动脉血压并不明显增大或升高，即此时心脏收缩强度和速度的变化并不主要依赖于静脉回流量的改变，而是通过增强心肌的收缩力量，使心舒末期的体积比正常时进一步缩小，减少心室的残余量，从而使搏出量明显增加。

③ 心率　心输出量是每搏输出量与心率的乘积。在一定范围内，心率的增加可使每分输出量相应增加。但是心率过快，由于心脏过度消耗供能物质，会使心肌收缩力降低。同时，心率过快时，心舒期缩短，影响心室充盈，结果每搏输出量减少。反之，心率过慢，心舒期过长，超过心室充盈血量达极限所需时间，也不可能再增加搏出量，每分射血量也因此减少。

四、血管及其功能识别

（一）血管的分类、构造和功能特点

无论是体循环还是肺循环，由心室射出的血液都流经由动脉、毛细血管和静脉相互串联形成的血管系统，再返回心房。各类血管构造如图 7-17 所示。

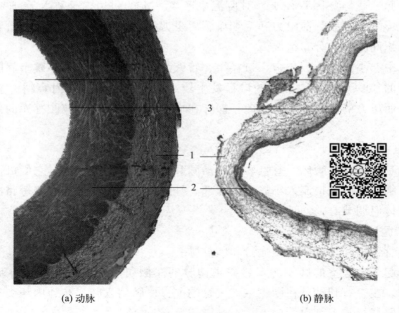

(a) 动脉　　　　　　　　　　　(b) 静脉

图 7-17　血管构造

1—外膜；2—中层；3—内膜；4—管腔

1. 动脉系统

（1）大动脉　指动脉主干及其发出的最大的分支。这些血管的管壁厚而富有弹性纤维，可扩张性和弹性较大。当心室收缩将血液射入大动脉时，大动脉扩张，容纳心脏射入的血液，使血压不致过高，血液不致突然涌入较小的动脉。在心舒期，射血停止，动脉瓣关闭，被扩张的动脉由于弹性回缩，把心舒期贮存的位能释放出来，维持血压的稳定，推动血液继续流向外周。大动脉的这种弹性血库的作用，使心室的间断性射血转变成动脉中持续不断的血流。需要指出的是动脉管壁的弹性随年龄的增长而减小。

（2）中动脉　中动脉的功能是将血液输送至各器官组织，又称为分配血管。

（3）小动脉和微动脉　小动脉和微动脉的管壁有丰富的平滑肌，有较强的收缩力，对血流的阻力大，又称为毛细血管前阻力血管。尤其后者的舒缩活动可使局部血管的口径和血流阻力发生明显变化，从而改变所在器官、组织的血流量。

2. 毛细血管

（1）毛细血管前括约肌　在真毛细血管的起始部常有平滑肌环绕，称为毛细血管前括约肌。它的收缩和舒张可控制其后的毛细血管的关闭和开放，因此可决定某一时间内毛细血管开放的量。

（2）交换血管　指真毛细血管。管壁仅由单层内皮细胞构成。它们的口径平均只有几微米，长度也只有 $0.2\sim0.4\mu m$。但是，它们的数量很大，彼此联结成网，几乎遍及全身各器官组织。真毛细血管的通透性很高，允许气体和各种晶体分子自由通过，小分子蛋白质也能微量通过，因此成为血管内血液和血管外组织液物质交换的场所。

3. 静脉

静脉可分为大静脉、中静脉、小静脉和微静脉。它们的共同特点是管壁薄而柔软，口径比相应的动脉大，弹性和收缩性都比较小。多数较大的静脉都有瓣膜，它们朝着向心方向开放，借以防止血液倒流。

（1）微静脉　微静脉因管径小，对血流也产生一定的阻力，又称为毛细血管后阻力血管。其舒缩可影响毛细血管前阻力和毛细血管后阻力的比值，从而改变毛细血管压以及体液在血管内和组织间隙内的分布情况。

（2）大、中、小静脉　数量多、口径粗、管壁薄，在安静状态下，整个静脉系统容纳了全身循环血量的60%～70%。静脉的口径发生较小的变化时，静脉内容纳的血量就可发生很大的变化，而压力的变化较小。因此，静脉在血管系统中起着血液贮存库的作用，被称为容量血管。

4. 短路血管

短路血管是指一些血管床中直接联系小动脉和小静脉之间的血管。它们可使小动脉内的血液不经过毛细血管而直接流入小静脉。蹄部、耳廓等处的皮肤中有许多短路血管存在，它们在功能上与体温调节有关。

（二）肺循环的血管

肺循环血管包括肺动脉、毛细血管和肺静脉。

肺动脉干起于右心室的肺动脉口，在主动脉的左侧向后上方延伸，于心基后上方分为左、右肺动脉。左、右肺动脉在同侧主支气管的前方由肺门入肺，在肺内随支气管分支而分支，直到肺泡壁移行为毛细血管网。

肺静脉属支起于肺毛细血管网，在肺内沿肺动脉和支气管的分支逐级汇合，最后汇集成

6～8支，由肺门出肺后开口于左心房。

（三）体循环的血管

1. 动脉

（1）动脉主干　主动脉为体循环动脉的总干，起于左心室的主动脉口。主动脉弓为主动脉的第一段，延伸至膈的主动脉裂孔处的，为胸主动脉；穿过膈的主动脉裂孔进入腹腔的，称为腹主动脉。向后移行为荐中动脉、尾中动脉。

（2）主动脉弓及分支　主动脉弓的主要分支有左、右冠状动脉，臂头动脉总干。

① 左、右冠状动脉　由主动脉在其根部发出，大部分分布到心脏。

② 臂头动脉总干　为分布于胸廓前部、头颈和前肢的动脉总干，出心包后沿气管腹侧向前延伸，分出左锁骨下动脉后，移行为臂头动脉。臂头动脉分出双颈动脉干后，移行为右锁骨下动脉。左、右锁骨下动脉在肩关节内侧称为腋动脉，发出分配到左、右前肢的动脉。双颈动脉干很短，是头颈部的动脉主干，沿气管腹侧向前延伸，在胸腔前口附近分为左、右颈总动脉，在颈静脉沟的深部。牛头颈部主要动脉见图7-18，牛前肢的动脉见图7-19。

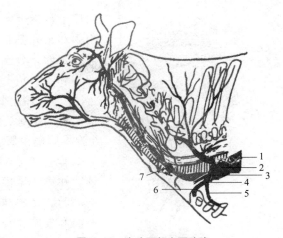

图7-18　牛头颈部主要动脉

1—臂头动脉干；2—臂头动脉；3—双颈动脉干；
4—左锁骨下动脉；5—胸廓内动脉；
6—腋动脉；7—左颈总动脉

（3）胸主动脉及分支　胸主动脉是主动脉弓向后的直接延续，其分支有肋间动脉和支气管食管动脉，分别分布于肺组织和食管。

（4）腹主动脉在腰腹部的分支　腹主动脉为腰腹部的动脉主干，其分支可分为壁支和脏支。壁支主要为腰动脉，有6对，分布于腰部肌肉、皮肤及脊髓脊膜等处；脏支主要分布于腹腔、盆腔的器官上，由前向后依次为腹腔动脉、肠系膜前动脉、肾动脉、肠系膜后动脉和睾丸动脉（子宫卵巢动脉）。

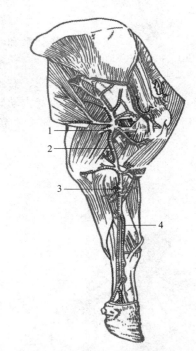

图7-19　牛前肢主要动脉（内侧）

1—腋动脉；2—臂动脉；
3—正中动脉；4—桡动脉

腹腔动脉：在膈的主动脉裂孔稍后处由腹主动脉分出，主要分布于脾、胃、肝、胰及十二指肠。

肠系膜前动脉：在第1腰椎腹侧处由腹主动脉分出，主要分布于小肠、结肠、盲肠和胰脏。

肾动脉：在第2腰椎处由腹主动脉分出，成对，分布于肾。

肠系膜后动脉：在第4、5腰椎处由腹主动脉分出，比较细，主要分布于结肠后段和直肠。

睾丸动脉（子宫卵巢动脉）：在肠系膜后动脉附近由腹主动脉分出。公畜称为睾丸动脉，向后下行走进入腹股沟管的精索，分支分布于睾丸、输精管、附睾和睾丸鞘膜。母畜称为子宫卵巢动脉，在子宫阔韧带中向后延伸，分支为卵巢动脉和子宫前动脉，分布于卵巢、输卵管和子宫角上。

（5）骨盆部及荐尾部动脉

髂内动脉：为分布于骨盆部及尾部的动脉主干，在第5、6腰椎腹侧由腹主动脉分出。

荐中动脉：为腹主动脉分出左、右髂内动脉后的直接延续，在第1尾椎处发出尾外侧背、腹动脉后，本干延续为尾中动脉。尾中动脉沿尾椎腹侧正中线向后伸延，分布于尾腹侧肌和皮肤。临床上，常在牛尾根部检查尾中动脉触诊脉搏。

（6）后肢动脉 分布于后肢的动脉主干为左、右髂外动脉，它们在第5腰椎处由腹主动脉向后左、右侧分出，沿髂骨前缘和后肢内侧面下伸至趾端。后肢动脉分布见图7-20。

2. 静脉

体循环的静脉可归纳为前腔静脉系、后腔静脉系、左奇静脉系和心静脉系。

（1）前腔静脉系 由左、右颈内静脉和左、右颈外静脉及左、右腋静脉在胸腔前口汇合而成，于心前纵隔内沿气管和臂头动脉干的腹侧向后伸延，途中接受胸廓内静脉和肋颈

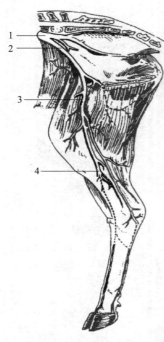

图 7-20 牛后肢主要动脉
1—腹主动脉；2—髂外动脉；
3—股动脉；4—腘动脉

静脉，最后开口于右心房。牛头部主要静脉见图7-21，牛前肢主要静脉见图7-22。

图 7-21 牛头部主要静脉
1—面静脉；2—颊静脉；3—枕静脉；
4—上颌静脉；5—颈外静脉

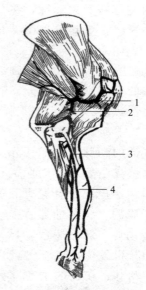

图 7-22 牛前肢主要静脉
1—腋静脉；2—臂静脉；3—正中静脉；
4—前臂头静脉

（2）后腔静脉系 由左、右髂总静脉和荐中静脉在第5或第6腰椎腹侧汇合而成，沿腹主

动脉右侧前行，经肝壁面的腔静脉沟和膈的腔静脉孔进入胸腔，再经右肺副叶与后叶之间向前开口于右心房。

后腔静脉在伸延途中接受肝静脉、门静脉、腰静脉、睾丸（或卵巢）静脉和肾静脉等属支。除肝静脉和门静脉外，其他属支均与同名动脉伴行。牛后肢静脉分布见图7-23。

牛门静脉见图7-24。门静脉为腹腔中引导胃、小肠、大肠（直肠后部除外）、脾和胰等的血液入肝的一条较大的静脉，位于后腔静脉腹侧。它由胃十二指肠静脉、脾静脉、肠系膜前静脉和肠系膜后静脉汇合而成，穿过胰走向肝门，与肝动脉一起经肝门入肝。入肝后反复分支至窦状隙（扩大的毛细血管），最后汇合为数支肝静脉而导入后腔静脉。

直肠后部的血液汇入髂内静脉，再经髂总静脉、后腔静脉返回右心房。因此，对肝有害及通过肝影响药效的药物可进行灌肠给药，以免危害肝或影响药物的疗效。

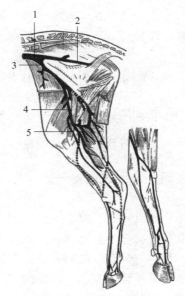

图7-23　牛后肢主要静脉
1—髂总静脉；2—阴部内静脉；3—髂外静脉；
4—股静脉；5—内侧隐静脉

 想一想

直肠给药有何优点？动物直肠给药通过哪些血管到达病变部位？

阴部外静脉与同名动脉伴行，接受阴囊和阴茎（公畜）或乳房（母畜）的血液，并与腹皮下静脉及阴部内静脉吻合。母牛的阴部外静脉以乳房底前静脉与腹皮下静脉相吻合，以乳房底后静脉与阴部内静脉相吻合（图7-25）。乳房的静脉血大部分经阴部外静脉注入髂外静脉，小部分经腹皮下静脉注入胸廓内静脉；会阴静脉虽与乳房底后静脉相连，但因其静脉瓣开向乳房，故乳房的静脉血不能由此流向阴部内静脉。

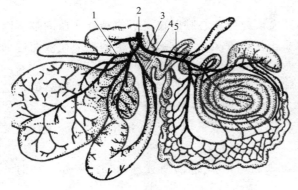

图7-24　牛门静脉
1—脾静脉；2—门静脉；3—肠系膜前静脉；
4—胃十二指肠静脉；5—肠系膜后静脉

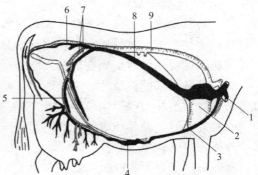

图7-25　母牛乳房静脉循环模式
1—前腔静脉；2—心；3—胸廓内静脉；4—腹皮下静脉；
5—阴部外动、静脉；6—阴部内静脉；7—髂外动、静脉；
8—后腔静脉；9—胸主动脉

（3）左奇静脉系　左奇静脉为胸壁静脉主干，起于第 1、第 2 腰椎腹侧，沿胸主动脉左背侧缘向前伸延，至第 3 胸椎处向下方，越过胸主动脉左侧转而向前向右伸延，最后注入冠状窦。

（4）心静脉系　心脏的静脉血通过心大静脉、心中静脉和心小静脉注入右心房。

拓展训练

动物口服药物或静脉注射药物通过哪些血管到达病变部位？

（四）血管的功能

1. 血流阻力与血压

（1）血流阻力　血液在血管中流动时遇到的阻力，称为血流阻力或外周阻力。阻力主要来自血液流动时发生的摩擦。血流阻力主要与血管半径和血液黏滞度有关，在形成血液阻力的各因素中，微动脉的阻力是主要的，在整个血管系统中，在主动脉、动脉等部分压力下降很少，而微静脉与右心房之间的压力下降也很少，大部分压力下降发生在微动脉和毛细血管的两端，由此可以推论这一部分血管的阻力必然很大。机体对循环功能的调节，就是通过控制各器官阻力血管的口径来调节各器官之间的血流分配的。

（2）血压　血压是指血管内的血液对于单位血管壁的侧压力，习惯用毫米汞柱（mmHg）为单位，并以大气压作为生理上的零值。根据国际标准计量单位，压强单位为帕（Pa），1mmHg 相当于 133Pa 或 0.133kPa。

动画：血压的形成

血压的形成有两个基本因素，一是循环系统内有血液充盈。二是心脏射血，心室肌收缩时所释放的能量可分为两部分，一部分用于推动血液流动，是血液的动能；另一部分形成对血管壁的侧压，并使血管壁扩张，这部分是势能，即压强能。在心舒期，大动脉发生弹性回缩，又将一部分势能转变为推动血液的动能，使血液在血管中继续向前流动。由于心脏射血是间断性的，因此在心动周期中动脉血压发生周期性的变化。另外，由于血液从大动脉流向心房的过程中不断消耗能量，故血压逐渐降低。

2. 动脉血压和动脉脉搏

（1）动脉血压的形成　循环系统内足够的血液充盈和心脏射血是形成动脉血压的基本因素，另一个重要因素是外周阻力，因此动脉血压就是每次心室收缩所产生的推动血液前进的力量和血液流经动脉时所遇到的外周阻力这两种相反的力量相互作用的结果。

（2）动脉血压的构成　心室收缩时，动脉压急剧升高，在收缩期的中期达到最高值，这时的动脉血压值称为收缩压（高压）。它的高低可以反映心室肌收缩力量的大小。

心室舒张时，动脉压下降，在心舒末期动脉血压的最低值称为舒张压（低压）。它主要反映外周阻力的大小。

动脉血压的数值常以分数形式加计量单位来表示：收缩压/舒张压 kPa。例如，马的动脉血压可表示为：17.3/12.7kPa。

收缩压和舒张压的差值称为脉搏压，简称脉压。它可以反映动脉管壁弹性大小。

各种动物的血压常值见表 7-7。

表 7-7　各种成年动物颈动脉或股动脉的血压　　　　　　　　　　单位：kPa

动物种类	收缩压	舒张压	脉搏压	平均动脉压
牛	18.7	12.7	6.0	14.7
猪	18.7	10.7	8.0	13.4
马	17.3	12.6	4.7	14.2
绵羊	18.7	12.0	6.7	14.2
鸡	23.3	19.3	4.0	20.6
兔	16.0	10.6	5.4	12.4
猫	18.6	12.0	6.6	14.2
犬	16.0	9.4	6.6	11.6

在一个心动周期中每一瞬间动脉血压都是变动的，其平均值称为平均动脉压，简称平均压。平均压通常可按下式计算：

$$平均动脉压 = 舒张压 + 1/3(收缩压 - 舒张压)$$

即：

$$平均动脉压 = 舒张压 + 1/3 脉搏压$$

（3）影响动脉血压的因素　影响动脉血压的主要因素有每搏输出量、心率、外周阻力及循环血量等。

① 每搏输出量　如果其他因素不变，动脉血压与每搏输出量成正比，即每搏输出量越大，动脉血压就越高。由于收缩压升高明显，舒张压升高不多，故脉压增大。反之，当每搏输出量减少时，则主要使收缩压降低，脉压减少。可见，在一般情况下，收缩压的高低主要反映每搏输出量的多少。

② 外周阻力　如果输出量不变而外周阻力加大，则动脉血压升高。外周阻力加大，心舒期内血液向外周流动的速度减慢，心舒期末存留在大动脉中的血量增多，故舒张压升高。在心缩期，由于动脉血压升高使血流速度加快，因此收缩压升高不如舒张压升高明显，脉压也就相应减小。反之，当外周阻力减小时，舒张压的降低比收缩压的降低明显，故脉压加大。可见，在一般情况下，舒张压的高低主要反映外周阻力的大小。

外周阻力的改变，主要是由于骨骼肌和腹腔器官阻力血管口径的改变。另外，血液的黏滞度也影响外周阻力。血液的黏滞度增高，外周阻力就增大，舒张压就升高。

③ 动脉管壁的弹性　动脉系统的弹性是产生舒张压的重要因素。如果动脉管壁的弹性降低，则舒张压降低，脉压就会增大。

④ 循环血量与血管容量的比例　在密闭的血管系统中，循环血量与血管系统容量相适应，才能使血管系统足够充盈，产生一定的体循环平均充盈压。在正常情况下，循环血量与血管容量是相适应的，血管系统充盈程度不大。如果血管容量不变而血量增加，血压就上升。相反，血压就下降。大量失血或严重脱水时，循环血量大幅度减少，血压就明显下降。输血或输液能使血压上升。腹腔中有大量富有收缩性的末梢小动脉和毛细血管，当这些血管剧烈舒张时，将会使血管容量大幅度增加，并使外周阻力急剧下降，动脉血压就将下降到危及动物生命的程度，甚至引起休克和死亡。

⑤ 心率　当每搏输出量和外周阻力不变，心率加快时，则由于心舒期缩短，在心舒期内流至外周的血液就减少，故心舒期末大动脉内存留的血量增多，舒张期血压就升高。由于

动脉血压升高可使血流速度加快,因此在心缩期内可有较多的血液流至外周,收缩压的升高不如舒张压的升高显著,脉压比心率增加前减小。相反,心率减慢时,舒张压降低的幅度比收缩压降低的幅度大,故脉压增大。

上述对影响动脉血压的各种因素的分析,都是在假设其他因素不变的前提下进行的。实际上,在各种不同的生理情况下,上述各种影响动脉血压的因素可同时发生改变。因此,在某种生理情况下动脉血压的变化,往往是各种因素相互作用的综合结果。

 想一想

如何测定动物的动脉血压?

(4) 动脉脉搏 心室收缩时血液射进主动脉,主动脉内压骤增,使管壁扩张;心室舒张时,主动脉压下降,血管壁弹性回缩而复位。这种随着心脏节律性泵血活动,使主动脉管壁发生的扩张-回缩的振动,以弹性波形式沿血管壁传向外周,即形成动脉脉搏。

 查一查

动物的动脉脉搏检测的部位。

3. 静脉血压

(1) 静脉血压 当体循环血液经过动脉和毛细血管到达微静脉时,血压下降至约1.9kPa。右心房作为体循环的终点,血压最低,接近于零。通常将在右心房和胸腔内大静脉的血压称为中心静脉压(图7-26),而各器官静脉的血压称为外周静脉压。中心静脉压可作为临床输液或输血时输入量和输入速度是否恰当的监测指标。

(2) 静脉脉搏 随着心房舒缩活动引起大静脉管壁规律性的膨胀和塌陷,形成静脉脉搏。牛和马可在颈静脉沟处观察到颈静脉的搏动,尤其是牛更易看到。由于颈静脉脉搏能在一定程度上反映右心室内压力的变化,所以检查颈静脉脉搏具有临床意义。

(3) 静脉回流 动物躺卧时,全身各大静脉均与心脏在同一水平,靠静脉系统中各段的压差就可以推动血液流回心脏。但在站立时,由于重力影响,大量血液积滞在心脏水平以下的腹腔和四肢的末梢静脉中,需要外力的影响来克服重力的作用,才能保证静脉正常回流。

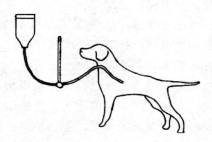

图7-26 中心静脉压测定示意图

单位时间内的静脉回心血量取决于外周静脉压和中心静脉压的差,以及静脉对血流的阻力。故凡能影响外周静脉压、中心静脉压的因素,都能影响静脉回心血量。

① 骨骼肌的挤压作用 肌肉收缩时,肌肉内和肌肉间的静脉受到挤压,使静脉血流加快。静脉内有瓣膜存在,使静脉内的血液只能向心脏方向流动而不能倒流。这样,骨骼肌和静脉瓣一起对静脉回流起着"泵"的作用,称为"静脉泵"或"肌肉泵"。

骨骼肌进行节律性舒缩活动时,例如平常运动,肌肉泵的作用就能很好地发挥。因为当肌肉收缩时,可将静脉内的血液向心脏推送,当肌肉舒张时,静脉内的压力降低有利于微静脉和毛细血管内的血液流入静脉,使静脉充盈。如果肌肉不是节律性的舒缩,而是维持在肌紧张状态,则静脉持续受压,静脉回流反而减少。

② 呼吸运动　由于胸膜腔内压为负压，故胸腔大静脉经常处于充盈扩张状态。吸气时，胸腔容积加大，胸膜腔负压值进一步增大，胸腔内的大静脉和右心房受到负压的牵引更加扩张，压力进一步降低，因此有利于外周静脉的血液回流至右心房。呼气时，胸膜腔负压值减小，由静脉回流入右心房的血液量也相应地减少。可见，呼吸运动对静脉回流也起着"泵"的作用。

此外，心脏舒张时，心房和心室内产生较小的负压对静脉的回流也有抽吸作用。

想一想

骨骼肌和胸腔负压如何促使静脉血回流心脏？

4. 微循环

微循环是指微动脉和微静脉之间的血液循环。典型的微循环由微动脉、后微动脉、毛细血管前括约肌、通血毛细血管、真毛细血管网、动静脉吻合支和微静脉等 7 部分组成（图 7-27）。

在微循环系统中，血液从微动脉流到微静脉有三条不同的途径：

（1）动-静脉短路　血液由微动脉经动静脉吻合支直接流回微静脉，没有物质交换功能，又称为非营养通路。在一般情况下，动-静脉短路处于关闭状态。它的开闭活动主要与体温调节有关。

（2）直捷通路　血液从后微动脉经过前毛细血管，直接进入微静脉，流速快，流程短，物质交换功能不大，是安静状态下大部分血液流经的通路。主要功能是使血液及时通过微循环系统，以免全部滞留于毛细血管网中，影响回心血量。

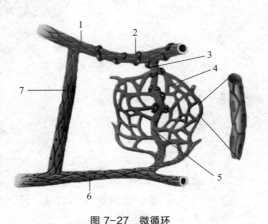

图 7-27　微循环

1—微动脉；2—毛细血管前括约肌；3—后微动脉；
4—真毛细血管网；5—通血毛细血管；
6—微静脉；7—动静脉吻合支

（3）营养通路　血液从微动脉经后微动脉、毛细血管前括约肌进入真毛细血管网，再汇入微静脉。真毛细血管网管壁薄，径路迂回曲折，血流缓慢，与组织接触面广，是完成血液与组织液间物质交换功能的主要场所。

微循环通过体液性的局部自身调节来实现血量分配，以适应组织代谢的需要。

5. 组织液

（1）组织液的生成与回流　在毛细血管的动脉端，毛细血管内的部分血浆滤出到组织间隙成为组织液。绝大部分组织液呈胶冻状，不能自由流动，只有极小部分呈液态，可自由流动。

组织液的生成取决于 4 个因素：①毛细血管血压；②组织液静水压；③血浆胶体渗透压；④组织液胶体渗透压。其中①和④是促进滤过的力量，②和③是阻止滤过的力量，这两种力量之差，称为有效滤过压，可以表达为：

$$\text{有效滤过压} = \text{毛细血管血压} + \text{组织液胶体渗透压} - (\text{组织液静水压} + \text{血浆胶体渗透压})$$

如果是正值，血浆从血管滤出，如果是负值，组织液被重吸收，如图 7-28 所示。

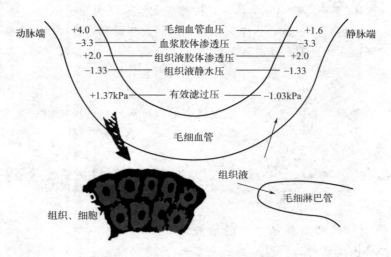

图 7-28 组织液生成与回流示意图

有效滤过压计算。

动脉端：毛细血管血压 4.2kPa，组织液静水压 1.4kPa，血浆胶体渗透压 3.4kPa，组织液胶体渗透压 2.0kPa。

静脉端：毛细血管血压 1.6kPa，组织液静水压 1.4kPa，血浆胶体渗透压 3.4kPa，组织液胶体渗透压 2.0kPa。

部位	有效滤过压计算	滤出或回收
毛细血管动脉端		
毛细血管静脉端		

（2）影响组织液生成的因素　在正常情况下，组织液不断生成，又不断被重吸收，保持动态平衡，故血量和组织液量能维持相对稳定，如果这种动态平衡遭到破坏，发生组织液生成过多或重吸收减少，组织间隙中就有过多的液体潴留，即形成组织水肿。上述决定有效滤过压的各因素，如毛细血管血压升高和血浆胶体渗透压降低时，都会使组织液生成增多，甚至引起水肿。静脉回流受阻时，毛细血管血压升高，组织液生成也会增加。淋巴回流受阻时，组织间隙内组织液积聚，可导致组织水肿。此外，在某些病理情况下，毛细血管壁的通透性增高，一部分血浆蛋白质也可滤过进入组织液，使组织液胶体渗透压升高，故组织液生成增多，发生水肿。

6. 淋巴及其回流

组织液约 90% 在毛细血管静脉端回流入血液，其余 10% 则进入毛细淋巴管，即成为淋巴。

淋巴回流主要是将组织液中的蛋白质分子带回到血液中；清除组织液中不能被毛细血管重吸收的较大分子以及组织中的红细胞和细菌等。此外，小肠绒毛的毛细淋巴管对营养物质，特别是脂肪的吸收起重要的作用。

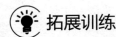

根据影响组织液生成的因素,试分析造成组织水肿的原因。

五、胎儿血液循环的特点

哺乳动物的胎儿在母体子宫内发育,所需要的全部营养物质和氧气都是通过胎盘由母体供应的,所产生的代谢产物亦通过胎盘由母体排出。因此,胎儿的血液循环具有与此相适应的一些特点(图 7-29)。

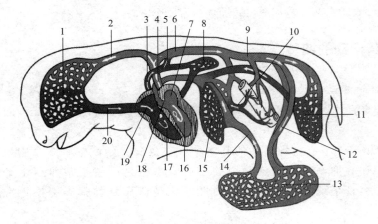

图 7-29　胎儿血液循环模式

1—头、颈部毛细血管；2—臂头动脉干；3—肺动脉干；4—主动脉；5—动脉导管；6—胸主动脉；7—左心房；8—肺毛细血管；9—腹主动脉；10—门静脉；11—骨盆部和后肢毛细血管；12—脐动脉；13—胎盘毛细血管；14—脐静脉；15—肝毛细血管；16—左心室；17—右心室；18—卵圆孔；19—右心房；20—前腔静脉

（一）心脏和血管的结构特点

① 胎儿心脏房中隔上有一卵圆孔,使左、右心房相互沟通,右心房的血可流入左心房。

② 胎儿的主动脉与肺动脉间有动脉导管相通,右心室的血液通过动脉导管流入主动脉。

③ 胎盘是胎儿与母体进行气体及物质交换的器官,借助脐带与胎儿相连。脐带内有 2 条脐动脉和 1 条（马、猪）或 2 条（牛）脐静脉。

（二）血液循环的途径

胎盘毛细血管从母体吸收来的富含营养物质和氧气的血液,经脐静脉进入胎儿肝内,反复分支后汇入窦状隙,最后汇合成数支肝静脉,注入后腔静脉（牛有一部分脐静脉的血液经静脉导管直接入后腔静脉）,与来自身体后半部的静脉血混合后入右心房。进入右心房的大部分血液经卵圆孔到左心房,再经左心室到主动脉及其分支。其中大部分血液到头颈部及前肢。

来自胎儿身体前半部的静脉血,经前腔静脉入右心房到右心室,再入肺动脉。由于胎儿期间肺脏基本不活动,因此肺动脉中的血液只有少量进入肺内,大部分血液经由动脉导管到主动脉,然后主要分布到身体的后半部,并经脐动脉到达胎盘。

由此可见,胎儿体内的大部分血液是混合血,但混合的程度不同。

动画：胎儿的血液循环

（三）胎儿出生后的变化

胎儿出生后，肺和胃肠开始功能活动，同时脐带被剪断，血液循环随之发生改变。

脐动脉与脐静脉退化闭锁，分别形成膀胱圆韧带和肝圆韧带，牛的静脉导管成为静脉导管索；动脉导管收缩闭合，形成动脉导管索或动脉韧带；卵圆孔闭锁形成卵圆窝（有20%以上的牛、羊、猪卵圆孔不封闭或闭锁不全），使左、右心房完全分隔开，互不相通。

 想一想

出生后动物的卵圆孔闭合不全，对动物有哪些影响？

六、心血管活动的调节

（一）神经调节

1. 调节心血管活动的神经中枢

心血管系统的活动受到中枢神经系统的调节控制。这些调节控制是通过反射活动来实现的。

（1）基本中枢　调节心血管活动的基本中枢在延髓。延髓中有3个中枢，即缩血管中枢、心加速中枢和心抑制中枢。延髓内的心血管中枢是维持正常血压水平和心血管反射的基本中枢。心血管系统运动功能的动力性变化是依靠延髓基本中枢正常紧张性活动而实现的。

（2）高级中枢　调节心血管活动的高级中枢分布在延髓以上的脑干部分以及大脑和小脑中，表现为心血管活动和机体其他功能之间的复杂的整合。

2. 心脏和血管的神经支配

（1）心脏的神经支配　心脏受到交感神经和副交感神经的双重支配。

心交感神经节后神经元末梢释放的递质为去甲肾上腺素，与心肌细胞膜上的β型肾上腺素能受体结合，可导致心率加快，房室交界的传导加快，心房肌和心室肌的收缩能力加强。

心迷走神经节后纤维末梢释放的递质乙酰胆碱作用于心肌细胞的M型胆碱能受体，可导致心率减慢，心房肌收缩能力减弱，心房肌不应期缩短，房室传导速度减慢。刺激迷走神经时，也能使心室肌的收缩减弱，但其效应不如心房肌明显。

（2）血管的神经支配　支配血管的神经主要是调节血管平滑肌的收缩和舒张活动，称血管运动神经。它们可分为两类：一类神经能够引起血管平滑肌的收缩，使血管口径缩小，称缩血管神经；另一类神经能够引起血管平滑肌的舒张，使血管口径扩大，称舒血管神经。

3. 心血管反射

心血管系统的反射很多，一般可分为加压反射和减压反射两类，其中最重要的是颈动脉窦和主动脉弓压力感受性反射。

（1）颈动脉窦和主动脉弓压力感受性反射

① 动脉压力感受器　在颈动脉窦和主动脉弓处管壁内有许多感受器。这些感受器是未分化的枝状神经末梢。生理学研究发现，这些感受器并不是直接感受血压的变化，而是感受血管壁的机械牵张程度，称为压力感受器或牵张感受器。

② 传入神经和中枢联系　颈动脉窦和主动脉弓压力感受器受到刺激后，发出冲动经窦神经和迷走神经传到延髓的心血管活动中枢。

③ 反射效应　动脉血压升高时，动脉管壁被牵张的程度就升高，压力感受器传入的冲动增多，通过中枢机制，使迷走紧张加强，心交感紧张和交感缩血管紧张减弱，其效应为心率减慢，心输出量减少，外周血管阻力降低，故动脉血压下降；反之，当动脉血压降低时，压力感受器传入冲动减少，使迷走紧张减弱，交感紧张加强，于是心率加快，心输出量增多，外周血管阻力增高，血压升高。

④ 压力感受性反射的意义　压力感受性反射在心输出量、外周血管阻力、血量等发生突然变化的情况下，在对动脉血压进行快速调节的过程中起重要作用，可使动脉血压不致发生过大的波动。

 想一想

动物的正常血压是如何维持相对恒定的？

（2）颈动脉体和主动脉体化学感受性反射

① 外周化学感受器　外周化学感受器位于颈动脉体（颈动脉窦旁）和主动脉体（在主动脉弓旁）中，对血液中氢离子浓度的增加和氧分压降低敏感。

② 传入神经和中枢联系　化学感受器受到刺激后，发出冲动分别经窦神经和迷走神经传到延髓的呼吸中枢、缩血管中枢和心抑制中枢。

③ 反射效应　当血液中氢离子的浓度过高、二氧化碳分压过高、氧分压过低时，化学感受器受刺激，发出冲动经传入神经传至延髓呼吸中枢，引起呼吸加深加快，可间接地引起心率加快，心输出量增多，外周血管阻力增大，血压升高。

在缺氧或窒息时，外周传入与中枢效应结合，产生强有力的交感传出冲动作用于循环系统。

（二）体液调节

1. 肾素-血管紧张素

肾血流量减少，引起肾小球旁器分泌肾素入血，使在肝中生成的血管紧张素原水解成血管紧张素Ⅰ，血管紧张素Ⅰ在肺循环中被血管紧张素转化酶水解成血管紧张素Ⅱ，血管紧张素Ⅱ有极强的缩血管作用，同时还能加强心肌收缩力，增强外周阻力，使血压升高；它还作用于肾上腺皮质细胞，促进醛固酮的生成与释放。血管紧张素Ⅱ受到血浆或组织中血管紧张素酶A的作用转变成血管紧张素Ⅲ，血管紧张素Ⅲ促进肾上腺皮质分泌醛固酮的作用较强。醛固酮可刺激肾小管对钠的重吸收，增加体液总量，也会使血压上升。

失血、失水时，肾素-血管紧张素的活动加强，并对在这些状态下循环功能的调节起重要作用。

2. 肾上腺素和去甲肾上腺素

肾上腺髓质分泌的激素是最重要的心血管系统全身性体液调节因素。

肾上腺素（E），又称强心剂，主要作用于心肌的β受体，可引起心肌活动增强和心输出量增加。

去甲肾上腺素（NE），又称加压剂，主要作用于血管平滑肌的α受体，可引起血管平滑肌收缩，外周阻力增大和血压上升。

查一查

肾上腺素和去甲肾上腺素分别在哪种情况下使用?

(三) 自身调节

在没有外来神经和体液因素的调节作用时,各器官组织的血流量仍能通过局部血管的舒缩活动而得到相应的调节。这种调节机制存在于器官组织或血管自身之中,所以称为自身调节。

项目八　呼吸系统结构与功能识别

知识目标：
- 熟悉呼吸系统的组成，掌握不同家畜的呼吸器官的形态、位置、结构；
- 掌握呼吸的意义以及呼吸的基本过程和原理；
- 理解胸内压的形成及其生理意义；
- 掌握肺通气、肺换气的原理和气体运输过程。

技能目标：
- 能在家畜活体上准确找到肺的体表投影位置，并进行呼吸音听诊；
- 能用显微镜观察识别肺的组织构造；
- 能通过实验观察影响兔子呼吸运动的各种因素并能分析其产生原因；
- 能够观察识别动物的呼吸型。

素质目标：
- 培养良好的理论指导实践、综合运用与创新的能力；
- 培养良好的职业道德、自主学习能力、团结协作精神和服务"三农"的意识；
- 倡导健康的生活方式，共创无烟校园。

一、初识胸腔、胸膜和纵隔

（一）胸腔

胸腔是以胸廓为框架，并附着胸壁肌和皮肤的截顶圆锥体腔，内有心、肺、血管、气管和食管等器官（图8-1）。

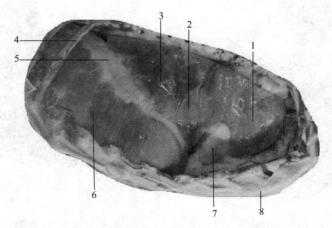

图8-1　羊胸腔（右侧观）

1—右尖叶；2—右心叶；3—右膈叶；4—肋骨；5—膈（中心腱）；6—膈（肌质缘）；7—心脏；8—胸骨

（二）胸膜与胸膜腔

胸腔内的浆膜称胸膜（图8-2）。覆盖在肺表面的称胸膜脏层，衬贴于胸腔壁的称胸膜壁层,后者按部位又分衬贴于胸壁内面的肋胸膜、衬贴于膈胸腔面的膈胸膜和参加构成纵隔的纵隔胸膜。

衬贴于胸腔内壁面、纵隔表面的胸膜壁层与覆盖于肺表面的胸膜脏层之间的狭窄密闭的腔隙称为胸膜腔,其间仅有少量浆液,这一薄层浆液有两方面的作用:一是有润滑胸膜,减少肺胸膜和壁胸膜之间摩擦的作用;二是浆液分子有内聚力,可使两层胸膜贴附在一起,不易分开,胸膜腔的密闭性和两层胸膜间浆液分子的内聚力对于维持肺的扩张状态和肺通气具有重要的生理意义。

(三)纵隔

纵隔是两侧的纵隔胸膜及其之间的所有器官和组织的总称。纵隔位于胸腔正中,左、右胸膜腔之间,两侧面为纵隔胸膜。纵隔将胸腔和胸膜腔分隔为左、右两部分。除马属动物外,其他动物左、右胸膜腔一般互不相通。

纵隔内含有胸腺、心包、心脏、食管、气管、大血管(除后腔静脉外)和神经(除右隔神经外)、胸导管和淋巴结等(图8-2)。

二、呼吸道及其功能识别

鼻、咽、喉、气管和支气管是气体出入肺的通道,称为呼吸道。

(一)鼻

鼻位于面部的中央,既是气体进出的通道,又是嗅觉器官,对发声也有辅助作用。包括鼻腔和鼻旁窦。

1. 鼻腔

鼻腔(图8-3)被鼻中隔分为左、右两半,前方为鼻孔和鼻翼,后方有鼻后孔与咽相通。鼻腔侧壁有上、下鼻甲骨,将每侧鼻腔分隔为上、中、下3个鼻道,鼻中隔两侧面与鼻甲骨之间形成总鼻道,和上、中、下3个鼻道均相通。鼻腔由鼻孔、鼻前庭和固有鼻腔3部分组成。

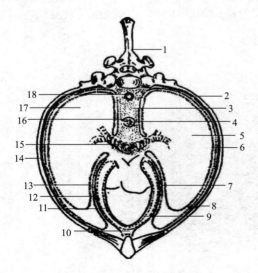

图8-2 胸膜和纵隔

1—胸椎;2—肋胸膜;3—纵隔;4—纵隔胸膜;5—左肺;6—肺胸膜;7—心包胸膜;8—胸膜腔;9—心包腔;10—胸骨心包韧带;11—心包浆膜脏层;12—心包浆膜壁层;13—心包纤维膜;14—肋骨;15—气管;16—食管;17—右肺;18—主动脉

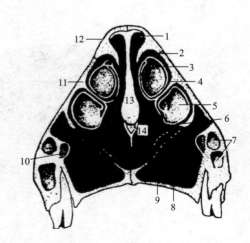

图8-3 牛鼻腔的横断面

1—上鼻道;2—中鼻道;3—下鼻甲的背侧部;4—基板;5—下鼻甲的腹侧部;6—下鼻道;7—上颌窦;8—腭窦;9—上颌骨的腭突;10—眶下管和神经;11—上颌骨;12—鼻骨;13—鼻中隔软骨;14—犁骨

鼻腔内表面衬有皮肤和黏膜，分为前庭区、呼吸区和嗅区。前庭区着生鼻毛，可过滤空气。呼吸区可净化、湿润和温暖吸入的空气。嗅区内有嗅细胞，可感受嗅觉刺激。

2. 鼻旁窦

见运动系统。

（二）咽

咽位于颅底下方，在口腔和鼻腔的后方，喉和气管的前上方。为前宽后窄的漏斗形肌性管道，其内腔称咽腔。可分为鼻咽部、口咽部和喉咽部三部分。鼻咽部位于鼻腔后方，软腭的背侧，为鼻腔向后的直接延续，向前以鼻后孔通鼻腔，两侧壁各有一个缝状的咽鼓管，经咽鼓管通中耳鼓室。口咽部位于软腭与舌根之间，较宽大，前端以咽峡与口腔相通，后方在会厌与喉咽相接。喉咽部位于喉口的背侧，较短，向后下经喉口连于喉和气管，向后上以食管口通食管。

咽是消化道和呼吸道的共同通道。呼吸时，空气通过鼻腔、咽、喉和气管，进出肺脏。吞咽时软腭上提关闭鼻后孔，而会厌翻转盖住喉口，停止呼吸。此时，食团经咽进入食管。

咽的肌肉是横纹肌，与软腭肌共同参与吞咽反射活动，尤其在反刍逆呕和嗳气时起着重要作用。

在咽和软腭的黏膜内分布有淋巴组织，是由淋巴细胞和网状组织构成的。大量淋巴组织构成的淋巴器官，称扁桃体。

 拓展训练

结合鼻和咽的结构，说明一下鼻饲管是如何插入食管的。

（三）喉

喉位于下颌间隙的后方，头颈交界处的腹侧，前端与咽相通，后端与气管相连。它是气体出入肺的通道，也是发声的器官。

喉由喉软骨、喉肌、喉腔和喉黏膜构成。

喉软骨共有四种五块，包括不成对的会厌软骨、甲状软骨、环状软骨和成对的勺状软骨（图8-4）。会厌软骨位于喉的前部，为倒卵圆形（牛、绵羊）或心形（山羊）的弹性软骨板，是构成会厌的基础，在吞咽时可关闭喉口，防止食物入喉。甲状软骨是喉软骨中最大的一块。环状软骨呈环状，前缘和后缘分别与甲状软骨及气管软骨相连。勺状软骨位于环状软骨的前上方，在甲状软骨侧板的内侧，左右各一，上部厚，下部薄，形成声带突，供声韧带附着。

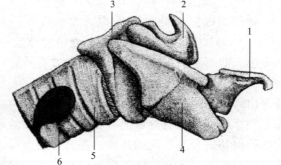

图8-4 马的喉软骨

1—会厌软骨；2—勺状软骨；3—环状软骨；
4—甲状软骨；5—气管软骨；6—甲状腺

喉软骨彼此借关节、韧带相连围成喉腔。喉腔内面衬有黏膜，外面有喉肌附着。

（四）气管和支气管

气管和主支气管为连接喉与肺之间的管道。气管为一条以气管软骨环作支架的圆筒状长骨，分颈段和胸段，由喉向后，沿颈腹侧正中线而进入胸腔转为胸段，在第3肋骨相对处分出右尖叶支气管（牛、羊、猪），随后又分出左、右2条主支气管，分别进入左、右肺。各种家畜气管横切面如图8-5所示。

气管壁由黏膜、黏膜下层和外膜构成（图8-6）。黏膜上皮为假复层纤毛柱状上皮，夹有杯状细胞。黏膜下层含有丰富的血管、神经和气管腺，可分泌黏液和浆液。外膜由软骨和结缔组织构成。

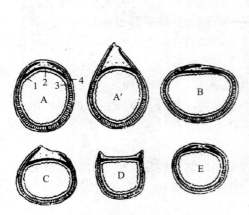

图8-5 气管横切面模式图
A—牛（A′为死后状态）；B—马；C—绵羊；
D—山羊；E—猪；1—黏膜；2—气管肌；
3—气管软骨；4—外膜

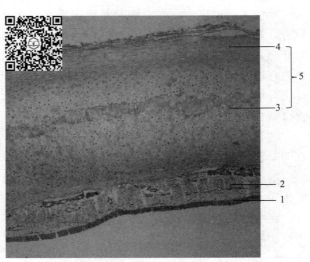

图8-6 气管的组织构造
1—黏膜；2—黏膜下层；3—软骨；4—结缔组织；5—外膜

三、肺结构的识别

（一）肺的形态和位置

肺位于纵隔两侧的胸腔内，左、右各一，左、右肺为斜截的圆锥形，锥底朝向后方（图8-7）。右肺通常略大于左肺。健康的肺呈粉红色，质轻软，富有弹性。肺具有三个面和三个缘。肋面隆凸，与胸腔侧壁接触并有肋骨压迹。膈面凹，与膈接触。内侧面，又称纵隔面，有心压迹以及食管和大血管的压迹。在心压迹的后上方有肺门，为支气管、肺血管和神经等出入肺的地方，这些结构被结缔组织包裹成一束，称为肺根。肺的背侧缘钝圆，腹侧缘和底侧缘锐薄，在腹侧缘上有心切迹。左肺的心切迹大。

肺以切迹分成不同的肺叶。左肺分为前叶（尖叶）、中叶（心叶）和后叶（膈叶），右肺除上述三叶外，还有腹侧的副叶。马、牛、猪肺分叶分别见图8-8。

 想一想

> 肺脏听诊的位置。

（二）肺的组织构造

肺由肺胸膜和肺实质构成。

1. 肺胸膜

肺胸膜即胸膜脏层，是被覆于肺表面的一层浆膜。结缔组织伸入实质内，将肺分为一些

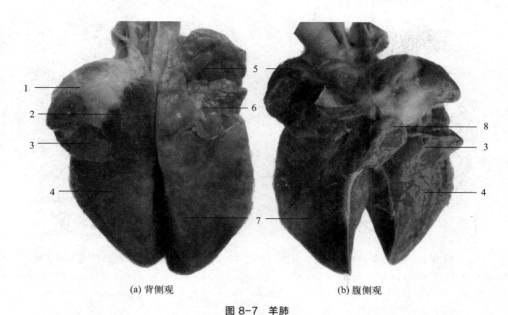

(a) 背侧观　　　　　　　　(b) 腹侧观

图 8-7　羊肺

1—心脏；2—左尖叶；3—左心叶；4—左膈叶；5—右尖叶；6—右心叶；7—右膈叶；8—副叶

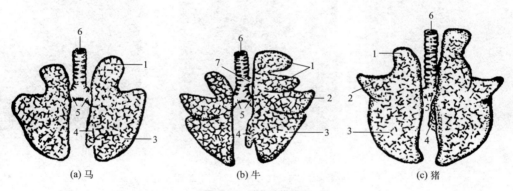

(a) 马　　　　　　　　(b) 牛　　　　　　　　(c) 猪

图 8-8　肺分叶模式图

1—尖叶；2—心叶；3—膈叶；4—副叶；5—支气管；6—气管；7—右尖叶支气管

肺段和许多肺小叶。牛的肺小叶明显（图 8-9）。

2. 肺实质

肺实质由肺内导管部和呼吸部构成。

（1）导管部　左、右支气管入肺后按肺叶称为叶支气管，然后从叶支气管再分为段支气管。以后再反复分支，呈树状，称为支气管树（图 8-10）。支气管分支可达数级，最后连于肺泡。肺的导管部包括叶支气管、段支气管、小支气管、细支气管和终末细支气管（图 8-11），它们是气体的通道。

 想一想

什么是大叶性肺炎？什么是小叶性肺炎？

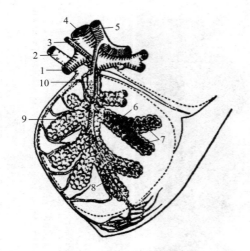

图 8-9　牛肺小叶结构模式图

1—终末细支气管；2—肺静脉；3—支气管动脉；4—细支气管；
5—肺动脉；6—肺泡管；7—肺泡囊；8—毛细血管网；
9—肺泡；10—呼吸性细支气管

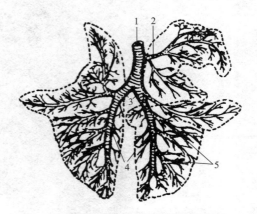

图 8-10　牛肺的支气管树模式图

1—气管；2—气管支气管；3—主支气管；
4—后叶支气管；5—肺段支气管

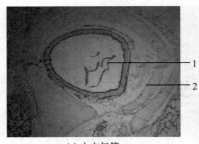
(a) 小支气管

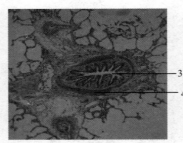
(b) 细支气管

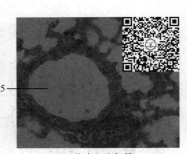
(c) 终末细支气管

图 8-11　肺导管部构造

1—小支气管管腔；2—软骨；3—细支气管管腔；4—平滑肌；5—终末细支气管管腔

(2) 肺呼吸部的构造　包括呼吸性细支气管、肺泡管、肺泡囊和肺泡（图 8-12），各段均有肺泡的开口，可进行气体交换。

① 呼吸性细支气管　管壁上有肺泡的开口，所以管壁不完整且具有气体交换的功能。始端为单层纤毛柱状上皮，邻近肺泡处为单层扁平上皮。上皮下方的结缔组织内有散在的平滑肌。

② 肺泡管　每个呼吸性细支气管分出 2~3 条肺泡管。管壁上有较多的肺泡囊和肺泡的开口，管壁结构只存在于肺泡开口之间。有少量平滑肌环绕在肺泡开口处。

③ 肺泡囊　是几个肺泡所共同围成的囊腔，是肺泡管的延续。上皮全部变为肺泡上皮，平滑肌完全消失。

④ 肺泡　为半球形或多面形囊泡，开口于呼吸性细支气管、肺泡管或肺泡囊，壁很薄，是气体交换的场所。表面衬以单层肺泡上皮，上皮细胞分为两种：扁平上皮细胞（Ⅰ型细胞），覆盖了肺泡表面的绝大部分，主要功能是参与构成血-气屏障；分泌上皮细胞（Ⅱ型细胞），分散存在于Ⅰ型细胞之间，具有分泌功能，能合成和分泌肺泡表面活性物质。相邻肺

图 8-12 肺组织构造

1—呼吸性细支气管；2—肺泡管；3—细支气管；4—肺泡囊

泡之间的结缔组织称为肺泡隔（图 8-13）。

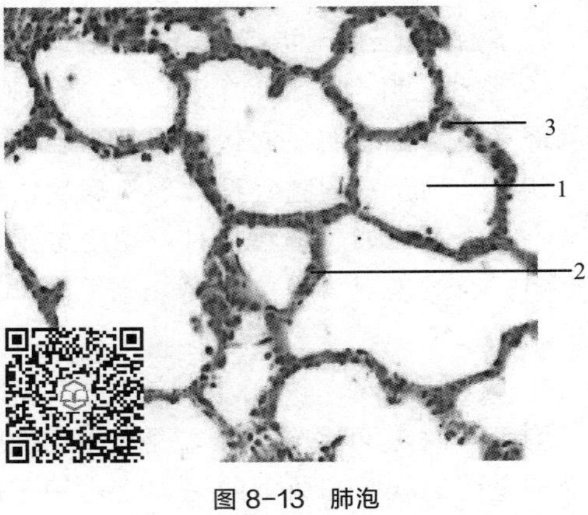

四、呼吸过程识别

机体与外界环境之间的气体交换过程称作呼吸。整个呼吸过程包括以下 3 个连续的环节。

（1）外呼吸　也称为肺呼吸，是指外界环境与肺内气体实现的交换，由肺通气（气体经呼吸道出入肺的过程）和肺换气（肺泡气与肺泡壁毛细血管血液间的气体交换）组成。

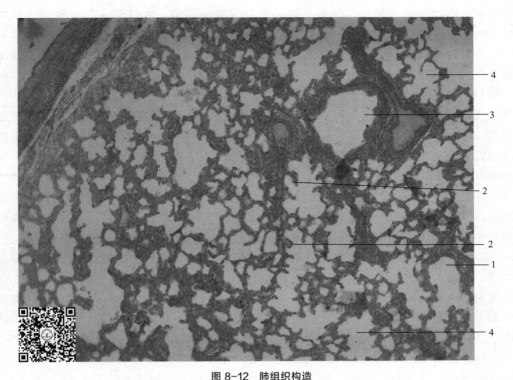

（2）血液的气体运输　是指血液把来自肺泡的氧气运送到组织，又把组织细胞产生的二氧化碳运送到肺排出体外的过程。

图 8-13 肺泡

1—肺泡；2—肺泡隔；3—巨噬细胞

（3）内呼吸　又称组织呼吸，是指组织细胞从血液中摄取氧气并向血液排放二氧化碳的过程。

（一）肺通气

肺通气是指肺泡与外界环境之间的气体交换过程。大气与肺泡气之间的压力差是气体进出肺的直接动力。由于肺本身没有主动张缩能力，在自然条件下，它的张缩是由胸廓的扩大和缩小被动引起的，而胸廓的扩大和缩小又是由呼吸肌的收缩和舒张引起的。

1. 呼吸运动

呼吸运动是呼吸肌的收缩和舒张所造成的胸廓的扩大和缩小，可分为吸气运动和呼气运动 2 个时相。参加呼吸运动的吸气肌主要是肋间外肌和膈肌,呼气肌主要是肋间内肌和腹肌,此外还有一些辅助吸气肌。

(1) 呼吸运动过程　平静呼吸时,吸气运动由膈肌和肋间外肌收缩来完成。膈肌位于胸腔和腹腔之间,呈圆顶状,凸向胸腔。膈肌收缩时向后位移变为圆锥状,挤压腹腔脏器向后位移,腹壁扩张,胸腔的前后径增大。

肋间外肌斜向后下方,收缩时牵拉后一肋骨向外前方提举。同时,肋骨上端与脊椎成关节,下端连肋软骨,与胸骨成关节,在肋骨向外前方提举时,胸骨向前下方移位,结果使胸腔的左右径和上下径都增大。胸腔的前后径、左右径和上下径都增大(即吸气运动),引起胸腔和肺容积增大,使肺内压低于大气压,外界气体进入肺内,完成吸气。平静呼吸时,呼气运动不是由呼气肌收缩引起的,而是由膈肌和肋间外肌舒张所致的。膈肌和肋间外肌舒张时,肺依靠其自身的回缩力而回位,并牵引胸廓使之缩小(即呼气运动),从而引起胸腔和肺容积减小,肺内压高于大气压,肺内气体被呼出,完成呼气。

用力吸气时,辅助吸气肌也参与收缩,使胸廓进一步扩大,吸气运动幅度增强,肺内压降得更低,能吸入更多的气体。用力呼气时,除吸气肌舒张外,还有呼气肌参与收缩。肋间内肌斜向前下方,收缩时牵拉前一肋骨向内后方回落,同时胸骨也向后上方移位,使胸腔的左右径和上下径都缩得更小。腹肌收缩可挤压腹腔器官向前位移,使膈肌变成圆顶状,从而使胸腔前后径也缩小,协助呼气。用力呼气时,呼气运动幅度增强,肺内压升得更高,能呼出更多的气体。

(2) 呼吸运动的类型　根据引起呼吸运动的主要肌群的不同和胸腹部起伏变化的程度,呼吸型可分为 3 种。

① 腹式呼吸　是指呼吸时以膈肌舒缩、腹部起伏为主的呼吸运动。

② 胸式呼吸　是指呼吸时以肋间肌舒缩、胸部起伏为主的呼吸运动。

③ 胸腹式呼吸　也称混合式呼吸,呼吸时,肋间外肌和膈肌都同等程度地参与活动,是胸部和腹部都有明显起伏的呼吸运动。一般情况下,健康动物的呼吸多属于胸腹式呼吸。

认识动物正常的呼吸型对于疾病的认识是有帮助的,当胸部或腹部活动受限时,才呈现出某一呼吸型,如患胸膜炎时,动物主要靠膈肌运动来呼吸,以避免胸廓运动引起炎症部位的疼痛,这时表现为腹式呼吸。当腹部患有疾病时,如腹膜炎、胃肠炎时,则以胸式呼吸明显。

2. 胸膜腔内压

胸膜腔内压又称胸内压,是指胸膜腔内的压力。胸膜壁层的表面由于受到坚固的胸腔和肌肉的保护,作用于胸壁的大气压影响不到胸膜腔,所以胸膜腔内的压力是通过胸膜脏层作用于胸膜腔内的。作用于胸膜脏层的力有两种:一是肺内压,即肺泡内压力,可使肺泡扩张;二是肺的回缩力,可使肺泡缩小。因此,胸膜腔内的压力是这两种相反力的代数和,即:

动画:胸膜腔内压的形成

$$胸内压 = 肺内压 + (-肺回缩力)$$

在吸气末和呼气末,肺内压等于大气压。则:

$$胸内压 = 大气压 - 肺的回缩力$$

若将大气压视为生理"0"标准,则:

$$胸内压 = -肺回缩力$$

所以，胸腔内负压是由肺的回缩力形成的。

 想一想

通过观看动画，总结吸气和呼气时胸膜腔内压的变化情况。

胸内负压有重要的生理意义。首先，负压对肺有牵张作用，有利于肺通气。其次，胸内负压可促进静脉血和淋巴回流。胸内负压也可作用于食管，利于呕吐反射，对反刍动物的逆呕也有促进作用。

3. 呼吸频率

每分钟的呼吸次数称为呼吸频率，各种动物的呼吸频率见表8-1。

表8-1　各种动物的呼吸频率　　　　　　　　　　　　单位：次/min

动物种类	频率	动物种类	频率
马	8~16	犬	10~30
牛	10~30	兔	70~60
水牛	9~18	猫	10~27
绵羊	12~24	鸡	22~27
山羊	10~20	鸽	70~70
猪	17~24		

 拓展训练

哪些因素可使动物的呼吸频率改变？

4. 呼吸音

呼吸运动时，气体通过呼吸道及出入肺泡产生的声音叫作呼吸音，在肺部表面和颈部气管附近，可以听到下列呼吸音。

（1）肺泡呼吸音　类似于"V"的延长音，在吸气时能够较清楚地听到，肺泡呼吸音的强弱取决于呼吸运动的深浅、肺组织的弹性及胸壁的厚度。当动物剧烈呼吸时，如用力、兴奋、疼痛时，肺泡呼吸音加剧。当肺部气体含量减少，例如肺炎初期或肺泡受到液体压迫时则肺泡呼吸音减弱。

（2）支气管呼吸音　类似于"Ch"的延长音，在喉头和气管常可听到（在呼气时能听到较清楚的支气管音），小动物和很瘦的大动物亦可在肺的前部听到，健康动物的肺部一般只能听到肺泡呼吸音。

 拓展训练

如何听取动物的呼吸音？听取呼吸音有何意义？

（二）肺换气和组织换气

气体的交换是通过气体分子的扩散运动实现的，推动气体分子扩散的动力来源于不同气体分压之间的差值。

动画：肺换气与组织换气

1. 肺换气

(1) 肺换气的过程　气体在肺泡与血液之间的交换，是通过肺泡壁和毛细血管壁进行的，从肺泡到毛细血管要经过呼吸膜（图 8-14），呼吸膜在电子显微镜下可分为 6 层，自肺泡内表面向外依次为：含肺泡表面活性物质的液体层、肺泡上皮层、上皮基底膜层、肺泡与毛细血管之间的间质层、毛细血管基膜层和毛细血管内皮细胞层。呼吸膜的平均厚度不到 $1\mu m$，具有很大的通透性。

在肺泡及其周围毛细血管中，血液中氧气分压（PO_2）低于肺泡气，二氧化碳分压（PCO_2）高于肺泡气，根据气体扩散原理，肺泡气中的 O_2 向血液扩散，而 CO_2 由血液扩散到肺泡。肺换气的过程如图 8-15 所示。

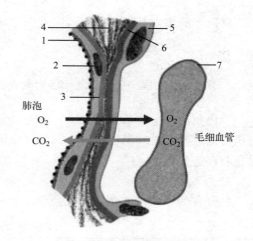

图 8-14　呼吸膜结构示意图

1—肺泡表面活性物质液体层；2—肺泡上皮层；3—肺泡上皮基底膜层；4—间质层；5—毛细血管基膜层；6—毛细血管上皮细胞层；7—红细胞

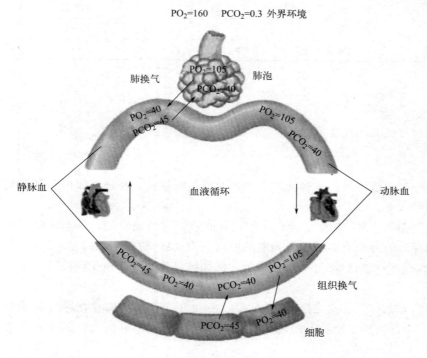

图 8-15　气体交换示意图

动画：呼吸膜

(2) 影响肺换气的因素　主要有呼吸膜厚度、呼吸膜面积和通气/血流比值。

气体扩散速率与呼吸膜的厚度成反比关系，膜越厚，单位时间内交换的气体量就越少，所以在病理条件下，如患肺炎时呼吸膜增厚，通透性降低，影响肺换气。

呼吸膜面积越大，扩散的气体量就会越多。当动物运动或使役时，呼吸面积会增大；患肺气肿时，由于肺泡融合使扩散面积减小，使气体交换出现障碍。

通气/血流比值是指每分钟肺泡通气量（VA）与每分钟肺血流量（Q）的比值（VA/Q）。如果 VA/Q 增大，意味着通气过剩或血流量相对不足，部分肺泡气体未能与血液气体充分交换，致使肺泡无效腔增大。反之，如果 VA/Q 减小，则意味着通气不足或血流相对过剩，部分血液流经通气不良的肺泡。二者均妨碍了气体交换，导致机体缺 O_2 和 CO_2 潴留，但主要是缺 O_2。

2. 组织换气

（1）组织换气的过程　血液与组织的气体交换是指组织中的气体通过组织细胞和组织毛细血管壁，与血液中的气体进行交换的过程。血液 PO_2 高于组织细胞中 PO_2，PCO_2 低于组织细胞 PCO_2，根据气体扩散原理，血液中的 O_2 向组织细胞扩散，而 CO_2 由组织细胞扩散到血液。组织换气的过程如图 8-15 所示。组织换气使组织细胞胞浆中发生了气体成分改变，即细胞浆得到了氧气供应，二氧化碳废气得以挥出。这种改变是组织细胞新陈代谢的保障。因此，组织换气（内呼吸）环节是整个呼吸的核心，组织换气若发生障碍，必将导致窒息，引起畜体死亡。

（2）影响组织换气的因素　影响组织换气的因素除了与影响肺换气的因素基本相同外，还受组织细胞代谢水平以及组织血流量的影响。

（三）气体在血液中的运输

1. 运输形式

氧气（O_2）和二氧化碳（CO_2）在血液中运输有物理溶解和化学结合 2 种形式，以物理溶解形式存在的只有小部分，绝大部分呈化学结合形式存在。两种形式均非常重要。在肺或组织进行气体交换时，进入血液中的 O_2 和 CO_2 都须先溶解，然后才能再结合为化学结合状态。同样，气体从血液中释放时，也必须从化学结合状态解离为溶解状态，然后才能离开血液。所以，溶解状态的气体与结合状态的气体经常维持着动态平衡。溶解的气体增加，结合的气体也随之增加，溶解的气体减少，结合的气体也相应减少，直至形成新的平衡。

2. 氧气的运输

血液中以物理溶解形式存在的 O_2 量极少。O_2 在血液中主要是与红细胞内的血红蛋白（Hb）结合，以氧合血红蛋白的形式运输，约占血液中 O_2 总量的 98.7%。

氧与血红蛋白结合的特点：

① 反应进行快、可逆、不需酶催化。

② 血红蛋白的 Fe^{2+} 与 O_2 结合仍保持其亚铁形式，没有离子价变化，称为氧合，而不是氧化。

③ 1 分子 Hb 可以结合 4 分子 O_2。

3. 二氧化碳的运输

血液中 CO_2 的运输是以化学结合方式为主，约占总量的 95%，而溶解形式存在的量约占 5%。二氧化碳化学结合运输的形式主要有 2 种：一是形成碳酸氢盐，约占总量的 88%；二是与血红蛋白结合成氨基甲酸血红蛋白，约占总量的 7%。

（1）碳酸氢盐形式　溶解的 CO_2 与水生成 H_2CO_3，H_2CO_3 解离为 HCO_3^- 与 H^+。此反应快且可逆，需要碳酸酐酶的催化，反应方向取决于 PO_2。当离解生成的 HCO_3^- 在红细胞中的浓度升高，大于血浆中 HCO_3^- 的浓度时，HCO_3^- 即由红细胞向血浆扩散。此时，为维持红细胞膜两侧的正、负离子平衡，血浆中的 Cl^- 便由血浆进入红细胞膜内（此过程称为氯转移），这样使得 HCO_3^- 不至于在红细胞内蓄积，也有利于组织细胞中的 CO_2 不断进入血液。在红细胞内，HCO_3^- 与 K^+ 结合而生成 $KHCO_3$，在血浆内，HCO_3^- 与 Na^+ 结合而生成 $NaHCO_3$。血浆中的 $NaHCO_3$ 与红细胞中的 $KHCO_3$ 的比例是 2∶1。

以上各项反应均是可逆的，当碳酸氢盐随血液循环到肺毛细血管时，解离出的 CO_2 经扩散被交换到肺泡中，随动物呼气排出体外。

（2）氨基甲酸血红蛋白形式　CO_2 与 Hb 结合，生成氨基甲酸血红蛋白（Hb-NH-COOH）。此反应快且可逆，不需要酶的催化。

$$Hb\text{-}NH_2 + CO_2 \rightleftharpoons Hb\text{-}NHCOOH$$

在组织毛细血管内，CO_2 容易结合形成 Hb-NHCOOH；在肺毛细血管部，Hb-NHCOOH 被迫分离，促使 CO_2 释放进入肺泡，最后被呼出体外。

 想一想

二氧化碳与血红蛋白的结合是否会影响氧气与血红蛋白的结合？

 想一想

动物吸入一氧化碳为什么会造成缺氧甚至死亡？

 想一想

动物摄入亚硝酸盐为什么会造成缺氧甚至死亡？

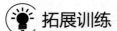 **拓展训练**

了解了呼吸过程，你觉得哪些环节可以造成动物缺氧？

五、呼吸运动调节的识别

在神经和体液的共同调节下呼吸运动正常而有节律地进行，并能依机体不同情况，改变呼吸运动的节律和深度，以适应机体的需要。

（一）呼吸运动的神经调节

1. 呼吸中枢

呼吸中枢是指中枢神经系统内发动和调节呼吸运动的神经细胞群所在的位置，它们分布在大脑皮层、间脑、脑桥、延髓和脊髓等部位，脑的各级部位在呼吸节律的产生和调节中所起的作用不同，正常的呼吸运动是在各级呼吸中枢的相互配合下进行的。

（1）脊髓　脊髓是呼吸运动的初级中枢。

（2）延髓和脑桥　呼吸运动的基本中枢在延髓。脑桥上部有抑制吸气的中枢结构，称为呼吸调整中枢。

（3）高级呼吸中枢　在脑桥以上部位，如大脑皮层、边缘系统、下丘脑等。大脑皮层可以随意控制呼吸，在一定限度内可以随意屏气或加强加快呼吸，使呼吸精确而灵敏地适应环境的变化。

2. 呼吸运动的反射性调节

呼吸活动可受机体内、外环境各种刺激的影响使呼吸发生反射性改变，其中最重要的是肺牵张反射。

（1）肺牵张反射　肺泡壁上有牵张感受器，当肺泡因吸气而扩张时，牵张感受器受刺激而产生兴奋，冲动沿迷走神经传入延髓的呼吸中枢，引起呼气中枢兴奋，同时使吸气中枢抑制，从而停止吸气而产生呼气；呼气之后，肺泡缩小，不再刺激牵张感受器，呼气中枢转为抑制，于是又开始吸气。吸气运动之后，又是呼气运动，如此循环往复，便形成了节律性的呼吸运动。上述过程称为肺牵张反射。

（2）呼吸肌本体感受性反射　和其他骨骼肌一样，呼吸肌被牵拉时，刺激位于肌梭内的本体感受器，可反射性引起呼吸肌收缩，这一反射活动为呼吸肌本体感受性反射，其意义在于克服呼吸道阻力，加强吸气肌、呼气肌的收缩，保持足够的肺通气量。

（3）防御性呼吸反射　呼吸道黏膜受刺激时所引起的一系列保护性呼吸反射称为防御性呼吸反射，其中主要有咳嗽反射和喷鼻反射。喉、气管和支气管的黏膜上有感受器，对机械、化学性刺激很敏感，冲动经迷走神经传入延髓，触发一系列反射效应，这个过程称为咳嗽反射；鼻黏膜上也有敏感的感受器，刺激物作用于鼻黏膜时产生兴奋，冲动沿三叉神经传入延髓，触发一系列反射效应，这个过程称为喷鼻反射。

（二）呼吸运动的化学性调节

机体通过呼吸运动调节血液中 O_2、CO_2、H^+ 的浓度，而动脉血中 O_2、CO_2、H^+ 的浓度又可以通过化学感受器反射性地调节呼吸运动。

1. 化学感受器

（1）外周化学感受器　颈动脉体和主动脉体是调节呼吸和循环的重要外周化学感受器，能感受到动脉血 PO_2、PCO_2 和 H^+ 浓度的变化。

（2）中枢化学感受器　位于延髓腹外侧浅表部位。中枢化学感受器的生理刺激是脑脊液和局部细胞外液中的 H^+。

2. PCO_2、pH 和 PO_2 对呼吸的影响

（1）PCO_2 的影响　当吸入气中 CO_2 含量升高时，动物的呼吸加快加深；但当吸入气中 CO_2 含量超过一定水平时，动物会发生呼吸困难、头痛、头昏，甚至昏迷，出现 CO_2 麻醉。

（2）pH 的影响　当动脉血 H^+ 浓度增加时，动物的呼吸加深加快；当 H^+ 浓度降低时，动物的呼吸就受到抑制。

（3）PO_2 的影响　当吸入气 PO_2 降低时，动物呼吸加深加快。严重缺氧将导致呼吸障碍，甚至呼吸停止。

上述 3 种因素是相互联系、相互影响的，在探讨它们对呼吸的调节时，必须全面地进行观察分析，才能得出正确的结论。

项目九 消化系统结构与功能识别

知识目标
- 掌握不同家畜消化系统的组成及功能;
- 记住不同家畜消化器官的体表投影位置、形态和组织结构;
- 归纳不同动物对饲料消化和吸收的过程。

技能目标
- 能进行消化系统生理指标的测定;
- 能灵活应用基本理论解释生产实践中的现象和问题。

素质目标
- 培养家国情怀;
- 培养吃苦耐劳、勇于创新的精神;
- 养成自主学习、探究学习、与他人合作学习的习惯;
- 会获取信息、加工信息,能运用对比法、实验法等分析问题;
- 能运用所学知识解释生产实践中的现象,并解决生产实践问题。

一、认识腹腔和骨盆腔

(一)腹腔

腹腔是体内最大的体腔,呈卵圆形。其前壁为膈肌;背侧为腰椎、腰肌和膈脚等;两侧壁和底壁主要为腹壁肌;后端与骨盆腔相通。腹腔内有胃、肠、胰、肾、输尿管、卵巢、输卵管和子宫(部分)等器官。

(二)骨盆腔

骨盆腔是腹腔向后的延续部分。其背侧为荐骨和前3~4个尾椎;侧壁主要为髂骨和荐结节阔韧带;底壁为耻骨和坐骨。骨盆腔内有直肠、输尿管和膀胱。公畜还有输精管、尿生殖道骨盆部和副性腺,母畜有子宫(后部)和阴道等。

(三)腹膜

腹膜为衬贴于腹腔和骨盆腔内面以及折转覆盖在腹腔和骨盆腔内脏器官表面的浆膜,薄而光滑。衬贴于腹腔和骨盆腔内面的称为腹膜壁层,覆盖在腹腔和骨盆腔内脏器官表面的称为腹膜脏层。腹膜壁层和脏层之间的腔隙为腹膜腔。腔内有少量淡黄色透明的浆液,具有润滑作用,可减少器官运动时的相互摩擦。

当腹膜从腹腔和骨盆腔壁移行到脏器,或从某一脏器移行到另一脏器时,形成各种不同的腹膜褶,分别称为系膜、网膜和韧带。系膜为连于腹腔顶壁与肠管之间宽而长的腹膜褶,如空肠系膜;韧带为连于腹腔、骨盆腔与脏器之间或脏器与脏器之间短而窄的腹膜褶,如回盲韧带、肝韧带等;网膜是连于胃与其他脏器之间的腹膜褶,呈网状,如大网膜和小网膜。它们多数由双层腹膜构成,其中含有结缔组织、脂肪、淋巴结及分布到脏器的血管、神经等,起着联系和固定脏器的作用。

(四)腹腔分区

为便于确切地叙述腹腔各器官的局部位置,常通过最后肋骨后缘和髋结节前缘做2个横断面,将腹腔分为腹前部、腹中部和腹后部(图9-1)。再以骨骼为标志将其再划分为10个区域。

(1) 腹前部　腹前部划分为3部分。以肋弓为界,肋弓以下的部分为剑状软骨部,肋弓以上的部分为季肋部,季肋部又以正中矢面划分为左季肋部和右季肋部。

(2) 腹中部　腹中部划分为4部分。通过腰椎横突两侧端部做2个矢状面,将腹中部分为左、右髂部及腹中间部。在第1肋骨中点做额面,将腹中间部分为上半部的腰部和下半部的脐部。

(3) 腹后部　腹后部划分为3部分。腹中部的2个侧矢状面向后延续,把腹后部分为左、右腹股沟部和中间的耻骨部。

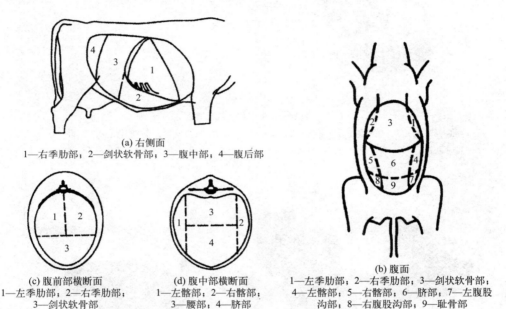

(a) 右侧面
1—右季肋部；2—剑状软骨部；3—腹中部；4—腹后部

(c) 腹前部横断面
1—左季肋部；2—右季肋部；
3—剑状软骨部

(d) 腹中部横断面
1—左髂部；2—右髂部；
3—腰部；4—脐部

(b) 腹面
1—左季肋部；2—右季肋部；3—剑状软骨部；
4—左髂部；5—右髂部；6—脐部；7—左腹股沟部；8—右腹股沟部；9—耻骨部

图9-1　腹腔分区

二、初识消化系统

(一) 消化系统的构成

消化系统由消化管和消化腺两部分组成。消化管为食物通过的管道,包括口腔、咽、食管、胃、小肠、大肠和肛门。消化腺为分泌消化液的腺体,包括壁内腺(如胃腺和肠腺)和壁外腺(如腮腺、肝和胰)(图9-2和图9-3)。

消化系统的功能是摄取食物,进行消化,吸收营养物质,最后将残渣排出体外,保证新陈代谢的正常进行。消化是指食物被分解为可吸收的简单物质的过程,吸收则是已被消化的简单物质通过消化管壁进入血液和淋巴的过程。

(二) 消化管的一般结构

消化管各段在形态、机能上各有特点,但其管壁的组织结构,除口腔外,一般由4层组织构成,由内向外依次为黏膜、黏膜下层、肌层和外膜(图9-4)。

1. 黏膜

黏膜是消化管道的最内层,当管腔内空虚时,常形成皱褶。黏膜具有保护、吸收和分泌等功能,可分为以下三层:

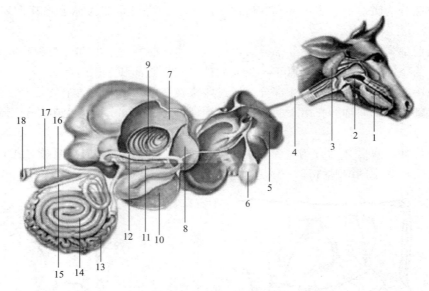

图 9-2 牛消化系统模式图

1—口腔；2—咽；3—唾液腺；4—食管；5—肝脏；6—胆囊；7—瘤胃；8—网胃；9—瓣胃；10—皱胃；11—胰腺；12—十二指肠；13—空肠；14—结肠；15—回肠；16—盲肠；17—直肠；18—肛门

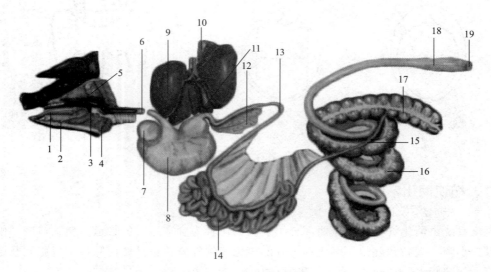

图 9-3 猪消化系统模式图

1—口腔；2—舌下腺；3—咽；4—颌下腺；5—腮腺；6—食管；7—胃憩室；8—胃；9—肝脏；10—门静脉；11—胆囊；12—胰脏；13—十二指肠；14—空肠；15—回肠；16—结肠；17—盲肠；18—直肠；19—肛门

(1) 上皮 除口腔、咽、食管、胃的无腺区及肛门为复层扁平上皮外，其余部分均为单层柱状上皮，以利于消化、吸收。

(2) 固有层 由疏松结缔组织构成。内含丰富的血管、神经、淋巴管、淋巴组织和腺体等。

(3) 黏膜肌层 是固有层下的薄层平滑肌，收缩时可使黏膜形成皱褶。

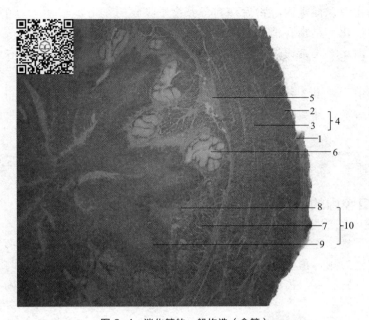

图 9-4 消化管的一般构造（食管）
1—外膜；2—外纵形肌；3—内环形肌；4—肌层；5—黏膜下层；6—食管腺；
7—黏膜肌层；8—固有层；9—上皮层；10—黏膜

2. **黏膜下层**

黏膜下层由疏松结缔组织构成，内有较大的血管、淋巴管和神经丛。

3. **肌层**

除口腔、咽、食管（马前 4/5）和肛门由横纹肌构成外，其余各段均由平滑肌构成，一般分为内环形肌和外纵形肌 2 层。两层之间有肌间神经丛和结缔组织。

4. **外膜**

外膜由疏松结缔组织构成。体腔内的内脏器官的外膜表面覆盖有一层间皮，称为浆膜。

（三）消化管平滑肌的特性

在整个消化道中，除口、咽、食管（马前 4/5）和肛门外括约肌是由横纹肌构成的外，其余都由平滑肌构成。消化管平滑肌有以下特性。

（1）兴奋性较低，收缩缓慢。

（2）富有伸展性，能适应实际需要而伸展，最长时可为原来长度的 2~3 倍，适宜于容纳食物。

（3）紧张性。平滑肌经常保持在一种微弱的持续收缩状态，具有一定的紧张性。它使消化道的管腔内保持一定的基础压力和消化道各部分一定的形状和位置。它不依赖于中枢神经系统的调控，但受中枢神经系统和激素的调节。

（4）自动节律性运动是肌原性的，但整体上受神经和体液因素的调节。

（5）对化学、温度和机械牵张刺激较为敏感。

（四）消化方式

消化系统完成消化的方式主要有 3 种：物理性消化、化学性消化和生物学消化。

（1）物理性消化　是指通过消化器官的运动，如咀嚼、反刍、蠕动等进行的消化，有磨碎饲料、混合消化液、促进内容物后移和营养物质吸收的作用。

（2）化学性消化　是指在消化酶的作用下使营养物质的化学结构发生改变的消化。

（3）微生物消化　是指通过消化道内的微生物对饲料进行的消化。这种消化方式对草食动物尤其重要。

在消化过程中，以上3种消化方式是同时进行且互相协调的。这样饲料就由大变小，从消化管前端移到后端，并与消化液完全混合，完成消化与吸收过程。

查一查

利用课余时间，查阅动物的食性与消化方式的关系。

三、识别口腔内的器官与功能

（一）口腔内的器官

口腔是由唇、颊、硬腭、软腭、口腔底、舌、齿、齿龈及唾液腺组成的（图9-5）。口腔的前壁为唇，侧壁为颊，顶壁为硬腭，底壁为口腔底和舌。口腔前由口裂与外界相通，后以咽峡与咽腔相通。唇、颊与齿弓之间的腔隙为口腔前庭；齿弓以内部分为固有口腔。

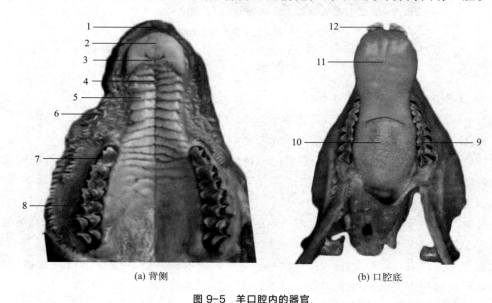

(a) 背侧　　　　　(b) 口腔底

图9-5　羊口腔内的器官

1—上唇；2—齿垫；3—切齿乳头；4—腭缝；5—硬腭；6—颊；7—上前臼齿；8—上后臼齿；
9—下后臼齿；10—舌圆枕；11—舌；12—下切齿

1. 唇

唇以口轮匝肌为基础，外面被有皮肤，内面衬有黏膜。分为上唇和下唇，其游离缘共同围成口裂，是口腔的入口。上、下唇在左、右两侧汇合成口角。牛唇较短厚，坚实而不灵活。在上唇中部与两鼻孔之间的无毛区，称鼻唇镜，镜的表面有鼻唇腺开口。鼻唇腺不断地分泌一种水样分泌液，使鼻唇镜湿润。下唇较短，具有明显的颏部。唇黏膜上有短而纯的角质化乳头，近口角处的较长，尖端向后。四角处黏膜深层有唇腺，呈致密的块状，腺管开口于唇黏膜表面。羊唇薄而灵活，采食时起重要作用，在两鼻孔间形成光滑的鼻镜。猪唇的上唇形成吻突，下唇小而尖，不灵活。马唇运动灵活，是采食的主要器官。图9-6为牛、羊、猪和驴的上唇。

(a) 牛鼻唇镜

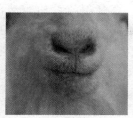
(b) 羊鼻镜

(c) 猪吻突

(d) 驴唇

图 9-6 动物上唇

2. 颊

构成口腔的两侧壁，主要由颊肌构成，外覆皮肤，内衬黏膜。黏膜上有角质化圆锥形的颊乳头（猪、马的颊黏膜平滑），尖端向后，乳头在近口角处较长，向后逐渐变小。在颊黏膜下和颊肌内有颊腺分布，且很发达。

3. 硬腭

硬腭［图 9-5(a)］构成固有口腔的顶壁，向后延续为软腭。由切齿骨腭突、上颌骨腭突和腭骨水平部构成骨质基础。硬腭前、后较宽，中间稍窄。硬腭的黏膜厚而坚实，上皮高度角质化，有色素沉着。黏膜在周缘与上唇齿龈黏膜相移行。黏膜下组织有丰富的静脉丛。

4. 软腭

软腭由肌肉和黏膜构成，是硬腭向后的延续，构成口腔的后壁。

5. 口腔底

口腔底大部分为舌所占据［图 9-5(b)］，前部由下颌骨切齿部构成，表面被覆黏膜。此部有一对乳头，称为舌下阜。舌下阜为下颌腺管和单口舌下腺的开口处。

6. 舌

舌位于口腔底［图 9-5(b)］，其基本结构是骨骼肌，表面覆以黏膜，以肌肉附着于下颌骨和舌骨，当口闭合时占据固有口腔的绝大部分。舌运动十分灵活，参与采食、吸吮，协助咀嚼和吞咽食物，并有感受味觉的功能。

舌可分为舌根、舌体和舌尖。舌根为腭舌弓以后附着于舌骨的部分，仅背面即舌背游离；舌体位于两侧臼齿之间，附着于口腔底，背面和侧面游离；舌尖是舌前端的游离部分，较尖细，活动性大。在舌尖与舌体交界处的腹侧，有与口腔底相连的黏膜褶，称为舌系带（牛、猪 2 条，马 1 条）。牛、羊在舌体的背后部有一椭圆形隆起，称舌圆枕。

舌表面被覆黏膜，其上皮为复层扁平上皮，角质化程度高，形成许多形态和大小不同的舌乳头，有的舌乳头上有味觉感受器，称味蕾。牛舌黏膜上有锥状乳头、菌状乳头和轮廓乳头。锥状乳头无味蕾，仅起机械作用；菌状乳头和轮廓乳头的表面含有味蕾。马舌黏膜上有四种乳头，分别为丝状乳头（无味蕾）、菌状乳头、轮廓乳头和叶状乳头。猪舌乳头（图 9-7）与马相似，除四种乳头外，在舌根处还具有长而软的锥状乳头。

在舌黏膜内还有舌腺分泌黏液,以许多小管开口于舌表面。

舌肌是构成舌的主要部分,直接参与舌的运动,由固有肌和外来肌构成。舌固有肌由三种走向不同的横肌、纵肌和垂直肌互相交错组成,起止点均在舌内,收缩时改变舌的形状。舌外来肌起于舌周围各骨,止于舌内,并与舌固有肌交错,有茎突舌肌、舌骨舌肌和颏舌肌等,收缩时可改变舌的位置。

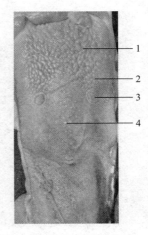

图 9-7 猪舌乳头
1—锥状乳头;2—菌状乳头;
3—轮廓乳头;4—叶状乳头

7. 齿

齿(图 9-5)是体内最坚硬的器官,嵌于上、下颌骨的齿槽内,呈弓形排列,分别称为上齿弓和下齿弓。上齿弓较下齿弓宽。齿有切断和咀嚼食物的作用。

齿按形态、位置和机能可分为切齿、犬齿和臼齿三种。切齿位于齿弓前部,与唇相对。牛、羊无上切齿。下切齿每侧有 4 个,从内向外分别为门齿、内中间齿、外中间齿和隅齿(边齿)。牛、羊无犬齿。臼齿位于齿弓后部,与颊相对。臼齿分前臼齿和后臼齿,上、下颌有前臼齿 3 对和后臼齿 3 对。根据上、下齿弓每半侧各种齿的数目,可写出齿式,即:

$$2\left(\frac{切齿(I)犬齿(C)前臼齿(P)后臼齿(M)}{切齿(I)犬齿(C)前臼齿(P)后臼齿(M)}\right)$$

每个齿可分齿冠、齿颈、齿根三部分。齿根为埋于齿槽的部分,前臼齿和后臼齿有 2~6 个齿根。齿颈略细,被齿龈所覆盖。齿冠为齿龈外面突出于口腔的部分,具有前庭面、舌面、接触面和嚼面。前庭面分为唇面和颊面。接触面分为近中面和远中面。嚼面又称磨面或咬合面,为上、下齿面互相咬合进行咀嚼的面。

查一查

利用课余时间,查阅牛、马、驴等动物乳齿更换为恒齿的时间及顺序。

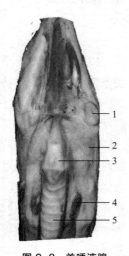

图 9-8 羊唾液腺
1—下颌淋巴结;2—下颌腺;
3—喉;4—甲状腺;5—气管

8. 唾液腺

唾液腺是指向口腔分泌唾液的腺体,主要有腮腺、舌下腺和下颌腺。

(1)腮腺 腮腺位于下颌支与寰椎翼之间,呈狭长倒三角形,颜色为淡红褐色。上端厚,达颞下颌关节部;下端狭小,弯向前下方,位于舌面静脉与上颌静脉的夹角内。腮腺管起自腮腺下部深面,随舌面静脉一起沿咬肌的腹侧缘经下颌骨血管切迹折转到咬肌前缘,开口于第 5 上臼齿相对的唾液乳头上。

(2)下颌腺 下颌腺(图 9-8)比腮腺大,呈淡黄色,分叶明显,呈新月形。从寰椎窝沿下颌角向前下方延伸至舌骨体,几乎与对侧下颌腺相接。其中部被腮腺覆盖,腺的下端膨大,活体可触摸到。下颌腺管在腺体前缘中部由一些小管汇合形成,向前伸延,开口于舌下阜。

(3)舌下腺 舌下腺较小,位于舌体和下颌舌骨肌之间的黏膜下,可分上、下两部分。上部为多口舌下腺,又称短管舌下腺,长而薄，从软腭向前伸达颌角，以许多小管开口于舌体两侧的口腔底黏膜上。下部为单舌下腺，又称长管舌下腺，短而厚，位于多口舌下腺前下方，以一条总导管与下颌腺管伴行，共同开口于舌下阜。

（二）口腔内的消化活动

动物口腔内的消化活动以机械性消化为主，包括采食、饮水、咀嚼和吞咽等过程。

1. 采食和饮水

各种动物食性不同，采食方式也不同，但主要的采食器官都是唇、舌、齿，且都有颌部和头部的肌肉运动。

 查一查

查阅资料，说明不同动物采食和饮水的方式。

2. 咀嚼

摄入口内的饲料，被送到上、下颌臼齿间，在咀嚼肌的收缩和舌、颊部的配合运动下，食物被压磨粉碎，并与唾液混合。咀嚼的次数、时间与饲料的状态有关。一般湿的饲料比干的饲料咀嚼次数少，时间也比较短。

咀嚼有以下几个作用：

（1）粉碎饲料，并破坏其细胞的纤维膜，增加饲料的消化面积。

（2）使粉碎后的饲料与唾液混合，形成食团便于吞咽。

（3）反射地引起消化腺的活动和胃肠运动。

 想一想

结合咀嚼的作用说明养猪场使用颗粒饲料或湿拌料的原因。

3. 吞咽

吞咽是一种复杂的反射性动作，可使食团从口腔进入胃。吞咽动作可以分为由口腔到咽，由咽到食管上端和由食管上端下行至胃3个顺序发生的时期。吞咽反射的传入神经来自第Ⅴ、Ⅸ、Ⅹ对脑神经；吞咽的基本中枢位于延髓内；支配吞咽肌的传出神经为第Ⅴ、Ⅸ、Ⅻ对脑神经；支配食管的传出神经为迷走神经。

4. 唾液

唾液为无色透明的黏性液体，呈弱碱性，密度为 $1.002 \sim 1.009 \text{g/cm}^3$。

唾液具有润湿饲料，便于咀嚼、吞咽、清洁口腔和参与消化等作用。

四、认识咽

咽是消化道和呼吸道的共同通道，详细内容见项目八。

五、认识食管

食管是将食物由咽入胃的一肌质管道，分为颈、胸和腹3段。牛、马的食管颈段起始于喉和气管的背侧，至颈中部逐渐转向气管的左侧，经胸腔前口入胸腔；胸段又转向气管的背侧并继续向后延伸，经纵隔到达膈，经膈的食管裂孔进入腹腔后，直接与胃的贲门相连接（图9-9）。

猪的食管短而直，其颈段沿气管的背侧向后行，不发生偏转。

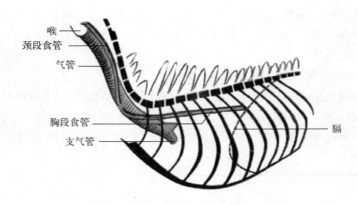

图 9-9 颈段及胸段食管走向

食管管壁具有消化管壁的一般结构，分为黏膜层、黏膜下层、肌层和外膜层。黏膜上皮为复层扁平上皮。肌层比较特殊，牛（羊）的食管肌层全由横纹肌构成。马的食管前 4/5 为横纹肌，后 1/5 为平滑肌。猪的食管几乎全部为横纹肌，仅接近胃的部分为平滑肌。

六、识别胃的结构与功能

胃位于腹腔内，为消化管的膨大部分，前接食管，开口为贲门，后以幽门通十二指肠，有贮存食物、进行初步消化等作用。胃可分为单室胃和多室胃两种类型。

（一）单室胃的结构与消化功能

1. 单室胃的解剖结构

单室胃一般是弯曲的钩状囊，前端以贲门与食管相接；后端以幽门与十二指肠相连。前面为壁面与肝和膈相贴；后面为脏面与胰腺和肠相邻。从贲门到幽门，沿两个面相移行处形成两个缘：凸缘为大弯；凹缘为小弯。

图 9-10 为猪胃模式图，猪胃为单室混合胃，呈弯曲的囊状，容积 5~7L。横位于腹前部，大部分在左季肋部，小部分在右季肋部。胃的凸缘称为大弯，凹缘称为小弯。胃大弯与左腹壁相贴，相当于第 11~12 肋骨处；饱食时胃大弯可向后延伸达剑状软骨部和脐部之间，与肝、膈相邻；后面称为脏面，与大网膜、肠、肠系膜和胰等相接触。猪胃左侧特别发达，并有一明显的隆凸，称为胃憩室。在幽门的小弯处，有一纵长的鞍状隆起，称为幽门圆枕。它与对侧的唇形隆起相对，有关闭幽门的作用。

图 9-11 为马胃模式图。马胃为单室混合胃，胃大部分位于左季肋部，小部分位于右季肋部。胃左侧圆形向后上方突出的部分称为胃盲囊。胃盲囊靠近左侧膈脚，和第 16~17 肋骨上部相对。胃的左侧与脾相连，腹侧与大结肠膈曲相邻，膈面与膈和肝相邻，脏面与小结肠、小肠、大结肠及胰等器官相邻。

2. 单室胃的组织构造

单室胃胃壁由内向外分为黏膜、黏膜下层、肌层和浆膜 4 层。

单胃家畜胃黏膜分为无腺区和有腺区两大部分（图 9-10）。在贲门周围，没有腺体分布，称无腺区。无腺区的黏膜上皮为复层扁平上皮。有腺区有腺体，黏膜上皮为单层柱状上皮。其表面形成许多凹陷，称为胃小凹（窝），底部有胃腺的开口。

有腺区又分为贲门腺区、幽门腺区和胃底腺区。其中贲门腺区和幽门腺区的黏膜内分布有黏液腺；胃底腺区最大，位于胃底部，是分泌胃液的主要部位。

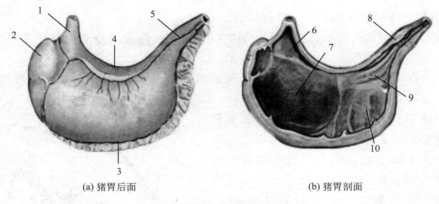

(a) 猪胃后面　　　　　　　　(b) 猪胃剖面

图 9-10　猪胃

1—贲门；2—胃憩室；3—胃大弯；4—胃小弯；5—幽门；6—无腺区；
7—贲门腺区；8—胃底腺区；9—幽门腺区；10—幽门圆枕

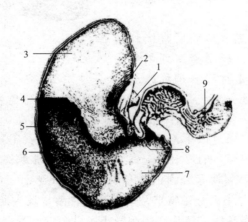

图 9-11　马胃

1—食管；2—贲门；3—无腺区；4—褶缘；5—贲门腺区；6—胃底腺区；
7—幽门腺区；8—幽门；9—十二指肠憩室

肌层由内斜、中环和外纵 3 层平滑肌构成。在胃的入口部，斜行肌形成贲门括约肌。环肌层在幽门部特别发达，形成强大的幽门括约肌。

3. 消化功能

单胃动物的胃有暂时贮存饲料和初步消化饲料两大功能。

(1) 化学性消化　胃的化学性消化是指由胃液参与的消化过程。贲门腺区和幽门腺区的黏膜内分布有黏液腺，可分泌碱性黏液，以润滑和保护胃黏膜；胃底腺区主要有主细胞、壁细胞（盐酸细胞）、颈黏液细胞和亲银细胞 4 种，分别分泌胃蛋白酶原、盐酸、内因子和黏液；幽门腺区的 G 细胞分泌胃泌素。纯净的胃液无色，pH 值为 0.9～1.5。

盐酸的作用有：

① 激活胃蛋白酶原并提供酶作用所需要的酸性环境。

② 使蛋白质变性而易于分解。

③ 杀死胃内的细菌。

④ 进入小肠，促进胰液、胆汁及肠液的分泌。

⑤ 营造酸性环境，有助于铁、钙的吸收。

分泌入胃的胃蛋白酶原在胃酸或已激活的胃蛋白酶的作用下转变为有活性的胃蛋白酶，将蛋白质初步水解，能产生少量多肽和氨基酸。

黏液覆盖在胃黏膜表面，有润滑作用，使食物易于通过，保护胃黏膜不受食物中坚硬物质的损伤，还可防止酸和酶对黏膜的侵蚀。

内因子能和食物中维生素 B_{12} 结合成复合物，通过回肠黏膜受体将维生素 B_{12} 吸收。

根据动物不同生理状态可把胃液的分泌分为基础胃液分泌和消化期胃液分泌。基础胃液分泌是指动物在空腹 12～24h 后的胃液分泌。动物进食后的胃液分泌称为消化期胃液分泌，其按感受食物刺激的部位先后将消化期胃液分泌分成头期、胃期和肠期三个阶段。可通过假饲试验（图9-12）证明。

头期胃液分泌是食物进入口腔后直接刺激口腔和咽部感受器引起的。感受器受到刺激后传入冲动到中枢，再由迷走神经末梢释放乙酰

图 9-12 假饲实验

胆碱，一方面直接引起胃液分泌，另一方面通过刺激幽门 G 细胞释放胃泌素而引起胃液分泌。分泌特点是潜伏期长，分泌持续时间长，分泌量多，酸度高，酶含量高。

胃期，食糜进入胃后，通过以下途径继续刺激胃液分泌：①扩张刺激胃底胃体部感受器，通过迷走神经及壁内神经丛的反射引起胃腺分泌；②扩张刺激幽门部，通过壁内神经丛作用于 G 细胞释放胃泌素，胃泌素经血液循环引起胃腺分泌；③食物的化学成分直接作用于 G 细胞，引起胃泌素的分泌。分泌特点是酸度高，含酶量较头期少。

肠期，食糜进入十二指肠后，消化产物刺激小肠黏膜的感受器，引起小肠黏膜细胞释放激素，经血液循环作用于胃，使得胃液持续分泌，但分泌量较少。

饲料的不同成分对胃液分泌有一定影响：蛋白质具有强烈的刺激胃液分泌的作用，糖类也有一定的刺激作用，脂肪则抑制胃液分泌。

 想一想

> 从"胃液的作用"方面总结初生仔猪易发生腹泻的原因及饲养中应该注意的事项。

（2）胃的运动及调节　胃的运动分为头区、尾区的运动以及胃的排空。

① 胃头区的运动　头区包括胃底和胃体的前部，其主要机能是临时贮存食物和进行微弱的紧张性收缩活动。咀嚼、吞咽食物过程刺激了咽、食管等处的感受器，反射性地通过迷走神经，引起胃的头区肌肉舒张，使肠容量增大而胃内压力却很少增加，称容纳性舒张。

② 胃尾区的运动　尾区包括胃体的远端和胃窦，主要作用是通过蠕动使食物与胃液充分混合并逐步将食糜排至十二指肠。食物进入胃后约 5min，蠕动波即从胃中部开始有节律地向幽门方向推进。在推进过程中，波的深度和速度在不断增大。接近幽门时，一部分食糜

被排到十二指肠，有些蠕动波只到胃窦并不到幽门。胃窦终末部的有力收缩可将胃内容物反向推回到近侧胃窦部和胃体部，以便将食物进一步磨碎。

③ 胃排空　食物由胃排入十二指肠的过程称为胃排空。消化时食物在胃内引起胃运动加强，从而使胃内压升高。当胃内压大于十二指肠内压时，食糜即由胃进入十二指肠。

④ 胃运动的调节　胃运动受神经和体液双重支配。迷走神经可增强胃肌收缩力。交感神经则降低环形肌的收缩力。食物对消化管壁的机械和化学刺激，可局部通过壁内神经丛，加强平滑肌的条件性收缩，加速蠕动。体液方面，胃泌素使胃肌收缩的频率和强度增加，而促胰液素和抑胃肽则抑制胃的收缩。

想一想

胃的排空与饲料成分、性状的关系是怎样的？

（二）多室胃的结构与功能识别

牛、羊的胃为多室胃，顺次为瘤胃、网胃、瓣胃和皱胃（图 9-13）。前 3 个胃在临床上常称为前胃，没有腺体分布，主要起贮存食物和发酵、分解粗纤维的作用。皱胃也称真胃，结构、功能与单胃动物的胃相似。

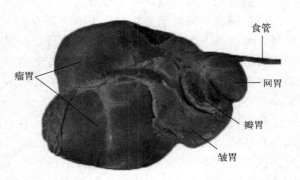

图 9-13　牛的胃

1. 多室胃的解剖结构

（1）瘤胃　瘤胃（图 9-14）呈前后稍长、左右略扁的椭圆形，占据整个腹腔的左半部和右半部的一部分。对于成年牛、羊，瘤胃最大，约占 4 个胃总容积的 80%。

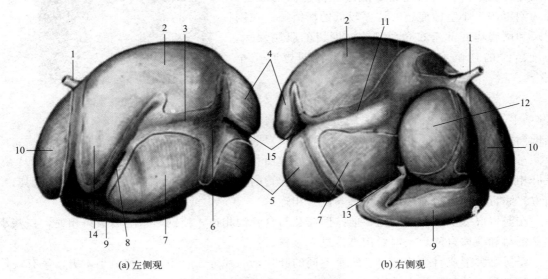

图 9-14　牛胃外侧观

1—食管；2—瘤胃背囊；3—左纵沟；4—后背盲囊；5—后腹盲囊；6—冠状沟；7—腹囊；8—前沟；9—皱胃；10—网胃；11—右纵沟；12—瓣胃；13—十二指肠；14—前背盲囊；15—后沟

瘤胃前端至膈，与第 7～8 肋间隙相对，后端达盆腔前口，其后腹侧部超过正中矢状面而突入腹腔右侧。左侧面为壁面，与脾、膈及腹壁相接触；右侧面为脏面，与瓣胃、皱胃、肠、肝及胰相接触。背侧借腹膜和结缔组织附着于膈脚和腰肌的腹侧；腹侧隔着大网膜与腹腔底壁相接。瘤胃以左、右侧面较浅的左、右纵沟和前、后方较深的前、后沟分为背囊和腹囊两部分，背囊较长。右纵沟分成两支，围绕形成瘤胃岛。两纵沟在后端又分出环形的背侧冠状沟和腹侧冠状沟，从背、腹囊分出后背盲囊和后腹盲囊。瘤胃与网胃之间有较大的瘤网胃口。

瘤胃壁由黏膜、黏膜下组织、肌层和浆膜构成。黏膜表面被覆复层扁平上皮，角化层发达，成年牛除肉柱的颜色较淡外，其余均被饲草中的染料和鞣酸染成深褐色，初生犊牛则全部呈苍白色，上皮的角化层不发达。黏膜表面形成无数圆锥状至叶状的瘤胃乳头，长的达 1cm，表面粗糙。瘤胃的黏膜无黏膜肌，其固有层与较致密的黏膜下组织直接相连，黏膜内无腺体。肌层很发达，由外纵层和内环层构成。

羊瘤胃壁黏膜的瘤胃乳头稍短。

（2）网胃　网胃呈梨状，位于季肋部的正中，紧靠膈的后面，与第 6～8 肋骨相对，是瘤胃背囊向前下方的延续。网胃的膈面凸，与膈、肝相接；脏面平，与瘤胃相邻。网胃底位于胸骨后端和剑状软骨上。网胃的上端有瘤网口与瘤胃相通，在瘤网口的右下方有网瓣口与瓣胃相通。牛的网胃是四个胃容积最小的，约占 4 个胃总容积的 5%。

从瘤胃前庭和网胃右侧壁到网瓣口处，有一扭转成螺旋状的结构，称为食管沟（图 9-15）。沟两侧隆起的黏膜褶，富含肌组织，称为左、右唇。

网胃黏膜上皮角化层发达，呈深褐色。黏膜形成一些隆起皱褶，称为网胃嵴，内含肌组织，是由黏膜肌层延伸而来的。网胃嵴常形成形似蜂房状的小室，称为网胃房。小室的底还有许多较低的次级嵴。在网胃嵴和网胃房底部密布角质乳头。网胃的肌层发达，与反刍时的逆呕有关，收缩时几乎将网胃腔完全闭合。

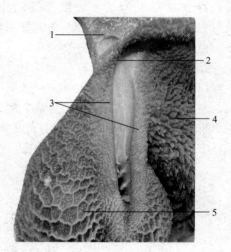

图 9-15　食管沟
1—食管；2—贲门；3—食管沟唇；
4—瘤胃；5—网胃

（3）瓣胃　牛的瓣胃占 4 个胃总容积的 7%～8%，羊的瓣胃则是 4 个胃中最小的。瓣胃呈两侧稍扁的椭圆形，位于右季肋部，与第 7～11（12）肋间隙相对，肩关节水平线通过瓣胃中线。瓣胃壁面与膈及肝相邻；脏面与瘤胃、网胃及皱胃相邻。瓣胃的大弯隆凸，朝向右后方；小弯凹，朝向左前方。瓣胃上部以短而窄的瓣胃颈与网胃相连。

在瓣胃底壁上有一瓣胃沟，前接网瓣孔与食管沟相连，使网瓣口与瓣皱口相通，一些小颗粒饲料和液体自网胃经瓣胃沟直接进入皱胃。

瓣胃黏膜形成百余片大小、宽窄不同的叶片，叶片分大、中、小和最小 4 级，呈有规律的相间排列，故又称为百叶胃。

（4）皱胃　皱胃呈长囊状，位于剑状软骨部和右季肋部，与第 8～12 肋骨相对。皱胃的容积占 4 个胃总容积的 7%～8%。

皱胃胃壁的黏膜光滑、柔软，有12～14条螺旋形的大皱褶。

皱胃胃壁的黏膜层可分为贲门腺区（靠近瓣皱胃口）、胃底腺区（位于胃底部）和幽门腺区（靠近幽门）。

(5) 犊牛胃的特点　初生犊牛因吃乳，皱胃特别发达，瘤胃和网胃相加的容积约等于皱胃的1/2（图9-16）。10～12周后，由于瘤胃逐渐发育，皱胃仅为其容积的1/2，此时，瓣胃因无机能，仍然很小。4个月后，瘤胃、网胃和瓣胃迅速增大，瘤胃和网胃相加的容积约达瓣胃和皱胃的4倍。到1岁多时，瓣胃与皱胃的容积几乎相等，4个胃的容积达到成年的比例。

2. 前胃的消化

复胃消化与单胃消化的主要区别在于前胃，除了特有的反刍、食管沟反射和瘤胃运动外，主要在前胃内进行微生物消化。

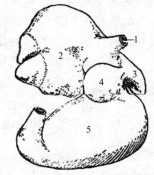

图9-16　犊牛的胃
1—食管；2—瘤胃；3—网胃；
4—瓣胃；5—皱胃

(1) 瘤胃内环境　瘤胃可看作是厌氧微生物繁殖的高效培养器。瘤胃具有微生物繁殖所需的营养物质；瘤胃内具有微生物生存繁殖的适宜温度，通常为39～41℃；瘤胃内容物的含水量相对稳定，渗透压维持于接近血液水平。饲料发酵产生的挥发性脂肪酸和氨不断被吸收入血，瘤胃食糜经常地排入后段消化道。饲料发酵产生的大量酸类，被唾液中大量的碳酸氢盐和磷酸盐所缓冲，使pH值变动于5.5～7.5；瘤胃内容物高度缺氧。瘤胃上部通常含CO_2、CH_4及少量N_2、H_2、O_2等气体，H_2、O_2主要随食物进入瘤胃内，且O_2迅速地被微生物繁殖所利用。因此瘤胃内环境经常处于相对稳定状态。

(2) 瘤胃微生物　瘤胃微生物主要是厌气性纤毛虫、细菌及真菌，种类甚为复杂，并随饲料种类、饲喂制度及动物年龄等因素而变化。1g瘤胃内容物中，约含细菌150亿～250亿和纤毛虫60万～180万，其总体积约占瘤胃液的3.6%，其中细菌和纤毛虫约各占一半。

① 纤毛虫　纤毛虫依靠体内的酶能发酵糖类产生乙酸、丁酸、乳酸、CO_2、H_2和少量丙酸，还具有水解脂质、氢化不饱和脂肪酸以及降解蛋白质的功能。此外纤毛虫还能吞噬细菌。

纤毛虫的数量和种类明显地受饲料及瘤胃内pH值的影响，当因饲喂高水平淀粉（或糖类）的日粮，pH值降至5.5或更低时，纤毛虫的活力降低，数量减少或完全消失。此外纤毛虫数量也受饲喂次数的影响，次数多，数量也多。

反刍家畜在瘤胃内没有纤毛虫的情况下，个体也能良好生长，不过在营养水平较低的情况下，纤毛虫能提高饲料的消化率与利用效率，动物体储氮和挥发性脂肪酸产生都大幅度增加。纤毛虫蛋白质的生物价与细菌相同（约为80%），但消化率超过细菌蛋白质（纤毛虫为91%，细菌为74%），同时纤毛虫的蛋白质含丰富的赖氨酸等必需氨基酸，品质超过细菌蛋白质。

② 细菌　细菌是瘤胃中最主要的微生物，其数量大，种类多，极为复杂，且随饲料种类、采食后时间和动物状态而变化。这些细菌多半利用饲料中的多种糖类作为能源；不能利用糖类的细菌可利用乳酸样的中间代谢产物；也有极少的细菌只能利用一种能源。有些细菌能分解蛋白质和氨基酸或脂质，合成蛋白质和维生素。其中有些菌群既能分解纤维素又能利用尿素。

在多种不同细菌的重叠或相继作用下，通过相应酶系统的作用，可产生挥发性脂肪酸、二氧化碳和甲烷等，并可合成蛋白质和 B 族维生素供畜体利用。

③ 真菌　瘤胃内存在厌氧性真菌，含有纤维素酶，能够分解纤维素。此外，真菌还可利用饲料中的碳源、氮源合成胆碱和蛋白质，胆碱和蛋白质进入后段消化道被利用。

瘤胃微生物之间存在彼此制约、互相共生的关系。纤毛虫能吞噬和消化细菌作为自身的营养，或用菌体酶类来消化营养物质。瘤胃内存在多种菌类，能协同纤维素分解菌分解纤维素。纤维素分解菌所需的氮，在不少情况下是靠其他微生物的代谢来提供的。

 想一想

> 生产中是否可以给成年牛羊口服抗生素？应该如何给牛羊更换饲料？

（3）瘤胃和网胃的微生物消化　饲料中 70%～85% 的可消化干物质、约 50% 的粗纤维经过瘤胃的微生物分解，产生挥发性脂肪酸（VFA）、氨、氮、乳酸、CO_2、CH_4、H_2 等，同时还可合成蛋白质和 B 族维生素。

① 糖类的消化　糖类中的淀粉、果聚糖、纤维素、半纤维素、果胶等，能被瘤胃微生物降解发酵，产生挥发性脂肪酸、CO_2、CH_4 等代谢终产物（图 9-17）。

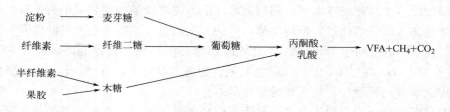

图 9-17　瘤胃糖类代谢示意图

瘤胃内糖类发酵终产物中以挥发性脂肪酸最为重要，挥发性脂肪酸是反刍动物主要的能量来源。牛瘤胃一昼夜产生的挥发性脂肪酸为 90～150mmol/L，提供占机体所需 60%～70% 的能量。挥发性脂肪酸中主要是乙酸、丙酸和丁酸，其比例大体为 70∶20∶10，但随饲料种类而发生显著的变化。

 拓展训练

控制瘤胃内发酵产生甲烷的措施有哪些？

② 含氮类物质的降解与利用　瘤胃微生物主要是利用饲料蛋白质和非蛋白质氮，合成微生物蛋白质，当其经过皱胃和小肠时，又被消化分解为氨基酸，供动物机体吸收利用。

a. 瘤胃内蛋白质的分解和氨的产生。进入瘤胃的饲料蛋白质 50%～70% 被微生物蛋白酶分解为肽和氨基酸，大部分氨基酸在微生物脱氨基酶作用下脱去氨基而生成氨、二氧化碳和有机酸。尿素、铵盐、酰胺等饲料中的非蛋白质含氮物，被微生物分解后也产生氨。除部分氨被微生物利用外，一部分被瘤胃壁代谢和吸收，其余则进入瓣胃。

 想一想

> 是否可以采取措施防止优质蛋白的降解？

b. 瘤胃内微生物对氨的作用。瘤胃微生物能直接利用氨基酸合成蛋白质或先利用氨合成氨基酸后，再合成微生物蛋白质。瘤胃微生物利用氨合成氨基酸还需要碳链和能量。挥发性脂肪酸、二氧化碳和糖类都是碳链的来源。

c. 瘤胃的尿素再循环。瘤胃内的氨除了被微生物利用外，其余的被瘤胃壁迅速吸收入血，经血液送到肝脏，在肝脏内通过鸟氨酸循环变成尿素。尿素经血液循环一部分随唾液重新进入瘤胃，一部分通过瘤胃壁弥散到瘤胃内，剩下的就随尿排出。

动画：尿素再循环

 拓展训练

根据瘤胃内蛋白质的消化过程，说明是否可在畜牧生产中使用尿素等非蛋白氮资源？

③ 脂质的消化　饲料中的甘油三酯和磷脂能被瘤胃微生物水解，生成甘油和脂肪酸等物质。其中甘油多半转变成丙酸，而脂肪酸的最大变化是不饱和脂肪酸加水氢化，变成饱和脂肪酸。饲料中脂肪是体脂和乳脂的主要来源。

 想一想

为什么常温时牛脂和羊脂是固态的？

④ 维生素的合成

瘤胃微生物能合成硫胺素、核黄素、生物素、吡哆醇、泛酸和维生素 B_{12} 等 B 族维生素以及维生素 C 和维生素 K，供动物机体利用。

在瘤胃的发酵过程中会产生大量气体，主要是 CO_2 和 CH_4，还含有少量的 N_2 和微量的 H_2、O_2 或 H_2S，其中 CO_2 占 50%～70%，CH_4 占 30%～40%。一部分气体通过瘤胃壁吸收，小部分随饲料残渣经胃肠道排出，大部分靠嗳气逸出口外。

 拓展训练

利用课余时间，查阅瘤胃臌气的类型及治疗措施。

（4）瓣胃的消化　瓣胃主要起滤器作用。来自网胃的流体食糜含有许多微生物和细碎的饲料以及微生物发酵的产物，当通过瓣胃的叶片之间时，其中一部分水分被瓣胃上皮吸收，一部分被叶片挤压出来流入皱胃，使食糜变干。截留于叶片之间的较大食糜颗粒，被叶片的粗糙表面糅合研磨，使之变得更为细碎。

（5）前胃的运动及其调节　前胃的运动最先为网胃收缩。网胃接连收缩 2 次，第 1 次只收缩一半即行舒张，接着就进行第 2 次几乎完全的收缩。在网胃的第 2 次收缩之后，紧接着发生瘤胃的收缩。瘤胃的收缩有 2 种波形。第 1 种为 A 波，先由瘤胃前庭开始，沿背囊由前向后，然后转入腹囊，接着又沿腹囊由后向前，同时食物在瘤胃内也顺着收缩的次序和方向移动和混合。在收缩之后，有时瘤胃还有一次 B 波，即单独的附加收缩。B 波由瘤胃本身产生，起始于后腹盲囊，行进到后背囊及前背囊，最后到达主腹囊。它与嗳气有关，而与网胃收缩没有直接联系。图 9-18 为瘤胃运动简图。

瓣胃运动比较缓慢而有力，其收缩与网胃相配合。当网胃收缩时，网瓣口开放，瓣胃舒

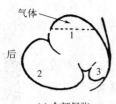  

(a) 全部舒张　　　(b) 背囊舒张、腹囊收缩　　　(c) 背囊收缩、腹囊舒张、网胃收缩

图 9-18　瘤胃运动简图
1—背囊；2—腹囊；3—网胃

张，压力降低，于是一部分食糜由网胃移入瓣胃，其中液体部分可通过瓣胃管直接进入皱胃。

前胃运动受反射性调节。刺激口腔感受器以及刺激前胃的机械感受器和压力感受器都能引起前胃运动加强；刺激网胃感受器，除引起收缩加速，还出现反刍和逆呕。前胃各部运动还受其后段负反馈性抑制调节。

(6) 反刍　反刍动物在摄食时，饲料不经充分咀嚼即吞入瘤胃，在瘤胃内浸泡和软化。当其休息时，较粗糙的饲料刺激网胃、瘤胃前庭和食管沟黏膜的感受器，使得未经充分咀嚼的饲料逆呕到口腔，被仔细咀嚼后再吞咽入胃，这一系列过程叫作反刍。

动画：反刍

反刍周期包括逆呕、再咀嚼、再混合唾液和再吞咽 4 个过程。动物一般饲喂后 0.5~1h 出现反刍，每次反刍持续 40~50min，之间有一短暂的间隙，一昼夜可进行 6~8 次反刍。反刍的生理意义在于把饲料嚼细，并混入适量的唾液，以便更好地消化。

 拓展学习

结合所学内容，说明创伤性网胃炎和创伤性心包炎的发病原因，并给出生产中避免此病的措施。

(7) 嗳气　嗳气是反刍动物特有的生理现象，指瘤胃微生物发酵产生的气体经由食道和口腔向外排出的过程。

(8) 食管沟反射　食管沟起自贲门，经网胃伸展到网瓣孔。犊牛和羔羊的食管沟发达，机能完善，当吸吮时，可反射性地闭合两唇形成管状，称食管沟反射。乳汁从贲门经食管沟和瓣胃沟直达皱胃，不进入瘤网胃。成年牛的网胃沟闭合不全。

拓展训练

是否可用桶给犊牛和羔羊喂乳汁？成年牛羊的食管沟是否可以闭合？能否在生产中使用食管沟闭合来灌服药物？

(9) 皱胃的消化　皱胃的化学性消化与单胃动物胃的化学性消化相似。皱胃运动不如前胃那样富有节律。一般情况下，胃体部处于静止状态，皱胃运动只在幽门窦处明显，半流体的皱胃内容物随幽门运动而排入十二指肠。

七、肝脏的结构识别

（一）肝脏的位置与形态

肝一般为暗褐色，扁平状，位于腹前部，膈的后方，大部分偏右侧或全部位于右侧。背侧一般较厚，腹侧缘薄锐。在腹侧缘上有深浅不同的切迹，将肝分成大小不等的肝叶。膈面隆凸，脏面凹，中部有肝门。门静脉和肝动脉经肝门入肝，胆汁的输出管和淋巴管经肝门出肝。肝各叶的输出管合并在一起形成肝管。没有胆囊的动物，肝管和胰管一起开口于十二指肠。有胆囊的动物，胆囊的胆囊管与肝管合并，称为胆管，开口于十二指肠。

肝的表面被覆有浆膜，并形成左、右冠状韧带、镰状韧带、圆韧带和三角韧带与周围器官相连。

肝是动物体内最大的腺体。功能复杂，能分解、合成、贮存营养物质，能解毒，能分泌胆汁。在糖类、脂质、蛋白质以及维生素的代谢过程中均具有重要作用；参与体内防御体系，以及形成纤维蛋白原、凝血酶原等。肝又是重要的血库之一，在胎儿时期，肝还是造血器官。

牛肝形状和分叶见图9-19。牛肝略呈长方形，被胃挤到右季肋部，因无叶间切迹，故而分叶不明显，但也可由胆囊和圆韧带切迹将肝分为右、中、左三叶。左叶在第6～7肋骨相对处，右叶在第2～3腰椎下方。分叶不明显，中叶被肝门分为上方的尾叶和下方的方叶。尾叶有两上突，一个称为乳头突，另一个称为尾状突，突出于右叶以外。胆管在十二指肠的开口距幽门50～70cm。

猪肝形状和分叶见图9-20。猪肝较发达，中央部厚，周围边缘薄，大部分位于腹前部的右侧，左侧缘与第9或第10肋间隙相对；右侧缘与最后肋间隙的上方相对；腹侧缘位于剑状软骨后方，距离剑状软骨3～5cm。肝被三条深的切迹分为左外叶、左内叶、右内叶和右外叶。胆囊位于右内叶的胆囊窝内。胆管开口于距幽门2～5cm处的十二指肠憩室。

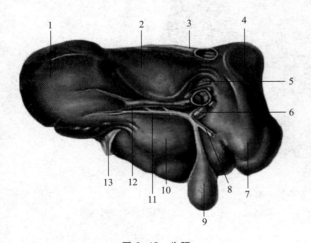

图9-19 牛肝

1—左叶；2—尾叶；3—后腔静脉；4—肾压迹；5—肝动脉；
6—淋巴结；7—右叶；8—胆管；9—胆囊；10—方叶；
11—肝管；12—门静脉；13—肝圆带

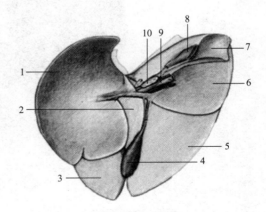

图9-20 猪肝

1—左外叶；2—方叶；3—左内叶；4—胆囊；
5—右内叶；6—右外叶；7—尾叶；8—后腔静脉；
9—门静脉；10—淋巴结

马肝形状和分叶见图9-21。马肝的特点是分叶明显，没有胆囊。大部分位于右季肋部，小部分位于左季肋部，其右上部达第 16 肋骨中上部，左下部与第 7~8 肋骨的下部相对。肝的背缘钝，腹侧缘薄锐。在肝的腹侧缘上有两个切迹，将肝分为左、中、右三叶。

羊肝形状和分叶见图 9-22。

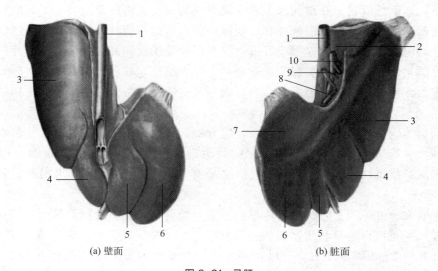

图 9-21 马肝

1—后腔静脉；2—尾叶；3—右叶；4—方叶；5—左内叶；6—左外叶；
7—肾压迹；8—肝管；9—门静脉；10—肝动脉

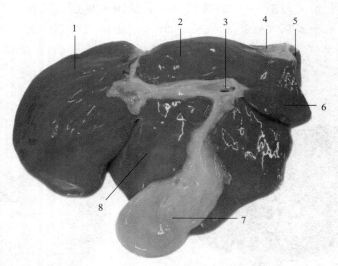

图 9-22 羊肝（脏面）

1—左叶；2—尾叶；3—肝门；4—后腔静脉；5—肾压迹；6—右叶；7—胆囊；8—方叶

（二）肝脏的组织构造

肝的表面大部分被覆一层浆膜，其深面是由富含弹性纤维的结缔组织构成的纤维囊，纤维囊结缔组织随血管、神经、淋巴管和肝管等出入肝实质内，构成肝的支架，并将肝分隔成许多肝小叶（图 9-23）。

1. 肝小叶

肝小叶（图 9-24）为肝的基本单位，呈不规则的多面棱柱状体。每个肝小叶的中央沿长

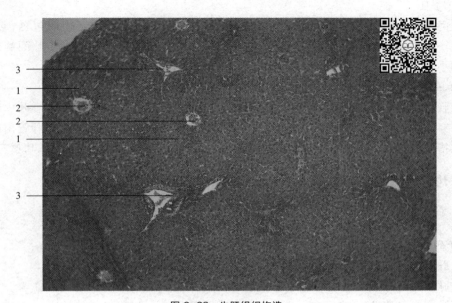

图 9-23 牛肝组织构造
1—肝小叶；2—中央静脉；3—门管区

轴都贯穿着一条中央静脉。肝细胞以中央静脉为轴心呈放射状排列，在切片上则呈索状，称为肝细胞索，而实际上是一些肝细胞呈单行排列构成的板状结构，又称肝板。肝板互相吻合连接成网，网眼内为窦状隙。窦状隙极不规则，并通过肝板上的孔彼此相通。

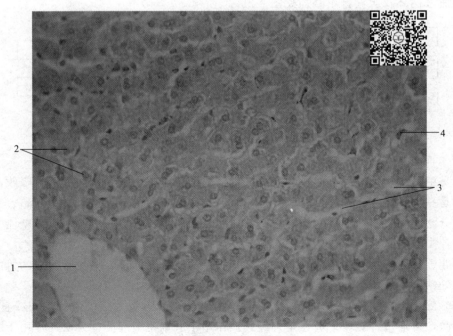

图 9-24 肝小叶结构
1—中央静脉；2—肝细胞；3—窦状隙；4—枯否氏细胞

2. 门管区

由肝门进出肝的3个主要管道（门静脉、肝动脉和肝管），以结缔组织包裹，总称为肝门管。3个管道在肝内分支，并在小叶间结缔组织内相伴而行，分别称为小叶间静脉、小叶间动脉和小叶间胆管。在门管区内还有淋巴管神经伴行。

3. 肝的排泄管

肝细胞分泌的胆汁排入胆小管内。在肝小叶边缘，胆小管汇合成短小的小叶内胆管。小叶内胆管穿出肝小叶，汇入小叶间胆管。小叶间胆管向肝门汇集，最后形成肝管出肝直接开口于十二指肠（马），或与胆囊管汇合成胆管后，再通入十二指肠内（牛、羊和猪等）。

 想一想

肝脏哪些结构可以使胆汁不流入肝的血管？

4. 肝的血液循环

进入肝的血管有门静脉和肝动脉。

门静脉收集了来自胃、脾、肠、胰的血液经肝门入肝，属于肝脏的功能血管。

肝动脉来自于腹主动脉，含有丰富的氧气和营养物质，可供肝细胞物质代谢使用，是肝脏的营养血管。

 查一查

肝脏如何处理门静脉运输来的血液？

肝的血液循环及胆汁排出路径见图9-25。

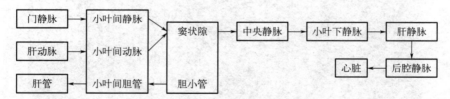

图9-25 肝的血液循环及胆汁排出路径

（三）胆汁的分泌

胆汁是由肝细胞连续分泌的。它既是一种消化分泌物，对食物脂肪的消化吸收起着重要作用，也是一种排泄物，排出含有固醇类的脂质和血红蛋白的分解产物。牛、猪、狗等有胆囊的动物分泌出来的胆汁贮存在胆囊内，消化时才从胆囊排入十二指肠。胆囊壁能分泌黏蛋白和从胆汁中吸收水分，所以胆囊内胆汁比肝胆汁浓稠。

马、鹿、骆驼等没有胆囊的动物有相当于胆囊的胆管膨大部，可代替胆囊的机能。由于肝管开口处缺乏括约肌，分泌的胆汁几乎连续地从肝管流入十二指肠。

胆汁分泌与排出受神经和体液双重影响，主要以体液因素为主。进食动作或食物对胃、小肠的刺激，可通过神经反射经迷走神经直接作用于肝细胞引起胆汁分泌和作用于胆囊，促使胆囊收缩，排出胆汁，还可通过释放胃泌素引起胆汁分泌。交感神经冲动能使胆汁在胆囊内储留。胆酸盐是促进胆汁分泌的主要体液因素。胆酸盐在小肠内被迅速吸收，经门静脉回到肝脏，刺激肝细胞分泌胆汁，称为肠肝循环。此外，促胰液素和胃泌素也能促进胆汁的分泌。胆囊收缩素能引起胆囊肌收缩和胆管括约肌舒张，促进胆汁的排出。

八、胰脏的结构识别

（一）胰脏的形态及位置

胰呈淡红黄色，形状很不规则，位于腹腔背侧，靠近十二指肠。胰可分为3个叶，靠近十二指肠的部分为中叶（或胰头），左侧的部分为左叶，右侧的部分为右叶。胰的输出管有的动物有1条（牛、猪），有的动物有2条（马、狗），其中一条为胰管，另一条为副胰管。

1. 牛胰

牛胰呈不正的四边形，分叶不明显，位于右季肋部和腰部。胰头靠近肝门附近。左叶背侧附着于膈脚，腹侧与瘤胃背囊相连。右叶较长，向后伸延到肝尾状叶附近，背侧与右肾邻接，腹侧与十二指肠和结肠为邻。

2. 猪胰

猪胰由于脂肪含量较多，故呈灰黄色。胰头稍偏右侧，位于门静脉和后腔静脉腹侧，右叶沿十二指肠向后方伸延到右肾的内侧缘；左叶位于左肾的下方和脾的后方；整个胰位于最后2个胸椎和前2个腰椎的腹侧。胰管由右叶末端发出，开口于距幽门10~12cm处的十二指肠内。

3. 马胰

马胰呈扁三角形，横位于腹腔顶壁的下面，大部分位于右季肋部，第16~18胸椎的腹侧。

（二）胰脏的组织构造

胰的外面包有一薄层结缔组织被膜，结缔组织伸入腺体实质，将实质分为许多小叶。胰的实质可分为外分泌部和内分泌部。胰的组织构造如图9-26所示。

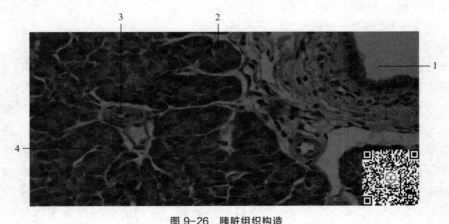

图9-26　胰脏组织构造
1—小叶间导管；2—外分泌部腺泡；3—胰岛；4—泡心细胞

1. 外分泌部

属消化腺，由腺泡和导管组成，占腺体绝大部分。腺泡呈球状或管状，腺腔很小，均由腺细胞组成。细胞合成的分泌物先排入腺腔内，再由各级导管排出胰脏。腺泡的分泌物称为胰液，一昼夜可分泌6~7L（牛、马）或7~10L（猪），经胰管注入十二指肠，有消化作用。

2. 内分泌部

位于外分泌部的腺泡之间，由大小不等的细胞群组成，形似小岛，故名胰岛。胰岛细胞呈不规则的索状排列，且互相吻合成网，网眼内有丰富的毛细血管和血窦。胰岛细胞分泌胰岛素和胰高血糖素，经毛细血管直接进入血液，有调节血糖代谢的作用。

（三）胰液的分泌

除肉食动物外，动物的胰液是连续分泌的。胰液分泌受神经和体液双重控制，以体液调节为主。

1. 神经调节

食物刺激口腔和胃，都可通过迷走神经直接作用于胰腺腺体或通过胃泌素的释放而间接作用于胰腺引起胰液分泌。

2. 体液调节

体液调节物质主要包括促胰液素、胆囊收缩素。

（1）促胰液素　酸性食糜刺激小肠黏膜S细胞释放促胰液素，经血液循环作用于胰腺小导管的上皮细胞，使其分泌富含碳酸氢盐而含酶较少的稀薄胰液。

（2）胆囊收缩素（又名促胰酶素或胆囊收缩素-促胰酶素）　蛋白质分解产物和脂肪酸可使前段小肠黏膜释放的胆囊收缩素，经血液循环促使胰腺分泌含碳酸氢盐较少、含酶较多的浓稠胰液。

对于胰腺的活动，促胰液素和胆囊收缩素之间有协同和相互加强作用。胃泌素也能促进胰液分泌。

九、小肠的结构与功能识别

小肠是细长的管道，前端与胃的幽门相接，后端通盲肠，可分为十二指肠、空肠和回肠。各种家畜小肠的形态、构造差别不大。

（一）小肠的位置及形态

1. 牛小肠

（1）十二指肠　长约1m，位于右季肋部和腰部。从胃的幽门起始后，向前上方伸延，在肝的脏面形成"乙"状弯曲；然后再向后上方伸延，到髋结节的前方，折转向左前方伸延，形成一弯曲，再向前方伸延，到右肾腹侧，移行为空肠。在十二指肠"乙"状弯曲第2曲的黏膜乳头上，有胆管和胰管开口。

（2）空肠　很长，位于腹腔右侧，在结肠圆盘周围形成许多迂曲的肠环，借助于空肠系膜悬吊在结肠圆盘周围。空肠的右侧和腹侧隔着大网膜与腹壁相邻，左侧与瘤胃相邻，背侧为大肠，前部为瓣胃和皱胃。

（3）回肠　较短，长约50cm，从空肠最后卷曲起，直向前上方伸延至盲肠腹侧，开口于盲肠。回盲口位于盲肠与结肠交界处。在回肠进入盲肠的开口处，黏膜形成回盲瓣。盲肠与结肠相通的口称为盲结口。

2. 猪的小肠

（1）十二指肠　长40～80cm。起始部形成"乙"状弯曲，升到肝左外叶上部与右肾前部之间，向后下方伸延，在右肾的腹侧，越过后腔静脉和胰的右侧，向后下方伸延，在右肾肾门的后下方折转向右，于结肠旋襻起始部腹侧向前内侧伸延，在胃小弯处转向右侧，向后伸延一段，移行为空肠。胆总管开口于距幽门2.5cm处的十二指肠憩室，而胰管的开口距幽门约10cm。

(2) 空肠　形成许多迂曲的肠环，以较长的空肠系膜与总肠系膜相连。空肠大部分位于腹腔右半部，在结肠圆锥的右侧，其余部分位置有变化，可位于胃的后方，或位于结肠圆锥的后方。

(3) 回肠　较短，开口于盲肠与结肠的交界处。

3. 马的小肠

(1) 十二指肠　长约1m，位于右季肋部和腰部，以短的十二指肠系膜与邻近器官相连，起始部形成"乙"状弯曲，肝管和胰管在"乙"状弯曲处开口于十二指肠。然后，十二指肠向后伸延到右肾的后下方，在盲肠底附着处弯向左侧，在左肾的后下方移行为空肠。

(2) 空肠　长约22m，形成许多迂曲的肠环，借助于前肠系膜悬吊在前位腰椎的下方。前肠系膜很长，约40cm，所以空肠的活动范围大。空肠大部分位于左髂部的上2/3处，并与小结肠混在一起，小部分位于腹前部和腹后部。

(3) 回肠　长约50cm，以回盲韧带与盲肠相连，从左髂部斜向右后上方，在第3~4腰椎下方进入盲肠。

（二）小肠的组织构造

小肠壁分为黏膜、黏膜下层、肌层和浆膜4层（图9-27）。

1. 黏膜

小肠黏膜上有许多环形皱褶和微细的肠绒毛，突入肠腔内，以增加与食物接触的面积。

(1) 上皮　被覆于黏膜和绒毛的表面，由单层柱状上皮构成。上皮细胞之间夹有杯状细胞和内分泌细胞。柱状细胞游离面有明显的纹状缘。

(2) 固有层　由富含网状纤维的结缔组织构成，固有层内除有大量的肠腺外，还有毛细血管、淋巴管、神经和各种细胞（如淋巴细胞、嗜酸性粒细胞、浆细胞和肥大细胞等）。固有层中央有1条粗大的毛细淋巴管（绵羊有2条），它的起始端为盲端，称为中央乳糜管。中央乳糜管管壁由一层内皮细胞构成，无基膜，通透性很大，一些较大分子物质可进入管内。毛细血管的内皮有窗孔，有利于物质的吸收。

(3) 黏膜肌层　一般由内环、外纵2层平滑肌组成。

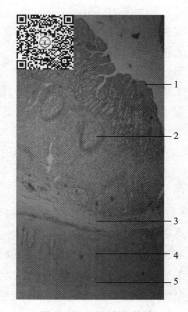

图9-27　回肠组织构造
1—黏膜上皮；2—淋巴小结；3—黏膜下层；4—肌层；5—外膜

2. 黏膜下层

由疏松结缔组织构成，内有较大的血管、淋巴管、神经丛以及淋巴小结等。

3. 肌层

由内环、外纵2层平滑肌组成。

4. 浆膜

与胃的浆膜相同。

（三）小肠内的消化与吸收

小肠内的消化主要通过小肠的运动，使胰液、胆汁、小肠液与食糜充分混合，以发挥胰液、胆汁和小肠液的化学性消化作用。

1. 化学性消化

(1) 胰液的消化作用　胰液是无色、无臭的碱性液体，pH值约为7.8～8.4。胰液中含无机物与有机物。无机成分中，除有Cl^-、Na^+、K^+、Ca^{2+}等外还有含量最高的碳酸氢盐，其主要作用是中和进入十二指肠的胃酸，使肠黏膜免受强酸的侵蚀；同时也为小肠内多种消化酶活动提供最适合的酸碱环境（pH值7～8）。

胰液中有机物主要是蛋白质，由多种消化酶组成：

① 胰淀粉酶，不需激活就有活性，可分解淀粉为麦芽糖。

② 胰脂肪酶，可分解脂肪为甘油和脂肪酸。

③ 胰蛋白酶和糜蛋白酶，都以酶原形式存在于胰液中。两种酶经激活后，两种酶共同作用可分解蛋白质为小分子的多肽和氨基酸。

④ 核糖核酸酶和脱氧核糖核酸酶，可使相应的核酸部分地水解为单核苷酸。

⑤ 羧基肽酶　激活后的羧基肽酶作用于多肽末端的肽键，释放具有自由羧基的氨基酸。

(2) 胆汁的消化作用　胆汁是黏稠具有苦味的黄绿色液体，肝胆汁呈弱碱性，胆囊胆汁呈弱酸性。胆汁中没有消化酶，除水外，还有胆色素、胆盐、胆固醇、脂肪酸、卵磷脂以及其他无机盐等。

胆汁的作用如下：

① 胆盐、胆固醇和卵磷脂可乳化脂肪，增加胰脂肪酶的作用面积。

② 胆盐可与脂肪酸结合成水溶性复合物，促进脂肪酸的吸收。

③ 胆汁可促进脂溶性维生素A、维生素D、维生素E、维生素K的吸收。

④ 胆汁可以中和十二指肠中的部分胃酸。

⑤ 胆盐排到小肠后，绝大部分由小肠黏膜吸收入血，再入肝脏重新形成胆汁，即为胆盐的肠-肝循环。

(3) 小肠液的消化作用　小肠液呈弱碱性，pH值约为7.6。小肠液中含有多种酶，肠激酶可激活胰蛋白酶原，蔗糖酶、麦芽糖酶和乳糖酶分解双糖，此外，还有淀粉酶、肽酶及脂肪酶。只是有些酶并不是由肠腺分泌入肠腔的，而是存在于肠上皮细胞内的酶，随脱落的上皮细胞进入肠液。禽类小肠黏膜分布有肠腺，但没有哺乳动物的十二指肠腺。肠腺分泌的肠液呈淡黄色，为弱酸性到弱碱性的液体，含有黏液和蛋白酶、淀粉酶、脂肪酶等。

2. 小肠运动及其调节

小肠肌经常处于紧张状态，是各种运动形式的基础。小肠的运动形式主要包括蠕动、分节运动和钟摆运动，有利于食糜中淀粉、脂肪和蛋白质被充分消化和吸收。

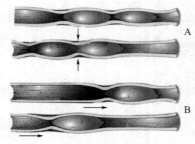

图9-28　小肠的运动形式

A—分节运动；B—蠕动

(1) 蠕动　蠕动发生在小肠的任何部分，其特点是缓慢而持续。蠕动的主要作用是推动肠内容物缓慢前进。蠕动冲是进行速度很快、传播较远的蠕动，由进食时吞咽动作或食糜进入十二指肠所引起，可将食糜从小肠始端一直推送到末端。在十二指肠和回肠末端还可出现逆蠕动，有利于食糜的消化和吸收。

(2) 分节运动（图9-28）　是以环形肌为主的节律性收缩与舒张运动。小肠各段分节运动的强度及频率以十二指肠最高，其次为空肠，回肠最低。分节运动的作用主要是使食糜和消化液充分混合，便于化学性消化；为吸收创造良好的条件；能挤压肠壁，有助于血液和淋巴的回流。

（3）钟摆运动　以纵形肌节律性舒缩为主。当食糜进入一段小肠后，这一段小肠的纵形肌一侧发生节律性的舒张和收缩，对侧发生相应的收缩和舒张，使肠段左、右摆动，肠内容物随之充分混合，以利于消化和吸收。

（4）小肠运动的调节　小肠运动受到神经和体液的双重调节。

① 内在神经丛的作用：食糜对肠壁的机械和化学刺激通过局部反射产生蠕动。

② 外来神经的作用：副交感神经兴奋增强肠运动，交感神经兴奋则抑制肠运动。

③ 体液因素的作用：5-羟色胺、P物质、胃泌素和胆囊收缩素可加强肠运动；胰高血糖素和肾上腺素则使肠运动减弱。

3. 回盲括约肌的机能

回盲括约肌平时保持轻度的收缩状态。当食物入胃时即引起胃-肠反射，蠕动波到达回肠末端时，括约肌舒张，食糜被驱入结肠。胃泌素也能引起括约肌压力下降。而盲肠黏膜受刺激可通过局部反射引起括约肌收缩，从而阻止回肠内容物进入结肠。回盲括约肌的主要机能是防止回肠内容物过快地进入结肠，有利于食糜在小肠内充分消化和吸收。

 想一想

> 结合小肠的有关知识，说明小肠是消化的主要场所的原因。

4. 吸收

在消化道的不同部位，吸收的效率是不同的，这种差别主要取决于消化道各部位的组织结构，以及食物在该处的状态和停留时间。小肠是吸收的主要部位。它的黏膜具有环状皱褶，并拥有大量的绒毛，绒毛表面有微绒毛，使吸收面积增大。食物在小肠内停留时间较长，且已被消化到适于吸收的状态，从而易被肠壁吸收。

营养物质的吸收机制大致可分为被动转运和主动转运 2 类。被动转运包括滤过、扩散、渗透和易化扩散；主动转运则由于细胞膜上存在着一种具有"泵"样作用的转运，可以逆电化学梯度转运 Na^+、Cl^-、K^+、I^- 等电解质及单糖和氨基酸等非电解质。

 想一想

> 结合有关知识，说明小肠是吸收的主要场所的原因。

十、大肠和肛门的结构与功能识别

大肠前端与回肠相接，末端与肛门相连，可分为盲肠、结肠和直肠。各种家畜大肠的形态构造差别较大，分述如下。

（一）大肠和肛门的位置及形态

1. 牛的大肠及肛门

（1）盲肠　呈圆筒状的盲管，位于右髂部。

（2）结肠　结肠是大肠最长的一段，长约 6～9m，自回肠口处为盲肠直接延续，以后逐渐变细。结肠大部分在总肠系膜二层之间形成双襻状椭圆形环状弯曲。可分为升结肠、横结肠和降结肠。

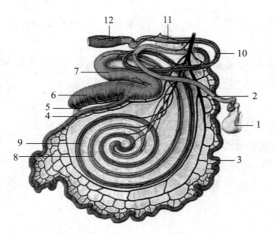

图9-29 牛肠模式图

1—胃；2—十二指肠；3—空肠；4—回肠；5—回盲韧带；6—盲肠；7—升结肠初祥；8—升结肠旋祥向心回；9—升结肠旋祥离心回；10—横结肠；11—降结肠；12—直肠

升结肠特别长，又分初祥、旋祥、终祥三段。初祥为升结肠的第一段，呈"S"形；旋祥为升结肠第二段，是很长的肠祥，卷曲成椭圆形的结肠圆盘，羊的则略呈低的锥体形，可分为向心回和离心回，在结肠盘的中心有中央曲，向心回和离心回各有1.5圈或2圈。横结肠很短。降结肠是横结肠沿肠系膜根和肠系膜前动脉的左侧向后行至盆腔前口的一段肠管（图9-29）。

(3) 直肠 位于盆腔内，较短而直。蓄积粪便时能扩张变粗，形成不明显的直肠壶腹。

(4) 肛门 位于尾根的下方，平时不向外突出。

  想一想

结合牛胃的消化体会牛肠的长度、结构特点。

2. 猪的大肠

(1) 盲肠 一般在腹腔左髂部，呈短而粗的圆锥状盲囊。回肠突入盲肠和结肠之间的部分，呈圆锥状，称为回盲瓣，其口称为回盲口。盲肠有3条纵肌带和3列肠袋。

(2) 结肠 分为升结肠、横结肠和降结肠。升结肠在结肠系膜中盘曲成圆锥状或哑铃状，称为旋祥，可分为向心回和离心回，向心回位于结肠圆锥的外周，肠管较粗，有两条纵肌带和两列肠袋；离心回位于结肠圆锥的里面，肠管较细，纵肌带不发达。按逆时针方向旋3.5圈或4.5圈，然后转为终祥（图9-30）。

(3) 直肠 形成直肠壶腹。

(4) 肛门 黏膜形成许多纵行的细褶。

3. 马的大肠

(1) 盲肠 外形呈逗点状，长约1m，可分为盲肠底（或盲肠头）、盲肠体和盲肠尖三部分。在小弯处有回盲口和盲结口，分别与回肠与结肠相连。两口相距约5cm，口上有由黏膜隆起形成的皱褶，分别称为回盲瓣和盲结瓣。在盲肠底和盲肠体上有背、腹、内、外四条纵肌带和四列肠袋，盲肠尖部有两条纵肌带。

(2) 结肠 可分为大结肠和小结肠。

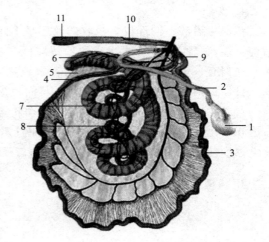

图9-30 猪肠模式图

1—胃；2—十二指肠；3—空肠；4—回肠；5—回盲韧带；6—盲肠；7—结肠旋祥向心回；8—结肠旋祥离心回；9—横结肠；10—降结肠；11—直肠

① 大结肠 特别发达，长约 3m，呈双层蹄铁形。可分为四段三个弯曲，从盲结口开始，顺次为右下大结肠-胸骨曲-左下大结肠-骨盆曲-左上大结肠-膈曲-右上大结肠。

大结肠管径的变化很大。骨盆曲处管径突然变细，右上大结肠管径逐渐变粗，又称胃状膨大部。从胃状膨大部向后的管径又突然变细，而且在左肾下方形成"乙"状弯曲，延续为小结肠（图 9-31）。

② 小结肠 长约 3m，有两条纵肌带和两列肠袋。

（3）直肠 长而粗，长约 30cm，形成直肠壶腹。

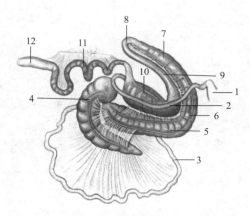

图 9-31 马肠模式图
1—胃；2—十二指肠；3—空肠；4—盲肠；
5—右下大结肠；6—胸骨曲；7—左下大结肠；
8—骨盆曲；9—左上大结肠；10—右上大结肠；
11—小结肠；12—直肠

 拓展训练

结合马大肠的形态结构说明马易患结症和肠扭转的原因，并查阅资料总结防治措施。

（4）肛门 呈圆锥状，突出于尾根之下。

（二）大肠壁的构造

大肠壁的构造与小肠壁基本相似，也由黏膜、黏膜下层、肌层和浆膜构成。黏膜表面光滑，无绒毛。

（三）大肠内的消化

大肠内的消化主要包括微生物消化和大肠运动。

1. 大肠液及微生物的作用

大肠液是由大肠黏膜上的腺体分泌的，富含黏液和碱性分泌物（主要为碳酸氢盐），含消化酶很少。黏液的作用在于保护肠黏膜和润滑粪便；碱性分泌物能中和酸性内容物，有利于微生物的繁殖和活动。

 拓展训练

结合牛、猪、马食性、胃和大肠的形态结构，说明食性、胃和大肠三者之间的关系。

 想一想

马、兔食入的粗饲料主要在哪里消化？消化方式主要是哪种？

2. 大肠的运动

大肠运动与小肠运动大体相似，但速度较慢，强度较弱。盲肠和大结肠间有明显的蠕动、逆蠕动以及集团蠕动。随着大肠运动和食糜移动，可发生类似雷鸣或远炮的声音，称为大肠音。

大肠运动也受神经调节。副交感神经兴奋时，运动加强；而交感神经兴奋时，则运动减弱。

3. 粪便的形成和排粪

食糜残渣进入大肠后段，水分被大量吸收，逐渐浓缩而形成粪便，粪便在大肠后段运动时被强烈搅和压成团块。如果大肠运动机能减弱，则粪便停留时间延长，水分吸收过多，粪便干燥以致便秘；若大肠或小肠运动增强，水分吸收过少，则粪便稀软，甚至发生腹泻。

排粪是一种复杂的反射动作。荐部脊髓是排粪的基本中枢，如果受损，则肛门括约肌紧张性收缩丧失，引起排粪失禁。

项目十 泌尿系统结构与功能识别

知识目标
- 认识泌尿系统的组成及作用;
- 掌握家畜肾的位置、形态和构造;
- 理解尿液生成的过程及影响尿液生成的因素。

技能目标
- 能使用显微镜正确识别动物肾的组织构造;
- 能分析临床上尿量增多或减少的原因;
- 会给动物导尿。

素质目标
- 培养良好的理论指导实践、综合运用与创新的能力;
- 培养良好的职业道德、自主学习能力、团结协作精神和服务"三农"的意识;
- 鼓励养成健康良好的生活习惯,正确使用药物。

动物体在新陈代谢过程中,不断产生对自身无用或有害的代谢终产物,这些代谢产物主要由皮肤、呼吸系统、消化系统和泌尿系统排出体外。泌尿系统以尿液的形式排出尿素、尿酸、马尿酸、肌酐、水及进入体内的药物等多种代谢产物和某些异物,其种类多,数量大,而且还能随着机体的活动情况来调节尿液的质和量。泌尿系统是动物机体内最重要的排泄系统。

泌尿系统由肾、输尿管、膀胱和尿道组成(图10-1)。其中,肾是生成尿液的器官,输尿管是输送尿液入膀胱的管道,膀胱是暂时贮存尿液的器官,尿道是排出尿液的通道。

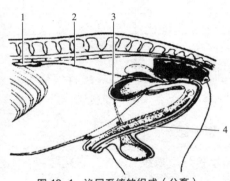

图 10-1 泌尿系统的组成(公畜)
1—肾;2—输尿管;3—膀胱;4—尿道

一、初识尿

(一)尿的成分

一般情况下,尿由水和固体物组成。其中水占 96%~97%,固体物占 3%~4%。固体物包括有机物和无机物。无机物主要是氯化钠、氯化钾、氯化钙、氯化镁,其次是碳酸盐、硫酸盐和磷酸盐。有机物大部分是蛋白质和核酸的代谢终产物,主要是尿素、尿酸、肌酐、马尿酸、肌酸及少量的氨、尿胆素、某些激素、维生素和酶等。在动物使用药物时,尿液成分中还会出现药物的残余排泄物。

(二)尿的理化特性

1. 色泽与透明度

尿的颜色差异与其中所含色素(尿色素、尿胆素)数量多少有直接关系。在一般情况下,马尿呈深黄白色,黄牛尿为淡黄色,水牛和猪尿色淡如水样。

多数动物的尿透明、不浑浊，也无沉淀，但马属动物的尿常浑浊不透明。

2. 相对体积质量

正常动物尿的相对密度与溶解于其中固体物的量成正比。在一般饲料条件下常见动物尿的相对密度值见表10-1。

表10-1 正常家畜尿的相对密度

家畜种类	尿的相对密度	家畜种类	尿的相对密度
牛	1.025~1.055	猪	1.018~1.050
绵羊	1.025~1.070	马	1.025~1.055
山羊	1.015~1.070	骆驼	1.030~1.060

3. 酸碱度

在正常情况下，尿的酸碱度因动物种类而不同（表10-2）。草食动物的尿一般为碱性；肉食动物的则为酸性；杂食动物的有时呈酸性，有时呈碱性，这与它们采食的饲料种类有关。

表10-2 正常家畜尿的pH值

项目	家畜种类			
	牛	羊	猪	马
pH值	7.7~8.7	8.0~8.5	6.5~7.8	7.2~8.7

（三）排尿量

一般情况下，牛每昼夜排尿量为6~8L，羊每昼夜排尿量为1~1.5L，猪每昼夜排尿量为2~4L，马每昼夜排尿量为3~8L。

想一想

检查家畜尿的成分和理化性质有哪些临床意义？

二、肾与尿的生成

（一）肾的解剖构造

1. 肾的位置和一般结构

肾是成对的实质性器官，左右各一，位于最后几个胸椎和前3个腰椎横突的腹侧，腹主动脉和后腔静脉的两侧，一般呈红褐色。营养状况好的动物，肾周围有脂肪包裹，称为肾脂囊（或脂肪囊）。

肾的表面包有一层薄而坚韧的纤维膜，称为纤维囊，亦称被膜。肾的内侧缘中部凹陷，称为肾门，是输尿管、血管（肾动脉和肾静脉）、淋巴管和神经出入肾的地方。肾门深入肾内形成肾窦，肾窦是由肾实质围成的腔隙，内有输尿管的起始部、肾盂、肾盏、血管、淋巴管和神经等。肾的一般构造见图10-2。

（1）牛肾（图10-3） 属于有沟多乳头肾。肾叶大部分融合在一起，肾的表面有沟，肾乳头单个存在。肾盏与肾乳头相对，收集由乳头孔流出的尿液，肾盏汇合为前、后两条集收管（相当于肾大盏）。进而汇合为一条输尿管。无明显的肾盂。牛的右肾呈长椭圆形，位于第12肋间隙至第2、第3腰椎横突的腹侧。左肾呈三棱形，前端较小，后端大而钝圆，因

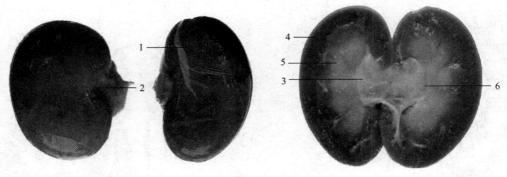

图 10-2　肾的一般构造（羊肾）
1—纤维囊；2—肾门；3—肾窦；4—皮质；5—髓质；6—肾嵴

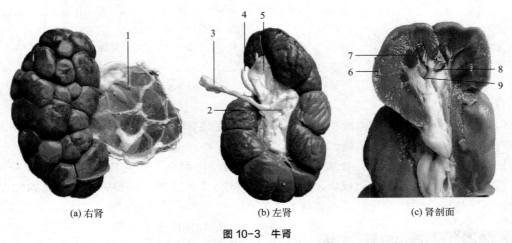

(a) 右肾　　　　　　　(b) 左肾　　　　　　　(c) 肾剖面

图 10-3　牛肾
1—纤维囊；2—肾门；3—输尿管；4—肾动脉；5—肾静脉；6—皮质；7—髓质；8—肾乳头；9—肾盏

其有较长的系膜，故位置不固定。

(2) 猪肾（图 10-4）　属于平滑多乳头肾。肾叶的皮质部完全合并，但肾乳头仍单独存在。左、右肾呈豆形，位于最后胸椎和前 3 个腰椎横突腹侧。每个肾乳头与一个肾小盏相对，肾小盏汇入两个肾大盏，后者汇成肾盂，接输尿管。

(3) 马肾（图 10-5）　属于平滑单乳头肾，不仅肾叶之间的皮质部完全合并，而且相邻肾叶间髓质部之间也完全合并，肾乳头融合成嵴状，称为肾嵴。从切面上观察，在皮质和髓质之间，可见有血管断面，血管之间的肾组织的髓质部分称为肾锥体。皮质部肾组织伸入肾锥体之间，形成肾柱。肾盂呈漏斗状，中部稍宽，肾盂两端接裂隙状终隐窝。肾盂延接输尿管。右肾略呈三角形，左肾呈豆形，位于最后二三肋骨椎骨端和第 1～3 腰椎横突腹侧。

(4) 羊肾（图 10-2）和犬肾　均属于平滑单乳头肾。两肾均呈豆形，羊的右肾位于最后肋骨至第 2 腰椎下，左肾在瘤胃背囊的后方，第 4、第 5 腰椎下。犬的右肾位置比较固定，位于前 3 个腰椎椎体的下方，有的前缘可达最后胸椎。左肾位置变化较大，当胃近于空虚时，肾的位置相当于第 2～4 腰椎椎体下方。当胃内食物充满时，左肾更向后移，左肾的前端约与右肾后端相对应。羊和犬的肾除在中央纵轴为肾总乳头突入肾盂外，在总乳头两侧尚有多个肾嵴，肾盂除有中央的腔外，还形成相应的隐窝。

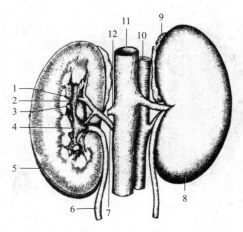

图 10-4 猪肾脏

1,3—肾盏；2—肾乳头；4—肾盂；5—右肾；
6—输尿管；7—肾动脉；8—左肾；9—肾上腺；
10—腹主动脉；11—后腔静脉；12—肾静脉

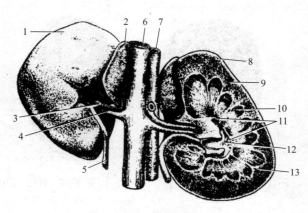

图 10-5 马肾的构造

1—右肾；2—右肾上腺；3—肾动脉；4—肾静脉；5—输尿管；
6—后腔静脉；7—腹主动脉；8—左肾；9—皮质；10—髓质；
11—肾终隐窝；12—肾盂；13—弓状血管

2. 肾的组织构造

肾由被膜和实质构成。

（1）被膜 被膜由致密结缔组织构成，在正常情况下容易从肾表面剥离，但在某些病变时，与肾实质粘连，则不易剥离。

（2）实质 在肾切面上，肾实质可分为外周的皮质和深部的髓质两部分。皮质富有血管，新鲜时呈棕红色。髓质色较淡，由若干肾锥体构成，肾锥体呈圆锥形，锥底朝向皮质，锥尖钝圆，伸向肾窦，称为肾乳头。肾乳头有 16～22 个，个别乳头较大，为两个乳头联合而成，乳头上有许多乳头管开口，与肾盏或肾盂相对。皮质部肾组织伸入肾锥体之间，形成肾柱。髓质深入到皮质部称为髓放线。将肾锥体及其周围的皮质形成的区域称为肾叶。

肾叶由肾单位（包括肾小体和肾小管）、集合管和血管构成。

肾单位是肾的基本结构和功能单位，按其所在部位的不同，可分为皮质肾单位和髓旁肾单位（图 10-6）。皮质肾单位主要分布于皮质浅层和中部，数量较多，占肾单位总数的绝大部分；髓旁肾单位分布于靠近髓质的皮质深层。肾单位由肾小体和肾小管两部分构成（图 10-7）。

肾小体呈球形，由肾小球和肾小囊两部分组成。

肾小球是一团毛细血管球，位于肾小囊中。进入肾小球的血管称为入球小动脉，离开肾小球的血管称为出球小动脉。入球小动脉较粗，出球小动脉较细。

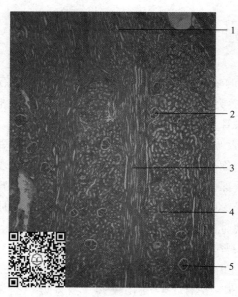

图 10-6 肾的组织构造（牛）（低倍）

1—髓质；2—髓旁肾单位；3—髓放线；
4—皮质；5—皮质肾单位

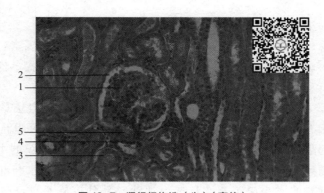

图 10-7　肾组织构造（牛）（高倍）
1—肾小球；2—肾小囊；3—肾小管；4—致密斑；5—血管极

肾小囊是肾小管起始部盲端膨大凹陷形成的杯状囊，分为内、外两层，内层为脏层，外层为壁层。脏层上皮细胞为多突起的细胞，又称足细胞。足细胞紧贴在肾小球毛细血管外面，参与构成滤过屏障。壁层细胞为单层扁平上皮细胞。脏层与壁层之间的腔隙称为肾小囊腔，与肾小管直接连通。

肾小管是一条细长而弯曲的管道，起始于肾小囊腔，顺次可分为近曲小管、髓袢（包括降袢和升袢）和远曲小管，末端汇入集合管。

近曲小管是肾小管中长而弯曲的部分，在肾小体附近弯曲盘旋。管壁由单层锥体形细胞构成，腔面有刷状缘。

髓袢是由皮质进入髓质，又从髓质返回皮质的 U 形小管，为发夹状管袢。前接近曲小管，后接远曲小管。髓袢可分为降支和升支。皮质肾单位髓袢降支有一细段；髓旁肾单位细段较长，参与形成髓袢降支和升支。

远曲小管位于皮质内，比近曲小管短而且弯曲少，管壁由单层立方上皮构成，其末端汇入集合管。

集合管系包括集合管和乳头管。许多肾单位的远曲小管在末端汇合形成较粗的集合管，集合管汇集形成集合管系，包括弓形集合小管、直集合小管。集合管在肾锥体内汇入乳头管，乳头管末端开口于肾盏。集合管的管壁均由单层立方上皮或单层柱状上皮构成，具有良好的重吸收功能。

肾小球旁器包括球旁细胞和致密斑（图 10-7）。

球旁细胞位于入球小动脉进入肾小囊处，胞质内有分泌颗粒，颗粒内含有肾素。

致密斑位于远曲小管靠近肾小体血管极一侧，是一种化学感受器，可感受肾小管原尿中 Na^+ 浓度的变化，并可将信息传递至球旁细胞，调节肾素的释放。

3. 肾的血液循环特点

肾动脉直接来自腹主动脉，口径粗，行程短，血流量大；入球小动脉短而粗，出球小动脉长而细，因而肾小球内的血压较高，有利于原尿的形成；动脉在肾内两次形成毛细血管网，即血管球（肾小球）和球后毛细血管网。第 2 次形成的毛细血管网血压很低，便于物质的重吸收。

（二）尿的生成及其影响因素

1. 尿的生成

尿是在肾脏中生成的。包括两个阶段：一是肾小球的滤过作用，生成

动画：肾小球的滤过

原尿；二是肾小管和集合管的重吸收、分泌和排泄作用，生成终尿。

（1）肾小球的滤过作用——形成原尿　原尿的生成取决于两个因素：一是肾小球滤过膜的通透性；二是肾小球的有效滤过压。其中，前者是原尿产生的前提条件，后者是原尿滤过的必要动力。

① 肾小球滤过膜的通透性　肾小球滤过膜由三层结构组成。内层是肾小球毛细血管的内皮细胞。内皮细胞有许多直径 50～100nm 的小孔，称为窗孔，可阻止血细胞通过，但对血浆蛋白的滤过不起阻留作用。中间层是非细胞性的基膜，是滤过膜的主要滤过屏障，它是由水合凝胶构成的微纤维网结构，网上有 4～8nm 的多角形网孔，水和部分溶质可以通过微纤维网上的网孔。网孔的大小决定着有选择性地让一部分溶质通过，而让另一部分不能通过。外层是肾小囊脏层的上皮细胞。上皮细胞具有足突，相互交错的足突之间形成裂隙。裂隙上有一层滤过裂隙膜，膜上有直径 4～14nm 的孔，它是滤过的最后一道屏障。通过内、中两层的物质最后将经裂隙膜滤出，裂隙膜在超滤作用中也有很重要的作用。

滤过膜各层含有许多带负电荷的物质，主要为糖蛋白。这些带负电荷的物质排斥带负电荷的血浆蛋白，限制它们的滤过。在病理情况下，滤过膜上带负电荷的糖蛋白减少或消失，就会导致带负电荷的血浆蛋白滤过量比正常时明显增加，从而出现蛋白尿。

不同物质通过肾小球滤过膜的能力，取决于被滤过物质的分子大小及其所带的电荷。

② 肾小球的有效滤过压　肾小球滤过作用的发生，其动力是滤过膜两侧的压力差。这种压力差称为肾小球的有效滤过压。

肾小球有效滤过压由三部分组成：肾小球毛细血管血压、血浆胶体渗透压和肾小囊的囊内压。肾小球毛细血管血压是推动血浆从肾小球滤过的力量，后两者是对抗滤过的力量。肾小球的有效滤过压可用以下公式表示：

肾小球有效滤过压＝肾小球毛细血管血压－（血浆胶体渗透压＋囊内压）

正常情况下，肾小球毛细血管的平均血压约 9.3kPa，血浆胶体渗透压 3.33kPa 与肾小囊囊内压 0.67kPa 的和为 4kPa，因而在滤过膜处存在着 5.3kPa 的有效滤过压。

即：有效滤过压＝肾小球毛细血管血压－（血浆胶体渗透压＋囊内压）＝9.3－(3.33＋0.67)＝9.3－4＝5.3（kPa）。有效滤过压为正值的血管段发生滤过作用（图10-8）。所以，血浆中总有一部分水和溶质能不断透出滤过膜而进入肾小囊，生成原尿。

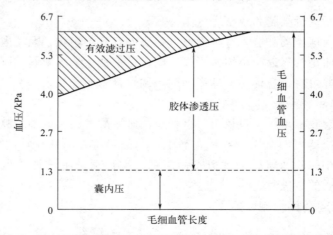

图 10-8　肾小球毛细血管血压、胶体渗透压和囊内压对肾小球滤过率的影响

练一练

计算有效滤过压并判断是否能形成原尿。

① 毛细血管血压 55mmHg，血浆胶体渗透压 30mmHg，囊内压 15mmHg。
② 毛细血管血压 55mmHg，血浆胶体渗透压 30mmHg，囊内压 30mmHg。
③ 毛细血管血压 55mmHg，血浆胶体渗透压 45mmHg，囊内压 15mmHg。

题号	有效滤过压计算	是否形成原尿
①		
②		
③		

（2）肾小管和集合管的转运——形成终尿　肾小管和集合管的转运包括重吸收和分泌。重吸收是指水和溶质从肾小管液中转运至血液中；而分泌是指肾小管上皮细胞将本身产生的物质或血液中的物质转运至肾小管液中。经过肾小管与集合管的转运，小管液的数量会大幅度减少（99%以上的小管液被重吸收），质量也发生重大改变（小管液的营养急剧减少，而排泄物的浓度迅速增高），原尿成为终尿。

① 近端小管和髓袢中的物质转运

a. 葡萄糖、氨基酸和小分子蛋白质的重吸收。肾小球滤过液中的葡萄糖浓度与血糖浓度相同，但正常尿中几乎不含葡萄糖，这说明葡萄糖全部被肾小管重吸收回了血液中。实验表明，重吸收葡萄糖的部位仅限于近端小管，尤其在近端小管前半段。

小管液中氨基酸的重吸收与葡萄糖重吸收的机制相同。

小管液中的少量小分子血浆蛋白，是通过肾小管上皮细胞的吞饮作用被重吸收的。

b. Na^+、K^+、Cl^-、HCO_3^- 和水的重吸收。在近端小管前半段，Na^+ 主要与 HCO_3^- 和葡萄糖、氨基酸一起被重吸收，而在近端小管后半段，Na^+ 主要与 Cl^- 和 K^+ 一同被重吸收。这些物质的重吸收中，Na^+ 是关键，它靠钠泵。许多溶质的重吸收过程都与 Na^+ 泵活动有关。

c. 水。被动重吸收，靠渗透作用进行。水重吸收的渗透梯度存在于小管液和细胞间隙之间。这是由于 Na^+、Cl^-、K^+、葡萄糖、氨基酸被重吸收进入细胞间隙后，降低了小管液的渗透性，提高了细胞间隙的渗透性。

d. HPO_4^{2-} 和 SO_4^{2-}。重吸收与 Na^+ 同向转运。

e. 肾小管上皮细胞内的 H^+。H^+ 被分泌到小管液中和小管液中的 Na^+ 被重吸收到上皮细胞时，先在管腔膜上形成 Na^+-H^+ 交换体，再进行 Na^+-H^+ 逆向交换。小管液中的 Na^+ 顺电化学梯度通过管腔膜进入细胞，同时将细胞内的 H^+ 分泌到小管液中。

f. 体内的代谢产物及某些药物。有机酸、有机强碱、青霉素、酚红和大多数利尿药等，由于与血浆蛋白结合而不能通过肾小球滤过，它们均在近端小管被主动分泌到小管液中而排出体外。

g. 髓袢中的物质转运。小管液在流经髓袢的过程中，有小部分的 Na^+、Cl^- 和 K^+ 等物质被进一步重吸收。

② 远端小管和集合管中的物质转运　小管液在流经远曲小管和集合管的过程中，有小

部分的 Na^+、Cl^- 和不同数量的水被重吸收入血液，并有不同量的 K^+、H^+ 和 NH_3 被分泌到肾小管液中。水、NaCl 的重吸收及 K^+、H^+、NH_3 的分泌可根据机体的水盐平衡状况来进行调节。如机体缺水或缺盐时，远曲小管和集合管可增加水、盐的重吸收；当机体水、盐过多时，则水、盐重吸收明显减少，使水和盐从尿中排出增加。因此，远曲小管和集合管对水盐的转运是可调节的。水的重吸收主要受抗利尿激素的调节，而 Na^+ 和 K^+ 的转运主要受醛固酮调节。

在远曲小管初段，Na^+ 是通过 Na^+-Cl^- 同向转运体进入上皮细胞的，然后，由 Na^+ 泵将 Na^+ 泵出细胞，被重吸收回血液。在远曲小管后段和集合管上含有两类上皮细胞，其主细胞能重吸收 Na^+ 和水，并分泌 K^+，其闰细胞则主要是分泌 H^+。远曲小管和集合管的上皮细胞在代谢过程中不断生成 NH_3，NH_3 能通过细胞膜向小管周围组织间隙和小管液自由扩散。扩散量取决于两种体液的 pH 值。小管液的 pH 值较低（H^+ 浓度较高），所以 NH_3 能与小管液中的 H^+ 结合并生成 NH_4^+，小管液的 NH_3 浓度因而下降，于是管腔膜两侧形成 NH_3 的浓度梯度，此浓度梯度又可加速 NH_3 向小管液中扩散。

在物质转运中，溶质的重吸收与分泌有下列关系：Na^+ 的重吸收与 K^+ 的分泌有密切关系（互相促进）；K^+ 的分泌与 NH_3 的分泌有密切关系（互相促进）；NH_3 的分泌与 $NaHCO_3$ 重吸收也有密切关系（NH_3 的分泌可促进 $NaHCO_3$ 的重吸收）。

2. 影响尿生成的因素

（1）肾小球滤过膜通透性的改变　机体在中毒或缺氧的情况下，肾小球滤过膜的微孔变大，通透性增加，以致原来不能透过的血细胞和大分子血浆蛋白都可以通过滤过膜，导致尿量增加，并使尿中出现血细胞（称为血尿）和蛋白质（称为蛋白尿）。在急性肾小球肾炎时，由于肾小球内皮细胞肿胀，基膜增厚，除能减少有效滤过面积外，还能造成滤过膜通透性能降低，致使平时能正常滤过的水和溶质减少滤过甚至不能滤过，因而出现少尿或无尿。

（2）肾小球有效滤过压的改变　家畜在创伤、出血、烧伤等情况下，动脉血压降低，肾小球毛细血管血压相应下降，有效滤过压降低，出现的尿量相应减少。由静脉输入大量的生理盐水使血液稀释时，一方面升高了血压，另一方面又降低了血浆胶体渗透压（血液稀释使血浆蛋白的浓度降低），有效滤过压会相应升高，导致尿量增多。在输尿管或肾盂有异物（如结石）堵塞或者因发生肿瘤而压迫肾小管时，都可造成囊内压升高，致使有效滤过压相应降低，因此滤过率降低，原尿生成不多，尿量相应减少。

（3）肾血流量　肾血流量几乎占心输出量的 1/5，它的变化对肾小球滤过作用有很大影响。一般来说，肾血流量增加，肾小球滤过率增大，原尿生成增多；反之，原尿生成减少。

（4）影响终尿生成的因素　原尿中溶质的浓度、肾小管上皮细胞的机能状态和激素（如抗利尿激素、醛固酮等）都会影响终尿的生成。

想一想

试分析糖尿病患畜尿中含糖且尿量增多的原因。

想一想

试分析大量出汗、静脉注入大量生理盐水、肾小球肾炎等情况下动物尿量的变化情况。

三、输尿管、膀胱和尿道结构的识别

（一）输尿管

输尿管为输送尿液到膀胱的一对细长的肌膜性管道。输尿管自肾门出肾后，沿腰椎腹侧在腰肌和腹肌之间向后伸延，越过髂外动脉和髂内动脉进入盆腔，在生殖褶中（公畜）或沿子宫阔韧带背侧缘（母畜）向后伸达膀胱颈的背侧，斜向穿入膀胱壁，末端开口于膀胱附近的黏膜面上。这种结构有利于防止尿液逆流。

输尿管壁由黏膜、肌层和外膜3层构成。

（二）膀胱

膀胱是暂时贮存尿液的器官，略呈梨形。当膀胱空虚或尿液少时，位于盆腔前部的腹侧；当尿液充满时膀胱的前半部分可突入腹腔。

膀胱的前端钝圆为膀胱顶，中部膨大为膀胱体，后端狭窄为膀胱颈。膀胱中韧带、膀胱侧韧带起固定膀胱的作用。在膀胱侧韧带的游离缘内含有一索状物，称膀胱圆韧带，是胎儿时期脐动脉的遗迹。

膀胱由黏膜、黏膜下层、肌层和浆膜4层构成。黏膜上皮为变移上皮。

（三）尿道

尿道起于膀胱颈的尿道内口，后段并入生殖道中。公畜的尿道兼有排精的作用，故又称为尿生殖道。公畜尿道外口在阴茎头的尿道突上，因而整个尿道细长而弯曲。根据尿道所在的位置，可将其分为骨盆部和阴茎部（具体在公畜生殖系统中讲述）。母畜尿道外口隐藏在尿生殖前庭内的前端底壁，因而整个尿道比较宽短。母牛尿道在阴道前庭尿道开口处的腹侧面有一凹陷，称尿道憩室（图10-9）。因而，临床上给牛导尿时应切忌将导尿管误插入尿道憩室。

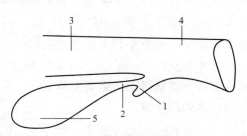

图10-9 母牛尿道憩室位置示意图
1—尿道憩室；2—尿道；3—阴道；
4—尿生殖前庭；5—膀胱

想一想

如何给家畜导尿？

拓展训练

公羊为什么容易出现尿结石？

四、尿的排出

不断生成的尿液经输尿管进入膀胱后要积存达一定量时，才间歇性地引起排尿反射动作，经尿道排出体外。

腰荐部脊髓是调节膀胱和尿道活动的低级排尿中枢，大脑皮层能控制排尿反射活动（图10-10）。动物排尿的地点及频率可通过调教或训练加以控制，使动物能定时、定点排尿，这对于节省管理用工、减轻劳动强度和改善环境条件均具有实际意义。

五、肾脏对酸碱平衡的调节作用

肾脏通过肾小管进行 H^+-Na^+ 交换、NH_4^+-Na^+ 交换和 K^+-Na^+ 交换，以排出过多的

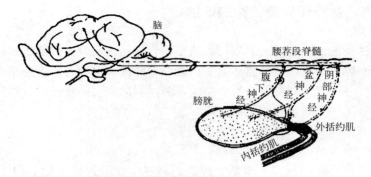

图 10-10 排尿的神经调节

碱,从而维持血浆中 HCO_3^- 的正常浓度和 pH 值的恒定。

(一) H^+-Na^+ 交换

肾小管上皮细胞有分泌 H^+ 离子的作用,此作用与 Na^+ 的重吸收同时进行,称为 H^+-Na^+ 交换。肾小管上皮细胞中含有碳酸酐酶,能催化代谢过程中产生的 CO_2 和水结合生成 H_2CO_3,后者再解离成 H^+ 和 HCO_3^-。H^+ 被分泌到肾小管腔,和存在于管腔中的 Na^+ 进行交换。Na^+ 由肾小管上皮细胞吸收,与细胞内的 HCO_3^- 结合,形成 $NaHCO_3$ 进入血液,从而补充消耗的 $NaHCO_3$。肾小管分泌出的 H^+ 与管腔中的 HCO_3^- 形成 H_2CO_3,后经肾小管管壁细胞刷状缘上的碳酸酐酶催化,分解成 CO_2 和水,CO_2 扩散回肾小管细胞内,再被利用,水则随尿排出。

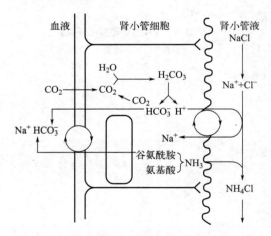

图 10-11 NH_4^+-Na^+ 交换与 NH_4^+ 的排泄

(二) NH_4^+-Na^+ 交换

远端肾小管具有的一种重要功能是泌氨。肾小管管腔内的尿液流经远端肾小管时,尿中氨的含量逐渐增加。排出的 NH_3 与原尿中的 H^+ 结合生成 NH_4^+,使尿的 pH 值升高。NH_4^+ 也可与管腔中的 Na^+ 交换 (见图 10-11),生成铵盐排出。肾小管氨的分泌与排出受体液 pH 值的影响。当体液中酸性物质过多时,尿液的氢离子浓度增加,NH_4^+ 的生成和排出增多;相反,当体液中碱性物质过多时,尿液呈碱性,NH_4^+ 的生成和排出减少;当机体严重碱中毒时,尿中则无 NH_4^+ 排出。

(三) K^+-Na^+ 交换

肾远曲小管细胞具有分泌 K^+ 的功能。排出的 K^+ 与肾小管液中的部分 Na^+ 进行交换,Na^+ 被吸收入血液,而 K^+ 则随尿排出。由于肾远曲小管同时具有 H^+-Na^+ 交换的作用,因此 K^+-Na^+ 交换与 H^+-Na^+ 交换是竞争性的。如果 K^+-Na^+ 交换作用增强,则 H^+-Na^+ 交换就减弱,肾脏回收的 $NaHCO_3$ 的量减少;反之肾脏回收的 $NaHCO_3$ 的量增加。

当血钾升高时,肾小管 K^+-Na^+ 交换作用增强,可导致 H^+-Na^+ 交换减弱,引起酸中毒;相反,低血钾时肾小管会使回收的 $NaHCO_3$ 增多,可能引起碱中毒。

（四）过多碱的排出

机体碱过多时，血液 pH 值上升，尿的 pH 值也上升，此时肾小管中碳酸酐酶活性降低，原尿中大量的碱（$KHCO_3$、$NaHCO_3$、Na_2HPO_4）排出，从而降低血液 pH 值。由于 H^+-Na^+ 交换减弱而 K^+-Na^+ 交换增强，使回到血液中的 $NaHCO_3$ 减少，而尿中 $KHCO_3$、$NaHCO_3$、K_2HPO_4、Na_2HPO_4 增加，故尿呈碱性。

综上所述，动物体内酸碱平衡的调节是由体液的缓冲体系、肺和肾共同配合进行的。为了维持体液 pH 值的正常恒定，这三方面的作用是缺一不可的。

项目十一　免疫系统结构与功能识别

知识目标
- 概述动物免疫系统的组成及作用;
- 掌握主要免疫器官的位置、形态和结构特点;
- 掌握动物浅在淋巴结的位置和体表投影。

技能目标
- 能指出牛、猪等体表主要浅层淋巴结的体表投影位置;
- 能找到临床和卫生检疫中常检的主要淋巴结的位置并识别其形态特点。

素质目标
- 培养良好的理论指导实践、综合运用与创新的能力;
- 培养良好的职业道德、自主学习能力、团结协作精神和服务"三农"的意识;
- 倡导健康的生活方式,锻炼身体,提高抵抗力和免疫力,增强防范意识。

免疫系统由具有免疫效能的免疫器官、免疫组织和免疫细胞组成(表 11-1),具有非常重要的作用,其功能如下:

(1) 防御功能　免疫系统可阻止病原微生物侵入机体,抑制其在体内繁殖、扩散,并可清除病原微生物及其产物。

(2) 免疫稳定　免疫系统可清除体内衰老和破损的细胞,以保持体内各类细胞的恒定。

(3) 免疫监视　免疫系统能够识别、杀伤和清除体内的突变细胞。

如果免疫功能下降或失调,将使机体的抗病能力降低,从而引起各种感染性疾病、肿瘤或自身免疫性疾病。

表 11-1　免疫系统的组成

免疫系统		
免疫器官	中枢免疫器官:	胸腺、骨髓(哺乳类)、腔上囊(鸟类)
	周围免疫器官:	淋巴结、脾脏、扁桃体、血结、血淋巴结
免疫组织	淋巴小结、弥散淋巴组织	
免疫细胞	淋巴细胞:	T 细胞、B 细胞、K 细胞、NK 细胞等浆细胞
	抗原呈递细胞:	巨噬细胞、交错突细胞、微皱褶细胞、滤泡树突细胞、朗格汉斯细胞等
	其他免疫细胞:	粒细胞、肥大细胞、红细胞、血小板等

一、识别免疫器官

免疫器官是以淋巴组织为主要成分构成的器官,又称淋巴器官,分为中枢(初级)免疫器官和周围(次级)免疫器官两类。

(一)中枢免疫器官

中枢免疫器官又称为中枢淋巴器官,发生早,性成熟后逐渐退化。是免疫细胞发生、分化和成熟的场所。

1. 骨髓

骨髓是中枢免疫器官,也是体内最大的造血器官。骨髓中的红骨髓可以生成血液中的所有血细胞。骨髓中的多能造血干细胞经增殖、分化演化为髓系干细胞和淋巴干细胞。髓系干细胞是颗粒白细胞和单核巨噬细胞的前身；淋巴干细胞则演变为淋巴细胞。哺乳动物的 B 细胞直接在骨髓内分化、成熟，然后进入血液和淋巴中发挥免疫作用，禽类的 B 细胞则是淋巴干细胞从骨髓内转移到法氏囊中分化、成熟的。

想一想

家畜的黄骨髓是否可以造血？

2. 胸腺

（1）胸腺的形态及位置　胸腺位于胸腔的心前纵隔中并延伸至颈部，分为颈、胸两部分。胸腺呈粉红色或红色，其大小和结构随年龄有很大变化。动物出生时，胸腺尚未发育完善，幼畜的胸腺发达，性成熟时体积最大，而后逐渐退化，到老年时几乎被脂肪组织所代替。犊牛胸腺示意图见图 11-1。

羊的胸腺与牛的相似，羔羊发达，1～2 岁时退化。

猪的胸腺呈灰红色，在颈部沿左右颈总动脉向前伸延，幼猪胸腺发达。

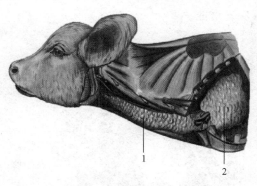

图 11-1　犊牛胸腺
1—颈部胸腺；2—胸部胸腺

（2）胸腺的组织构造　胸腺的表面有薄层被膜，被膜的结缔组织向内伸入将胸腺实质分成许多胸腺小叶。胸腺小叶呈锥体形或多边形，每一小叶都分为皮质部和髓质部。如图 11-2、图 11-3 所示。

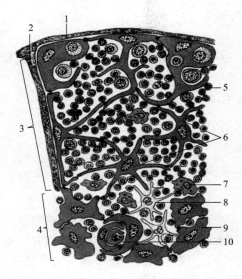

图 11-2　胸腺组织构造
1—被膜；2—小叶间隔；3—皮质；4—髓质；
5—胸腺细胞；6—星形上皮细胞；7—巨噬细胞；
8—交错突细胞；9—髓质上皮细胞；10—胸腺小体

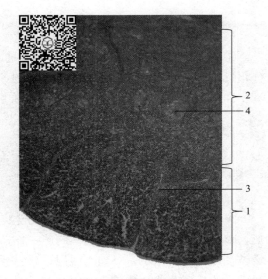

图 11-3　胸腺组织构造
1—皮质；2—髓质；3—小叶间隔；4—胸腺小体

① 皮质 以胸腺上皮细胞为支架，间隙内含有大量胸腺细胞和少量基质细胞。由于细胞密集，故着色较深。胸腺上皮细胞又称上皮性网状细胞，皮质的上皮细胞分布于被膜下和胸腺细胞之间，多呈星形，有突起，相邻上皮细胞的突起间以桥粒连接成网。某些被膜下上皮细胞胞质丰富，包绕胸腺细胞，称哺育细胞。胸腺上皮细胞能分泌胸腺素和胸腺生成素，为胸腺细胞发育所必需。胸腺细胞即胸腺内分化发育的早期 T 细胞，它们密集于皮质内，占皮质细胞总数的 85%～90%。在发育中的胸腺细胞，凡能与机体自身抗原发生反应的（约占 95%），将被淘汰而凋亡，仅 5% 的胸腺细胞能分化成为初始 T 细胞，具有正常的免疫应答潜能。

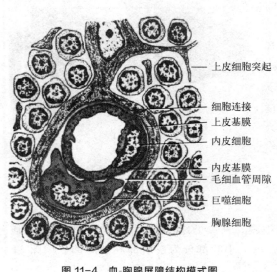

图 11-4 血-胸腺屏障结构模式图

② 髓质 染色较淡，内含大量胸腺上皮细胞，以及少量初始 T 细胞、巨噬细胞等。髓质上皮细胞呈多边形，胞体较大，细胞间以桥粒相连，也能分泌胸腺激素，部分胸腺上皮细胞构成胸腺小体（哈索尔小体）。胸腺小体是胸腺髓质的特征性结构，散在分布，由胸腺上皮细胞呈同心圆状排列而成。小体中还常见巨噬细胞、嗜酸性粒细胞和淋巴细胞。

胸腺皮质的毛细血管及其周围的结构具有屏障作用，称为血-胸腺屏障（图 11-4）。它由下列结构组成：连续毛细血管，其内皮细胞间有紧密连接；内皮周围连续的基膜；血管周隙，内含巨噬细胞；上皮基膜；一层连续的胸腺上皮细胞。

(3) 胸腺的功能

① 培育和选择 T 细胞 淋巴干细胞进入胸腺后，在胸腺微环境的诱导和选择下，发育分化形成各种处女型 T 细胞，经血液输送至周围淋巴组织和淋巴器官。

② 分泌激素 胸腺上皮细胞能分泌胸腺素、胸腺生成素、胸腺肽等多种激素。

 想一想

> 切除幼畜的胸腺，对其免疫力有何影响？

3. 腔上囊

腔上囊又称法氏囊，是禽类特有的免疫器官，位于泄殖腔背侧，开口于肛道。鸡的呈球形，鸭、鹅为椭圆形。腔上囊同胸腺一样，幼龄家禽较发达，性成熟后开始退化，随着年龄增长，体积逐渐缩小，鸡到 10 月龄（鸭一年，鹅更迟）时，仅剩小的遗迹，甚至完全消失。法氏囊的主要功能与体液有关。骨髓产生的淋巴干细胞随血液流到法氏囊，在激素的影响下，迅速繁殖分化成囊依赖淋巴细胞——B 细胞，当 B 细胞转移到脾脏、盲肠扁桃体及其他淋巴组织后，在抗原刺激下，可迅速增生，转为浆细胞，产生抗体。

（二）周围免疫器官

周围免疫器官也称周围淋巴器官或次级淋巴器官，其淋巴细胞来自中枢免疫器官，在抗原的刺激下进一步分化，以执行免疫功能，是进行免疫反应的重要场所。

1. 淋巴结

淋巴结是位于淋巴管径路上唯一的淋巴器官。其大小不一，形状多样。在活体上呈微红色或微红褐色，在肉尸上略呈黄灰白色。淋巴结的一侧凹陷为淋巴门，是输出淋巴管、血管、神经出入的地方；另一侧隆凸，有多条输入淋巴管进入（猪的淋巴结的输入、输出淋巴管位置正相反）。

（1）淋巴结的组织构造　淋巴结由被膜和实质构成（图11-5）。淋巴结的实质分为皮质和髓质2部分。

① 皮质　位于淋巴结的外围（猪除外），包括淋巴小结、副皮质区和皮质淋巴窦3部分。

a. 淋巴小结。淋巴小结呈圆形或椭圆形，在皮质区浅层，分为中央区和周围区。中央区着色淡，除网状细胞外，主要有B淋巴细胞、巨噬细胞，还有少量的T淋巴细胞和浆细胞等，此区的淋巴细胞增殖能力较强，称为生发中心。周围区着色深，聚集大量的小淋巴细胞。淋巴小结为B淋巴细胞的主要分化增殖区。

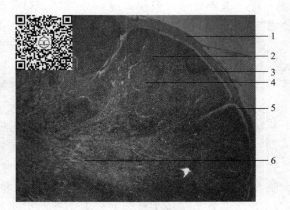

图11-5　淋巴结组织构造（牛）
1—被膜；2—副皮质区；3—皮质；4—淋巴小结；
5—皮质淋巴窦；6—髓质

b. 副皮质区。为胸腺依赖区，是分布在淋巴小结之间及皮质深层的一些弥散淋巴组织，分布有许多毛细血管后微静脉。主要有T淋巴细胞。

c. 皮质淋巴窦。位于被膜下、淋巴小结和小梁之间互相通连的腔隙，是淋巴流通的部位，接受输入淋巴管来的淋巴。窦壁由一层扁平的网状内皮细胞构成。

② 髓质　位于淋巴结的中央（猪除外），由髓索和髓质淋巴窦组成。

a. 髓索。为密集排列呈索状的淋巴组织，它们彼此吻合成网，并与副皮质区的弥散淋巴组织相连续。主要由B淋巴细胞组成，还有浆细胞和巨噬细胞。

b. 髓质淋巴窦。接受来自皮质淋巴窦的淋巴并将其汇入输出淋巴管。

猪淋巴结的皮质、髓质位置正好相反，即淋巴小结和弥散的淋巴组织位于中央区，髓质则分布于外周，但成年猪淋巴结的外周有时也见有淋巴小结。

（2）淋巴结的功能

① 滤过和净化作用　淋巴结是淋巴液的有效滤器，通过淋巴窦内吞噬细胞的吞噬作用以及体液抗体等免疫分子的作用，可以杀伤病原微生物，清除异物，从而起到净化淋巴液，防止病原体扩散的作用。

② 免疫应答场所　淋巴结中富含各种类型的免疫细胞，有利于捕捉抗原、传递抗原信息和细胞活化增殖。B细胞受刺激活化后，高速分化增殖，生成大量的浆细胞，形成生发中心；T细胞也可在淋巴结内分化增殖为致敏淋巴细胞。不管发生哪类免疫应答，都会引起局部淋巴结肿大。

③ 淋巴细胞再循环基地　正常情况下，只有少数淋巴细胞在淋巴结内分裂增殖，大部分细胞是再循环的淋巴细胞。血中的淋巴细胞通过毛细血管后静脉进入淋巴结副皮质，然后

再经淋巴窦汇入输出淋巴管。众多的淋巴结是再循环细胞的重要补充来源。

 想一想

> 检查动物的淋巴结有哪些临床意义？

（3）畜体主要浅在淋巴结

① 下颌淋巴结　收集面部、鼻前部、口腔、唾液腺的淋巴，是头部临床诊断和动物食品卫生检验的首选淋巴结。

② 腮腺淋巴结　位于颞下颌关节后下方，部分或全部被腮腺覆盖。收集头部皮肤、肌肉、鼻腔下半部、唇、颊、外耳、眼部淋巴。

③ 颈前淋巴结　又称肩前淋巴结，位于肩关节前方，收集颈部、前肢、胸壁淋巴。

④ 髂下淋巴结　又称股前淋巴结，为一大而长的淋巴结，位于膝关节的前上方，活体上易触摸到。收集腹侧壁、骨盆、股部、小腿部等处的淋巴。

⑤ 腹股沟浅淋巴结　位于腹底壁后部，大腿内侧，腹股沟管外环附近皮下的一群淋巴结。因性别差异而有不同的名称。公畜称阴茎背侧淋巴结；母畜称乳房上淋巴结。收集腹底壁肌肉、皮肤、股内侧、阴囊、乳房、外生殖器等处的淋巴。

⑥ 腘淋巴结　位于膝关节后方，臀股二头肌与半腱肌之间，腓肠肌外侧头近端的表面脂肪中。输入管收集膝关节以下的淋巴。

牛体浅层主要淋巴结位置见图 11-6。

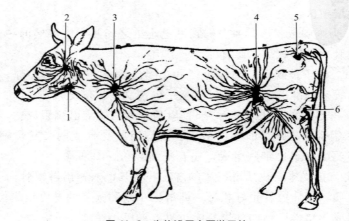

图 11-6　牛体浅层主要淋巴结

1—下颌淋巴结；2—腮腺淋巴结；3—颈前淋巴结；4—髂下淋巴结；5—坐骨淋巴结；6—腘淋巴结

 查一查

> 在生猪屠宰检疫中，除了检验浅部淋巴结外，还要检验哪些深部淋巴结？

2. 脾

（1）脾的形态及位置　脾（图 11-7）位于腹腔前部，在胃的左侧。不同家畜脾的形态不同。

① 牛脾　呈长而扁的椭圆形，灰蓝色，质稍硬，位于瘤胃被囊的左前方。

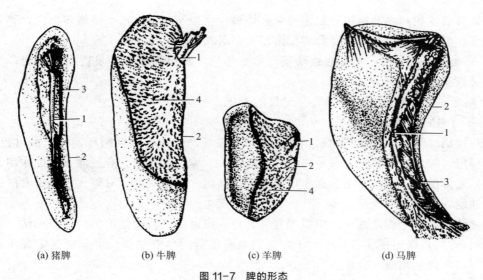

(a) 猪脾　　　　(b) 牛脾　　　　(c) 羊脾　　　　(d) 马脾

图 11-7　脾的形态

1—脾门；2—前缘；3—胃脾韧带；4—脾和瘤胃粘连处

② 羊脾　扁，呈钝角三角形，红紫色，质柔软，附着于瘤胃背囊前上方。

③ 猪脾　呈长舌形，红紫色或暗红色，质较硬，位于胃大弯左下，弯曲度与胃大弯相应。

④ 马脾　呈扁平镰刀形，蓝紫色，质柔软，在胃的左后方。

(2) 脾的组织构造　脾是体内最大的淋巴器官，有输出淋巴管，没有输入淋巴管；没有淋巴窦，而有血窦。脾也分被膜和实质两部分。实质为脾髓，分为白髓和红髓（图 11-8）。

① 白髓　由淋巴组织环绕动脉构成，分布于红髓之间，它分为动脉周围淋巴鞘和淋巴小结 2 种结构。动脉周围淋巴鞘相当于淋巴结的副皮质区，富含 T 细胞；淋巴小结即脾小结，主要为 B 细胞。

② 红髓　由脾索和脾窦（血窦）组成，因含有许多红细胞，故呈红色。脾索为彼此吻合成网的淋巴组织索，除网状细胞外，还有 B 细胞、巨噬细胞、浆细胞和各种血细胞；脾窦分布于脾索之间，有利于血细胞进入。

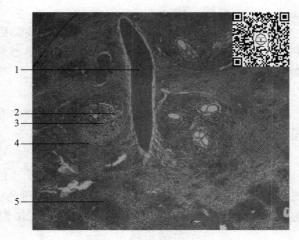

图 11-8　脾的组织构造

1—小梁；2—白髓中的动脉；3—动脉周围淋巴鞘；
4—白髓；5—红髓

③ 边缘区　是白髓、红髓移行的部位，中央动脉的大多分支开口于此，是血液进入红髓的滤器，有很强的吞噬滤过作用。

(3) 脾的功能

① 滤血　脾索中的巨噬细胞可清除衰老的红细胞。

② 免疫应答　脾是各类免疫细胞居住的场所，侵入血内的病原体，可引起脾内发生免

疫应答，脾的体积和内部结构也发生变化。体液免疫应答时，淋巴小结增多增大，脾索内浆细胞增多；细胞免疫应答时，动脉周围淋巴鞘显著增厚。

③ 造血　胚胎早期的脾有造血功能，但成年后，脾内仍含有少量造血干细胞，当缺血时，脾可恢复造血功能。

④ 储血　脾窦和脾索内可储存一定量的血液。

3. 血结与血淋巴结

（1）血结　为分布在反刍动物、马属动物、灵长动物体内血液循环通路上的淋巴器官，一般呈圆形，棕色或暗红色，多成串存在，无输入、输出淋巴管，有过滤血液的作用。

（2）血淋巴结　血淋巴结存在于反刍动物等体内，呈暗灰色，有输入、输出淋巴管，有滤血的功能，可能参与免疫活动。

畜禽体内除以上叙及的免疫组织器官外，还有家畜的回盲瓣处的集合淋巴小结（又称淋巴集结）、禽的盲肠扁桃体等淋巴组织，它们也有很强的免疫功能。牛羊猪等家畜还有扁桃体，功能与淋巴结相似。

二、识别免疫组织

免疫组织是由淋巴细胞构成的网状组织，多分布在中空性器官的管腔大小和方向突然有所改变的部位，例如咽峡、回肠等处。

（一）弥散性淋巴组织

其淋巴细胞分布稀疏，没有特定的外形结构，常分布在消化管、呼吸道和尿生殖道的黏膜上皮下，以抵御外来细菌或异物的入侵。

（二）淋巴小结

其淋巴细胞较密集，具有一定的形态，多呈圆形或卵圆形，分布在淋巴结、脾、消化道和呼吸道的黏膜。其中单独存在的称为孤立淋巴小结，聚成团的称为集合淋巴小结，如回肠黏膜的孤立淋巴小结和集合淋巴小结。

三、识别免疫细胞

免疫细胞是指能参加免疫应答或与免疫应答有关的细胞，包括淋巴细胞、浆细胞、抗原呈递细胞、粒细胞、肥大细胞等。

（一）淋巴细胞

淋巴细胞胞核大，嗜碱性，胞质少，呈浅蓝色。它随血液周流全身，能识别和消灭侵入机体的有害成分。根据发育部位、形态结构和免疫功能的不同，一般将淋巴细胞分为 T 细胞（T 淋巴细胞）、B 细胞（B 淋巴细胞）、K 细胞和 NK 细胞 4 类。

（二）单核巨噬细胞系统

单核巨噬细胞是来源于血液的单核细胞，具有吞噬能力和活体染色反应，主要包括结缔组织内的组织细胞、肺内的尘细胞、肝内的枯否细胞、脾及淋巴结内的巨噬细胞、血液内的单核细胞、脑和脊髓中的小胶质细胞等。

单核巨噬细胞系统是一个生理性的防御系统，在正常情况下，它们不断清除体内衰老死亡的细胞及碎片。当外界的细菌或异物侵入机体时，它们表现出活跃的吞噬能力，可将这些细菌和异物进行吞噬和处理，并能清除病灶中坏死的组织和细胞。

（三）抗原呈递细胞

抗原呈递细胞又称免疫辅佐细胞，指在特异性免疫应答中，能够摄取、处理、转递抗原给 T 细胞和 B 细胞的细胞，作用过程称抗原呈递，主要包括巨噬细胞、朗格汉斯细胞、微皱褶细胞、滤泡树突细胞、交错突细胞等，它们多属单核巨噬细胞系统。此外，B 细胞、血管内皮细胞、肿瘤细胞和受病毒感染的细胞也有抗原呈递作用。

查一查

免疫细胞有哪些功能？

四、识别淋巴和淋巴管

（一）淋巴

组织液约 90% 在毛细血管静脉端回流入血，其余 10% 在组织液静压的作用下进入毛细淋巴管，即成为淋巴。淋巴为无色或微黄色的液体，由淋巴浆和淋巴细胞组成，没通过淋巴结的淋巴没有淋巴细胞。

淋巴回流具有重要的生理意义：①回收蛋白质；②运输脂肪及其他营养物质；③调节组织液与血浆间的液体平衡；④清除组织中的异物。

动画：淋巴的生成

（二）淋巴管

淋巴管是运送淋巴的管道，依其汇集顺序、管径粗细、管壁厚薄分为毛细淋巴管、淋巴管、淋巴干、淋巴导管几种。

1. 毛细淋巴管

毛细淋巴管是淋巴管道系统的起始部分，以略膨大的盲端起于组织间隙，彼此吻合成网，毛细淋巴管和毛细血管伴行，但不相通。其结构似毛细血管，管壁由单层内皮细胞构成，但较毛细血管有更大的通透性，一些不易进入毛细血管的大分子物质，如细菌、异物、蛋白质等，可进到毛细淋巴管内。小肠肠绒毛内的毛细淋巴管常为 1～2 条较直的小管，能吸收脂肪微粒而使淋巴呈乳白色，故称乳糜管。毛细淋巴管分布较广，除上皮、中枢神经、骨髓、软骨、齿、角膜、晶状体及脾髓等处外，几乎遍布全身。毛细淋巴管最后与静脉相连。

2. 淋巴管

淋巴管管径细，管壁薄，因有瓣膜常呈串珠状，数目较多。淋巴管走行中要通过一个或多个淋巴结，进入淋巴结的为输入淋巴管，离开淋巴结的为输出淋巴管，在淋巴结内侧形成淋巴窦。

3. 淋巴干

淋巴干为身体某一区域较粗大的淋巴集合管，由浅层、深层淋巴管在向心过程中经过一系列的淋巴结后汇集而成。畜体主要淋巴干有左、右气管淋巴干（颈干），左、右腰淋巴干，内脏淋巴干及肠淋巴干（图 11-9）。

4. 淋巴导管

淋巴导管为体内粗大的淋巴管，由淋巴干汇集而成，有 2 条，即胸导管和右淋巴导管。

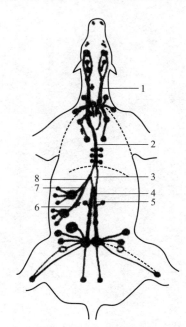

图 11-9 马淋巴管分布模式图（背侧观）
1—气管干；2—胸导管；3—乳糜池；4—右腰淋巴干；5—左腰淋巴干；6—肠淋巴干；7—腹腔淋巴干；8—内脏淋巴干

（1）胸导管　胸导管是全身最大的淋巴管道，起始于乳糜池，穿过膈的主动脉裂孔入胸腔，沿胸主动脉右上方、右奇静脉的右下方前行，越过食管、气管的左侧向下走，在胸腔入口处注入前腔静脉，收集除右淋巴导管辖区以外的全身的淋巴。

乳糜池（图 11-9）位于最后胸椎和前 1~3 个腰椎腹侧，在腹主动脉和右膈脚之间，是胸导管起始的膨大部分，呈梭形，因肠淋巴干的汇入而使此处淋巴呈乳白色粥状。

（2）右淋巴导管　右淋巴导管为右侧气管干的延续，短而粗，位于胸腔入口附近，收集右侧头颈部、右前肢、右肺、心脏右半部和右侧胸壁及胸腔器官的淋巴，注入前腔静脉。

（三）淋巴循环

淋巴在淋巴管内流动，淋巴器官位于淋巴管的径路上。淋巴管以毛细淋巴管起于组织间隙，并像静脉一样逐级汇集成大的淋巴管，最后回到前腔静脉，因此，它属于血液循环中静脉循环的一个分支。淋巴经毛细淋巴管、淋巴管、淋巴干、淋巴导管注入前腔静脉，称为淋巴循环。

动画：淋巴循环

项目十二　生殖系统结构与功能识别

知识目标
- 掌握公、母畜生殖系统组成和各器官的功能；
- 能找到公、母畜生殖系统各器官的体表投影位置；
- 会判断母畜的发情周期。

技能目标
- 能进行家畜的去势；
- 会正确助产操作。

素质目标
- 建立养殖业源头种群保种的意识；
- 扎实学习生殖规律，助力畜牧业，助力乡村振兴。

一、识别雄性生殖系统及其功能

雄性生殖系统由睾丸、附睾、输精管、精索、尿生殖道、副性腺、阴囊、阴茎和包皮组成。如图 12-1 所示为牛生殖系统模式图。

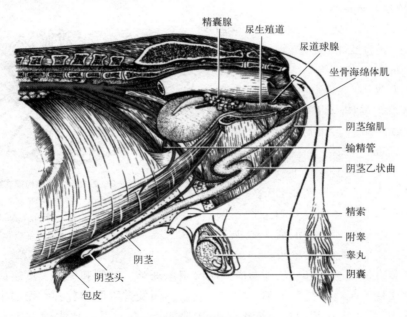

图 12-1　牛生殖系统模式图

（一）睾丸

1. 睾丸的位置、形态及组织构造

睾丸位于阴囊内，左、右各一。睾丸呈左、右稍扁的椭圆形，表面光滑。外侧面稍隆凸，内侧面平坦。附睾附着的一侧为附睾缘，另一侧为游离缘。血管和神经进出的一端为睾丸头，与附睾头相接；另一端为睾丸尾，借睾丸固有韧带与附睾尾相连（图 12-2）。

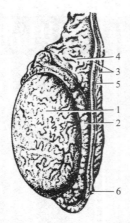

图 12-2 公牛的睾丸（外侧面）
1—睾丸；2—附睾；3—输精管及褶；4—精索；
5—睾丸系膜；6—附睾尾韧带

各种家畜睾丸的长轴与阴囊位置各不相同。牛、羊睾丸悬垂于腹下，长轴和地面垂直，附睾位于睾丸的后外缘，头朝上，尾朝下；猪睾丸位于肛门下方的会阴区，紧贴体壁，纵轴倾斜，前低后高，附睾位于睾丸背外缘，头朝前下方，尾朝后上方；马、驴睾丸位于股间，耻骨前缘下方，紧贴腹壁腹股沟区，长轴与地面平行，附睾附着于睾丸的背外缘，附睾头朝前，附睾尾朝后。

睾丸原位于腹腔内肾脏的两侧，在胎儿期的一定时期，由腹腔下降入阴囊。睾丸下降的时间因畜种而异，牛和羊的睾丸在胎儿中期，猪的在胎儿期最后的四分之一时，而马的则在出生前后进入阴囊。如果一侧或两侧睾丸并未下降入阴囊，则称为隐睾。

 想一想

隐睾的动物是否具有种用价值？

2. 睾丸的组织构造

睾丸（图 12-3）的表面由浆膜覆盖（即固有鞘膜），其下为致密结缔组织构成的白膜，从睾丸头部有一条结缔组织索伸向睾丸实质，构成睾丸纵隔，纵隔向四周发出许多放射状结缔组织小梁伸向白膜，称为睾丸小隔，将睾丸实质分成许多锥形小叶，尖端朝向睾丸中央，基部朝向外表，称为睾丸小叶。每个小叶内有 2～3 条曲细精管，曲细精管在各小叶的尖端汇合成为直细精管，穿入睾丸纵隔内，形成睾丸网（马睾丸网不明显），最后在睾丸头的一端又汇成十数条睾丸输出管，穿过白膜，形成附睾头。

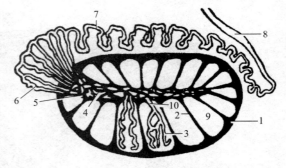

图 12-3 睾丸和附睾结构模式图
1—白膜；2—睾丸间隔；3—曲细精管；4—睾丸网；
5—睾丸纵隔；6—输出小管；7—附睾管；8—输精管；
9—睾丸小叶；10—直细精管

曲细精管和直细精管的管壁从外向内由结缔组织纤维、基膜和复层上皮组成。上皮主要由生殖细胞和支持细胞（塞托利细胞）构成。处于不同发育阶段的各种类型的生殖细胞排列成若干层（图 12-4）。支持细胞位于密集的生殖细胞中，呈柱状，比生殖细胞大好几倍，垂直地附着在曲细精管的基膜上，另一端不规则，突入管腔中，形成血液和睾丸之间的血-睾障壁，保证精子发生的环境相对稳定，促成精子的释放。

精细管之间为疏松结缔组织，内含血管、淋巴管、神经和分散的间质细胞（莱氏细胞）。间质细胞呈不规整圆形，核大而圆，直径 15～20μm，猪的达 30μm，数目也比其他家畜多。常由几个细胞聚集成小岛状。

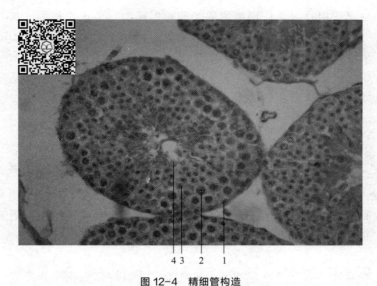

图 12-4 精细管构造
1—精原细胞；2—初级精母细胞；3—精子细胞；4—精子

3. 功能

睾丸具有生精和分泌激素的功能。精子由生殖细胞经多次分裂和变形而成。雄激素由间质细胞所分泌。睾丸的两种功能受促卵泡素和促黄体素所调节。促黄体素刺激间质细胞合成和分泌睾酮，促卵泡素促进精细管上皮的发育和生殖细胞的分裂，在睾酮的协同作用下促进精子形成。

（二）附睾

1. 附睾的形态、位置及组织构造

附睾（图 12-5）位于睾丸的附着缘，分头、体、尾三部分。附睾头和尾部粗大，体部较细。附睾头主要由睾丸输出管盘曲组成。这些输出管汇集成一条较粗而弯曲的附睾管，构成附睾体。在睾丸的远端，附睾体延续并转为附睾尾，其中附睾管弯曲减少，最后逐渐过渡为输精管。附睾管的长度：牛、羊为 35~50m；猪为 60m；马约 80m。管腔直径为 0.1~0.3mm。

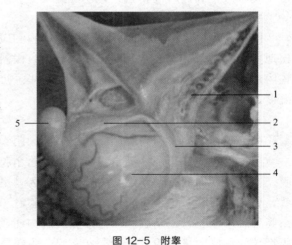

图 12-5 附睾
1—精索；2—附睾体；3—附睾头；4—睾丸；5—附睾尾

2. 附睾的生理机能

（1）附睾是精子最后成熟的场所 从睾丸精细管生成的精子，刚进入附睾头时，颈部常有原生质滴存在，其形态尚未发育成熟。此时其活动微弱，没有受精能力或受精能力很低。精子通过附睾管的过程中，原生质滴向尾部末端移行脱落，达到最后成熟，使之活力增强，且有受精能力。精子的成熟与附睾的物理及细胞化学特性有关。

（2）附睾是精子的贮藏场所 附睾可以较长时间贮存精子，一般认为在附睾内贮存的精子，经 60d 仍具有受精能力。

(3) 吸收和分泌作用　吸收作用是附睾头和附睾尾的一个重要作用。其上皮细胞具有吸收功能，来自睾丸的稀薄精子悬浮液，通过附睾管时，其中的水分被上皮细胞所吸收，因而到附睾尾时精子浓度升高，每升含精子1亿个以上。

(4) 运输作用　精子在附睾内缺乏主动运动的能力，来自睾丸的精子悬浮液借助于附睾管纤毛上皮的活动和管壁平滑肌的收缩，可从附睾头被运送到附睾尾。

想一想

去除附睾的动物是否具有种用价值？

（三）阴囊

阴囊是柔软而富有弹性的袋状皮肤囊，对睾丸和附睾起到保护作用。阴囊壁的结构由外向内依次分为皮肤、肉膜、阴囊筋膜和鞘膜。

1. 皮肤

阴囊皮肤薄而柔软，富有弹性，被毛稀疏短细，含有许多皮脂腺和汗腺。阴囊表面的腹侧正中有1条阴囊缝，将阴囊从外表分为左、右两部分。阴囊缝是畜牧生产中去势定位的标志。

2. 肉膜

肉膜紧贴于皮肤的内面，相当于皮下组织，含有弹性纤维和平滑肌。肉膜在阴囊正中矢面形成阴囊中隔，将阴囊分为左、右互不相通的两个腔。阴囊中隔的下缘正对阴囊缝，背侧分为两层，沿阴茎两侧上行，附着于腹壁。肉膜有调节阴囊内温度的作用，冷时肉膜收缩，使阴囊起皱，天热时肉膜松弛，使阴囊下垂。

3. 阴囊筋膜

阴囊筋膜位于肉膜深面，由腹壁深筋膜和腹外斜肌腱膜延伸而来，将肉膜与总鞘膜较疏松地连接起来。其深面有睾外提肌，是由腹内斜肌分出的横纹肌，经腹股沟管下伸，包于总鞘膜的外侧面和后缘。睾外提肌收缩和舒张，可升降阴囊和睾丸与腹壁间的距离，借以调节温度，以利于精子发育和生存。

4. 鞘膜

鞘膜包括总鞘膜和固有鞘膜。总鞘膜为阴囊最内层，由腹膜壁层延伸而来，其外表还有一薄层，由腹横筋膜的纤维组织所加强。总鞘膜折转而覆盖于睾丸和附睾表面，称为固有鞘膜。在总鞘膜和固有鞘膜之间的腔隙，称为鞘膜腔，内有少量浆液。鞘膜腔上段细窄，呈管状，称为鞘膜管，位于腹股沟管内，以鞘膜管口或鞘环与腹膜腔相通。当鞘膜管口过大时，小肠可脱入鞘膜管或鞘膜腔内，形成腹股沟疝或阴囊疝，须进行手术整复。固有鞘膜和总鞘膜折转处形成的浆膜褶，称为睾丸系膜。附睾尾与阴囊相连的睾丸系膜下端增厚的部分，称为附睾尾韧带或阴囊韧带。去势时，切开阴囊后，必须切断附睾尾韧带和睾丸系膜，才能摘除睾丸和附睾。

阴囊含有丰富的皮脂腺和汗腺，缺少皮下脂肪，肉膜能调整阴囊的厚度及表面积，并能改变睾丸与腹壁的距离，调节睾丸的温度，这对于生精机能至关重要。

查一查

什么是阴囊疝？

(四)输精管和精索

输精管是运输精子的管道。由附睾管在附睾尾端延续而成,它与通向睾丸的血管、淋巴管、神经、提睾肌等共同组成精索(图12-5),经腹股沟管进入腹腔,折向后进入盆腔。两条输精管在膀胱的背侧变粗,形成输精管壶腹,其末端变细,穿过尿生殖道起始部背侧壁,与精囊腺的排泄管共同开口于精阜后端的射精孔。

拓展训练

结合睾丸、附睾、阴囊和精索的结构,简述如何给公畜去势。

(五)尿生殖道

公畜的尿生殖道是排出尿液和精液的共同管道,分为骨盆部和阴茎部。公猪的尿生殖道骨盆部较长,牛、羊次之,马的最短。尿生殖道阴茎部是骨盆部的直接延续,起于坐骨弓,经左、右阴茎脚之间进入阴茎,在阴茎内沿阴茎海绵体腹侧的尿道沟向前伸延,开口于阴茎头的尿道突上。骨盆部和阴茎部交界处尿生殖道的管腔稍变窄,称为尿道峡。导尿时,要在坐骨弓部压迫导尿管的前端,使其绕过坐骨弓,转向骨盆腔,以利于插入膀胱。

尿生殖道管壁从内向外由黏膜、海绵体层、肌膜和外膜构成。肌膜有协助射精和排空余尿的作用。

(六)副性腺

副性腺是精囊腺、前列腺和尿道球腺的统称(图12-6、图12-7)。

1. 副性腺的形态位置及组织构造

(1)精囊腺 成对存在,位于输精管末端的外侧。牛、羊、猪的精囊腺为致密的分叶腺。腺体组织中央有一较小的腔。马的为长圆形盲囊,其黏膜层含分支的管状腺。精囊腺的排泄管和输精管一起开口于精阜,形成射精孔。

(2)前列腺 位于精囊腺后部,即尿生殖道起始部的背侧。牛、猪前列腺分为体部和扩散部;羊的仅有扩散部;马的前列腺位于尿道的背面,并不围绕在尿道的周围。前列腺为复管状腺,有多个排泄管开口于精阜两侧。

(3)尿道球腺 成对存在,呈球状,在坐骨弓背侧,位于尿生殖道骨盆部的外侧,猪的体积最大,马次之,牛、羊的最小。一侧尿道球腺一般有一个排出管,通入尿生殖道的背外侧顶壁中线两侧。但马的每侧有6~8个排出管,开口形成两列小乳头。

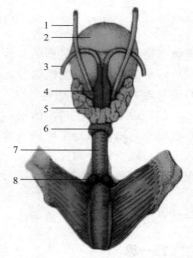

图12-6 公牛副性腺

1—输尿管;2—膀胱;3—输精管;4—输精管壶腹;5—精囊腺;6—前列腺;7—尿生殖道;8—尿道球腺

2. 副性腺的功能

(1)冲洗尿生殖道,为精液通过做准备 交配前阴茎勃起时,主要是尿道球腺分泌物先排出,它可以冲洗尿生殖道内的尿液,为精液通过创造适宜的环境,以免精子受到尿液的危害。

(2)稀释精子 副性腺分泌物是精子的内源性稀释剂。

(3)为精子提供营养物质 精囊腺分泌物含有果糖,当精子与之混合时,果糖即很快地

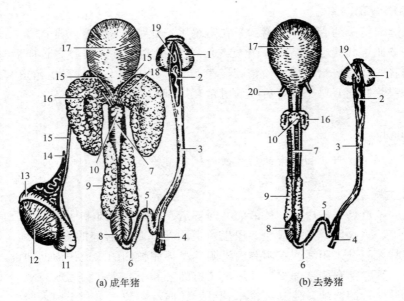

图 12-7 公猪生殖器官

1—包皮憩室；2—剥开的包皮囊中的阴茎头；3—阴茎；4—阴茎缩肌；5—阴茎"乙"状弯曲；6—阴茎根；7—尿生殖道骨盆部；8—球海绵体肌；9—尿道球腺；10—前列腺；11—附睾尾；12—睾丸；13—附睾头；14—精索的血管；15—输精管；16—精囊腺；17—膀胱；18—精囊腺的排出管；19—包皮盲囊入口；20—输尿管

扩散入精子细胞内，果糖的分解是精子能量的主要来源。

（4）活化精子　副性腺分泌物偏碱性，其渗透压也低于附睾处，这些条件都能增强精子的运动能力。

（5）运送精液　精液的射出，除借助附睾管、输精管副性腺平滑肌收缩及尿生殖道肌肉的收缩外，副性腺分泌物的液流也起着推动作用。

（6）延长精子的存活时间　副性腺分泌物中含有柠檬酸盐及磷酸盐，这些物质具有缓冲作用，从而可以保护精子，延长精子的存活时间，维持精子的受精能力。

（7）防止精液倒流　有些家畜的副性腺分泌物有部分或全部凝固现象，一般认为这是一种在自然交配时防止精液倒流的天然措施。

想一想

幼年去势的公畜副性腺还会发育吗？幼年切除副性腺的公畜生殖器官还会继续发育吗？

（七）阴茎和包皮

1. 阴茎

阴茎是公畜的交配器官，主要由勃起组织及尿生殖道阴茎部组成，自坐骨弓沿中线先向下，再向前延伸到脐部。由后向前分为阴茎根、阴茎体和阴茎头三部分。阴茎根借左右阴茎脚附着于坐骨弓外侧部腹侧面，阴茎体由背侧的两个阴茎海绵体及腹侧的尿道海绵体构成。阴茎前端的游离部分即为阴茎头（龟头）。

不同家畜的阴茎外形迥异。猪的阴茎较细长，在阴囊前形成"S"状弯曲，龟头呈螺旋状。牛、羊的阴茎较细，在阴囊后形成"S"状弯曲。牛的龟头较尖，沿纵轴略呈扭转形，在顶端左侧形成沟，尿道外口位于此。羊的龟头呈帽状隆凸，尿道前端有细长的尿道突，突出于龟头前方。

2. 包皮

包皮是由皮肤凹陷而发育成的阴茎套。在不勃起时，阴茎头位于包皮腔内，包皮有保护阴茎头的作用。当阴茎勃起时，包皮皮肤展开包在阴茎表面，保证阴茎伸出包皮外。

猪的包皮腔很长，包皮口上方形成包皮憩室，常积有尿和污垢，有一种特殊的腥臭味。牛的包皮较长，包皮口周围有一丛长而硬的包皮毛。马的包皮形成内外两层皮肤褶，有伸缩性。

查一查

进行公猪、公牛和公羊的人工采精操作时有哪些注意事项？

二、认识母畜生殖系统及其功能

母畜的生殖器官包括卵巢、输卵管、子宫、阴道、尿生殖前庭和阴门（图12-8）。

图12-8 母羊生殖系统

1—子宫角；2—膀胱；3—阴门；4—肛门；5—输卵管；6—卵巢；7—子宫阜；
8—子宫颈；9—子宫颈阴道部；10—子宫体

（一）卵巢

1. 卵巢的形态及位置

卵巢有一对，是产生卵子和分泌雌性激素的器官。由卵巢系膜悬吊在腹腔的腰下部，肾的后方或骨盆前口两侧。卵巢的前端为输卵管端，与输卵管伞相连；后端为子宫端，借卵巢固有韧带连于子宫角。卵巢固有韧带与输卵管系膜之间形成卵巢囊。卵巢的背侧缘为卵巢系膜缘，有血管、神经和淋巴管出入，此处称为卵巢门。腹侧缘为游离缘。

卵巢的位置、形状和大小随动物种类、个体、年龄及性周期的不同而异。未产母牛的卵巢多位于骨盆腔内；经产母牛的卵巢向前移入腹腔内，在耻骨前缘的前下方，卵巢呈稍扁的椭圆形，体积大约为4cm×2cm×1cm，重15～20g，成年牛右侧的卵巢比左侧的稍大，卵巢系膜较短，卵巢囊宽大。羊卵巢的位置与牛相同，呈杏仁形，山羊卵巢体积大约为2cm×1.5cm×1.1cm，绵羊卵巢体积略小于山羊，性成熟后，卵巢表面不平整，黄体较大。猪卵巢的位置、形状、大小因年龄和个体不同而有明显差异。4月龄前性未成熟的小母猪，卵巢位于荐骨岬两侧稍后方，在腰小肌腱附近，呈卵圆形，表面光滑，淡红色，约0.5cm×0.4cm。5~6月龄接近性成熟时，卵巢位置稍下垂前移，位于髋结节前缘横断面处的腰下部，表面因有突出的小卵泡而呈桑葚状，大小约2cm×1.5cm。性成熟后及经产母猪，卵巢位于髋结节前缘约4cm的横断面上，或在髋结节与膝关节连线中点的水平面上，一般左侧卵巢在正中矢面上，右侧卵巢在正中面稍偏右侧，表面因有卵泡及黄体突出而呈结节状，长3~5cm，重7~9g，包于发达的卵巢囊内。马的卵巢位于腰下部，借卵巢系膜悬于第4或第5腰椎横突腹侧，常与腰部的腹壁相接。经产老龄马的卵巢，因卵巢系膜松弛，常被大肠挤到骨盆腔入口处。卵巢呈豆形，平均长7.5cm，宽3.5cm，厚2.5cm。腹侧游离缘有一凹陷部，称为排卵窝，成熟卵泡由此排出卵细胞，这是马属动物的特征。

2. 卵巢的组织构造

卵巢为实质性器官，其组织结构随动物种类、年龄和性周期不同而异。卵巢的表面除卵巢系膜附着部外，均覆有一层生殖上皮，幼年及成年动物生殖上皮为单层立方状或柱状，随着年龄的增长逐渐变为扁平形。马卵巢仅在排卵窝处有生殖上皮，其余部分均被覆浆膜。在生殖上皮的下方为致密结缔组织构成的白膜。

卵巢的实质由外周的皮质和中央的髓质构成。皮质较厚，由不同发育阶段的卵泡、闭锁卵泡、黄体以及结缔组织构成。髓质范围小，由疏松结缔组织构成，其中含有较多的弹性纤维和较大的血管。马属动物卵巢皮质和髓质的位置颠倒，皮质集中在排卵窝处，髓质在外周。

皮质内的卵泡根据发育程度的不同，分为原始卵泡、生长卵泡和成熟卵泡（图12-9）。很多卵泡在发育过程中退化形成闭锁卵泡。

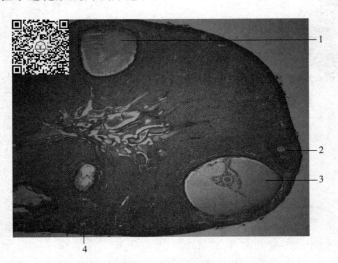

图 12-9 卵巢组织构造
1—生长卵泡；2—闭锁卵泡；3—成熟卵泡；4—原始卵泡

成熟卵泡的卵泡液迅速增多，卵泡体积增大，部分突出于卵巢表面，于是使隆起部分的卵泡壁、白膜和生殖上皮变薄，并出现一个卵圆形透明小区，称小斑。继而小斑处的组织被胶原酶、透明质酸酶分解而破裂，次级卵母细胞连同外周的透明带、放射冠随卵泡液一起排出，这一过程称为排卵。排卵后，该处卵巢壁塌陷形成皱襞，卵泡内膜毛细血管破裂，基膜破碎，因此卵泡腔内含血液，称血体（图12-10）。同时卵泡内膜伸入腔内，在黄体生成素（LH）的作用下，颗粒层细胞和内膜细胞增生分化，血液很快被吸收，形成一个体积很大又富有血管的内分泌细胞团，新鲜时呈黄色，称为黄体。其中由颗粒层细胞分化来的黄体细胞称粒性黄体细胞，数量多，胞体大，染色浅，主要分泌孕激素和松弛素。由卵泡内膜细胞分化而来的黄体细胞称膜性黄体细胞，数量少，体积小，染色较深，位于黄体的周边，主要分泌雌激素。如果排卵后没有受精，黄体则很快退化，称假黄体（周期性黄体）。如果卵细胞受精，黄体继续发育，直到妊娠末期，这种黄体称真黄体（妊娠黄体）。黄体退化后为结缔组织所代替，称为白体。

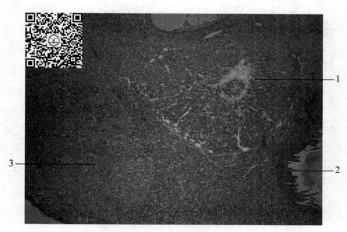

图 12-10 排卵后卵巢变化
1—黄体；2—血体；3—白体

（二）输卵管

输卵管是一对多弯曲的细管，它位于每侧卵巢和子宫角之间，是卵子进入子宫必经的通道，由子宫阔韧带外缘形成的输卵管系膜所固定。

输卵管管壁从外向内由浆膜、肌层和黏膜构成。肌层从卵巢端到子宫端逐渐增厚，黏膜上有许多纵褶，其大多数上皮细胞表面有纤毛，能向子宫端蠕动，有助于卵子的运送。

输卵管是精子获能、卵子受精和受精卵分裂的场所。

（三）子宫

子宫是孕育胎儿的场所，是有腔的肌质性器官，壁较厚。

各种家畜的子宫都分为子宫角、子宫体及子宫颈三部分。子宫角成对，角的前端接输卵管，后端会合成为子宫体，最后由子宫颈接阴道。

子宫壁由黏膜、肌层和浆膜构成。黏膜又称为子宫内膜，膜内有子宫腺，分泌物对早期胚胎有营养作用。

牛子宫的子宫角较长，平均 35～40cm。前端逐渐缩细变尖，移行为输卵管。两子宫角卷曲呈绵羊角状。后部靠拢，表面包以腹膜，外观很像子宫体，故称为伪体。子宫体很短，长 3～4cm。子宫颈长 10cm，壁厚而坚实，后端突入阴道内形成子宫颈阴道部。子宫颈管因黏膜的突起互相嵌合而呈螺旋状，平时紧闭，不易开张。子宫颈外口周围黏膜形成辐射状皱褶，呈菊花瓣状。子宫角和子宫体黏膜上有特殊的圆形隆起，称为子宫阜或子宫子叶，约 100 个，排成 4 排。未妊娠时子宫阜小，直径约 15mm，妊娠时显著增大，直径可达 10～

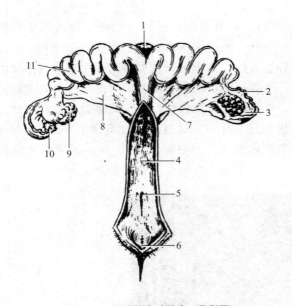

图 12-11 母猪的生殖器官（背侧面）

1—膀胱；2—输卵管；3—卵巢囊；4—阴道黏膜；
5—尿道外口；6—阴蒂；7—子宫体；8—子宫阔韧带；
9—卵巢；10—输卵管腹腔口；11—子宫角

12cm。

羊的子宫与牛的相似，子宫角长10~20cm，后部伪体长2~3cm。子宫体长约2cm，子宫颈长约4cm。子宫阜约60个，其顶端有一凹陷。

猪子宫（图12-11）的子宫角很长，有1.2~1.5m，外形弯曲似小肠，但壁较厚。小母猪子宫角细而弯曲，色泽粉红。性成熟后，子宫角增粗，色较白。子宫体短，长约5cm。子宫颈长为10~15cm，无子宫颈阴道部。后端直接移行为阴道，二者无明显界限，子宫颈黏膜在两侧集拢形成2行半圆形隆起，交错相嵌，使子宫颈管呈狭窄的螺旋形。

马的子宫呈"Y"形。子宫角长20~25cm，略呈弧形。背侧缘凹，有子宫阔韧带附着。腹侧缘凸而游离。子宫体长16~20cm，前端稍阔，两侧接子宫角。子宫颈长5~7cm，后1/3缩细突入阴道内形成子宫颈阴道部，子宫颈外口黏膜褶呈花冠状。

（四）阴道

阴道是交配器官，同时也是分娩的产道。位于盆腔内，背侧为直肠，腹侧为膀胱和尿道，前接子宫，后连阴道前庭。在阴道前端，子宫颈阴道部的周围，形成一个环状隐窝，称为阴道穹。

（五）尿生殖前庭

尿生殖前庭是指从阴瓣到阴门裂的短管，前高后低，稍为倾斜，既是生殖道又是尿道。

（六）阴门

阴门又称外阴，为母畜的外生殖器，位于肛门下方，以短的会阴与肛门隔开。阴门由左、右阴唇构成，在背侧和腹侧互相连合，形成阴唇背侧连合和腹侧连合。在两阴唇间的裂隙，称为阴门裂。牛的阴唇厚，略有皱褶，腹侧连合呈锐角。在腹侧连合之内，有一小而略凸的阴蒂，它与公畜的阴茎是同源器官，由海绵体构成。

 拓展训练

进行母猪、母牛和母羊的人工输精时要注意哪些事项？

三、繁殖生理识别

（一）性成熟与体成熟

家畜经过生长和发育，生殖器官发育成熟，进入性成熟期。性成熟后的家畜，身体仍在生长发育，直到具有成年动物所固有的形态和结构特点，才称为体成熟。动物开始配种的年龄应在体成熟之后，即适配年龄。过早或过晚配种都会影响生产效益。

动物性成熟和体成熟的年龄可因品种、饲养管理、外界环境和群体因素等而有差异。

（二）发情周期

雌性动物未受孕时，伴随卵巢出现周期性的卵泡成熟和排卵，整个机体，特别是生殖器官发生一系列的形态和机能的变化，同时动物还出现周期性的性反射和性行为过程，这种周期性出现的性活动称为发情周期或性周期。

发情周期是一系列逐渐变化的复杂生理过程，难以严格地加以区分，通常将其分为发情前期、发情期、发情后期和间情期（休情期）。

1. 发情前期

发情前期是性周期的准备阶段和性活动开始的时期。这时动物处于安静状态，没有交配欲表现，但生殖器官却发生一系列变化。卵巢内新的卵泡开始发育，在接近发情期前迅速增大，其中充满卵泡液。雌激素分泌逐渐增加。子宫角蠕动加强，子宫内膜的血管大量增生。阴道上皮细胞增生加厚，整个生殖道腺体活动加强，分泌增多。

2. 发情期

发情期是性周期的高潮时期。动物性兴奋强烈，食欲减退，有交配欲，会主动接近雄性动物。此时卵巢中的卵泡迅速发育成熟，并排出卵子。输卵管出现蠕动。子宫黏膜血管大量增生，子宫角蠕动增强，腺体大量分泌。子宫颈口张开，阴道黏膜充血，阴唇肿胀，有黏液从阴门流出。

3. 发情后期

发情后期指发情结束后的一段时期。此期内雌性动物恢复安静并拒绝交配。卵巢中的卵泡细胞逐渐形成黄体，并分泌孕酮。在孕酮的影响下，子宫内膜的子宫腺增殖，分泌营养液，为接纳胚泡和它的营养做准备。如果排出的卵子受精，发情周期就中止，并开始进入妊娠阶段，直到分娩后再重新出现。若未受精，就进入间情期。

4. 间情期

间情期是雌性动物发情后的生理活动相对静止期。此时黄体由活动状态而逐渐萎缩退化，子宫内膜变薄。待黄体完全消失，卵巢内又有新的卵泡发育，并逐渐向下一个发情周期过渡。如黄体持续存在，则间情期延长。

动物的发情周期受光照、温度和饲料等因素的影响，它们主要通过下丘脑-垂体-卵巢神经内分泌轴的调节发生作用。在内、外环境因素的刺激下，下丘脑分泌的促性腺激素释放激素（GnRH）作用于腺垂体，促进 FSH 和 LH 分泌，两者协同作用于卵巢，调节卵泡生长发育。随着卵泡的成熟，卵泡细胞分泌大量雌激素，雌激素一方面作用于生殖器官，另一方面与少量孕酮协同作用于中枢神经系统引起发情。同时，通过负反馈作用抑制 FSH 分泌，通过正反馈引起 LH 的分泌高峰，从而促发排卵。

排卵后雌激素浓度下降，卵巢内形成黄体并分泌孕酮，而使 FSH 和 LH 分泌减少，新卵泡不再发育，动物不再发情，发情周期转入发情后期和间情期。若排出的卵子没有受精，在前列腺素的作用下，黄体退化，血液中孕激素浓度大幅度下降，解除了对下丘脑和腺垂体的抑制作用，GnRH、FSH 和 LH 的分泌随之增加，从而进入下一个发情周期。如果卵子受精，则转入妊娠期。

拓展训练

如何进行动物的同期发情？

（三）家畜繁殖过程

1. 自然交配与人工授精

通过自然交配或人工授精，精液进入雌性生殖道内完成受精过程。

自然交配包括求偶反射、勃起反射、爬跨反射、插入反射和射精反射等。

家畜人工授精是指借助于专门器械，用人工方法采取公畜精液，经体外检查与处理后，输入发情母畜的生殖道内，使其受胎的一种繁殖技术。目前大多数养殖场采用此种方法进行繁殖。

拓展训练

人工授精操作有哪些注意事项？

2. 受精和妊娠

受精是指卵子和精子结合而形成一个新细胞——合子的过程。包括精子和卵子的运行、精子的获能、精子和卵子的相遇及顶体反应、精子穿过透明带进入卵细胞及合子的形成等重要生理过程。精子和卵子会在母畜输卵管的壶腹部结合，形成受精卵。受精卵运动到子宫部位附植，并与母体开始建立起联系。经过这样的过程，母畜就进入了妊娠期。

受精卵在母体子宫内生长发育为成熟胎儿的过程，称为妊娠。在妊娠期内，胚胎与母体之间通过胎盘实现物质的交换，对于不同的家畜来说，胎盘存在一定的差异。妊娠母畜食欲增强，体重增加，随胎儿的生长，体躯逐渐增大。各种家畜妊娠期有明显的差异。

家畜的胎膜包括绒毛膜、羊膜、卵黄囊和尿囊，并以脐带与胎儿相连。

3. 分娩

胎儿经过一定的妊娠期，在激素等多方面因素的作用下，借助子宫和腹肌的收缩，与胎膜一起被排出体外，这一过程就是母畜的分娩过程，也是新个体诞生的过程。分娩的过程大体经历开口期、胎儿娩出期和胎衣娩出期三个阶段。

胎衣娩出后，分娩过程完成，进入产后期。在产后期，所有在妊娠过程中发生的变化都逐渐恢复到未孕前状态。

拓展训练

如何对母畜进行助产？胎衣不下如何处理？

四、认识泌乳过程

泌乳是哺乳动物延续后代的一个重要生理过程。母乳中含有丰富的营养物质，是幼龄动物生长发育最理想的食物。雌性动物每次分娩后乳腺持续分泌乳汁的时期，称为泌乳期。泌乳期结束后不再泌乳的时期，称为干乳期。

（一）乳的化学成分

乳是乳腺分泌的产物。乳中含有水分、蛋白质、脂质、糖类、无机物质、维生素、酶类、激素、生长因子、有机酸以及气体等化学成分。乳可分为初乳和常乳2种。

1. 初乳

雌性动物分娩后最初3～5d内产生的乳称为初乳。初乳较黏稠，呈淡黄色，稍有咸味和腥味，煮沸时凝固。初乳中干物质含量较高，含有丰富的球蛋白和白蛋白。初生动物吸吮初乳后，蛋白质能透过肠壁而被吸收，有利于增加血浆蛋白质的浓度。初乳中还含有大量的免疫抗体、酶、维生素及溶菌素等，初生动物主要依赖初乳中的抗体或免疫球蛋白形成体内的被动免疫，以增加机体抵抗疾病的能力。初乳中含有较多的无机盐，其中特别富含镁盐，镁盐有轻泻作用，能促进肠道排出胎便。所以，初乳对于初生动物是其他营养物质所不能代替的食物，饲喂初乳对保证初生动物的健康成长具有重要的生理意义。

 拓展训练

如何保证幼畜吃足初乳？

2. 常乳

初乳期过后，乳中的蛋白质和无机盐的含量逐渐减少，酪蛋白和乳糖的含量不断增加，至 6~15d 以后变为常乳。

（二）乳的生成过程

乳的生成过程是在乳腺腺泡和细小乳导管的分泌上皮细胞内进行的。生成乳的原料来自血液。乳中的酪蛋白、乳清蛋白、乳脂和乳糖等是上皮细胞利用血液的原料，经过复杂生物过程合成而来的。而乳中的球蛋白、酶、激素、维生素和无机盐等虽然来源于血浆，但通过乳腺分泌上皮细胞的选择性吸收和浓缩，种类和含量与血浆明显不同。与血液相比较，乳中的钙增加了 13 倍，钾和磷增加 7 倍，镁增加 4 倍以上，但钠只有血液中的 1/7。

（三）乳的分泌过程

乳腺分泌细胞内合成的乳组分，先从合成部位到达细胞膜顶端，然后越过细胞膜进入到腺泡腔中。

（四）排乳

1. 乳的蓄积

乳在乳腺的上皮细胞内生成后，不断地分泌入腺泡腔。当乳充满腺泡腔和细小乳导管时，腺泡周围的肌上皮细胞和导管系统的平滑肌反射性收缩，将乳周期性地转移到较大的乳导管和乳池中。当乳充盈到一定程度时，乳汁继续积聚使乳腺容纳系统被动扩张，内压迅速升高，以致压迫乳腺中的毛细血管和淋巴管，阻碍乳腺的血液循环，结果使乳的生成速度显著减慢。乳排出后，乳房内压下降，乳的生成随之增加。

2. 排乳过程

哺乳或挤乳引起乳房容纳系统紧张度改变，使腺泡和乳导管中的乳汁迅速流向乳池，这一过程称为排乳。在排乳过程中，最先排出的一部分乳称为乳池乳，乳牛的乳池乳一般占泌乳量的 1/3~1/2。此后，由排乳反射从腺泡和乳导管排出的乳，称为反射乳，占总乳量的 1/2~2/3。仔猪用吻突撞猪乳房 2~3min 后才能开始排乳。牛排乳反射持续 3~5min，因此挤乳必须加速进行，这样才能使乳房内的乳汁较彻底地排出。反射乳排出后，乳房内还残留一部分不能排出的乳，称为残留乳，它将与新生成的乳汁混合，在下一次哺乳（或挤乳）时排出。

 查一查

奶牛场一次挤奶操作时，一头奶牛在奶厅的挤奶转盘上的挤奶时长。

3. 排乳的调节

排乳是由大脑皮层、下丘脑和垂体参加的复杂反射活动。

在排乳反射过程中，各个环节都可以形成条件反射。挤乳的地点、时间、挤乳设备、挤乳操作人员等，都能成为条件刺激而形成条件性排乳反射。这些条件反射对于排乳活动有明显的影响。在正确的饲养管理制度下，可形成一系列有利于排乳的条件反射，常能促进排乳和增加挤乳量。相反，异常的刺激，如喧扰、更换新挤乳员、挤乳设备改变、不正确的挤乳操作等，都能抑制排乳反射，使产乳量下降。

 想一想

从排乳过程和排乳调节方面说明如何使奶牛的产奶量增加。

项目十三　家禽解剖生理识别

知识目标
- 了解家禽骨骼、肌肉、皮肤及皮肤衍生物的形态、结构；
- 掌握家禽消化、呼吸、泌尿生殖系统的组成和生理特点；
- 能识别家禽嗉囊、胃、肠、肝、胰、心、肺、肾、睾丸、卵巢、输卵管、法氏囊、胸腺、脾脏等器官的形态、位置和结构特点；
- 熟悉家禽的正常体温范围、体温调节特点及家禽的生活习性。

技能目标
- 掌握主要家禽（鸡、鸭等）解剖技能，学习掌握各器官形态、位置和构造；
- 到家禽养殖场参观实习，了解家禽生活习性。

素质目标
- 培养生物安全意识；
- 培养尊重生命、注重动物福利的意识。

家禽属于脊柱动物的鸟纲，主要包括鸡、鸭、鹅、火鸡、珍珠鸡等。在人类长期的驯化下，有些家禽已丧失飞翔能力，但其身体的形态、结构、机能以及活动规律仍保持着适宜飞翔的特点。

一、被皮与运动系统识别

（一）皮肤及其衍生物识别

1. 皮肤

家禽皮肤大部分由羽毛覆盖，称羽区。无羽毛部位称裸区。皮肤没有皮脂腺，没有汗腺。皮肤在翼部形成的皮肤褶称翼膜，有利于飞翔。水禽的皮肤在趾间形成蹼，利于划水。皮下组织疏松，容易与躯体剥离，有利于羽毛的活动。

禽类皮肤的颜色有白色、黄色和黑色之分。黄皮肤禽类的皮肤颜色主要来源于饲料中的叶黄素。

2. 皮肤的衍生物

家禽皮肤的衍生物包括羽毛、冠、肉垂、耳叶、喙、爪、鳞片、尾脂腺等。

（1）羽毛　根据羽毛形态不同，可将其分为正羽、绒羽、纤羽3类。

根据羽毛长的部位不同，可将其分为颈羽、鞍羽、翼羽（图13-1）、尾羽等。翼羽是用于飞翔的主要羽毛。

鸡从出壳到成年要经过3次换羽。雏鸡刚出壳时，除了翼和尾外，全身覆盖绒羽。这种羽毛保温性能差，出壳不久即开始换羽，由正羽代替，通常在6周龄左右换完，换羽的顺序为翅、尾、腹、头。第2次换羽发生在6～13周龄，换为青年羽。第3次换羽发生在13周龄到性成熟期，换为

图13-1　鸡的翼羽

1—前羽；2—翼肩羽；3—覆主翼羽；
4—主翼羽；5—覆副翼羽；6—副翼羽；
7—轴羽

成年羽。更换成年羽后，从第 3 次开始，每年秋冬换羽 1 次。

家禽采用羽速鉴别时如何辨认雌雄？

家禽为什么要强制换羽？如何进行强制换羽？

（2）冠、肉垂、耳叶　公鸡的冠特别发达，呈直立状；母鸡冠常倒向一侧。冠的结构、形态可作为辨别鸡品种、成熟程度和健康状况的重要参考。

肉垂也称肉髯，左右各一，两侧对称，呈鲜红色，位于喙的下方。

耳叶呈椭圆形，位于耳孔开口的下方，呈红色或白色。

（3）喙、鳞片、爪、距　喙是长在上颌和下颌前端的锥形角质壳，是禽的采食工具和攻击及防卫武器。集约化饲养时，为了防止啄癖的发生和节约饲料，常常对鸡只进行断喙。

鳞片分布在跖、趾部，高度角化。

爪位于家禽的每一个趾端，鸡的爪呈弓形。

距在鸡的跖部内侧，公鸡明显。

如何对蛋鸡进行断喙？

（4）尾脂腺　家禽有 1 对尾脂腺，位于尾综骨的背侧。水禽的尾脂腺发达。尾脂腺分泌物中含脂肪、卵磷脂和麦角固醇等。其中麦角固醇在紫外线的作用下，能转变成维生素 D，供皮肤吸收利用。家禽在整理羽毛时，用喙压迫尾脂腺，挤出分泌物，再用喙涂于羽毛上，使羽毛润泽。

在宰杀家禽时要将尾脂腺弃去，请查找资料，找出原因。

（二）骨骼识别

家禽为适应飞翔，骨骼发生了重要变化：一是大部分骨是与气囊相通的含气骨，重量相对较轻；二是禽类骨钙化程度高，含有丰富的钙盐，骨质非常致密，十分坚硬；三是有些骨愈合在一起。家禽的全身骨骼，按部位分为头骨、躯干骨和四肢骨（图 13-2）。

1. 头骨

头骨呈圆锥形，分为面骨和颅骨。颅骨大部分愈合，颅腔较小，内有脑和视觉器官。面骨不发达，其特点是在下颌骨与颞骨之间有方形骨。当口腔开张与闭合时，可使上喙上升和下降，进而可使禽类的口张得很大，便于吞食较大的食块。

2. 躯干骨

躯干骨由脊柱骨、肋骨和胸骨构成。脊柱骨分为颈椎、胸椎、腰荐椎和尾椎。颈椎的数目多，形成"乙"状弯曲，使颈部运动灵活，利于啄食、警戒和梳理羽毛。第 2~5 胸椎愈合成1块背骨，第7胸椎与腰椎、荐椎、第1尾椎愈合成综荐骨，活动不灵活。最后尾椎是一块发达的三棱形尾综骨，为尾羽的支架，附着有发达的尾肌，支撑羽毛和尾脂腺。

除前1~2对肋骨外，每一肋骨都由椎骨肋和胸骨肋2部分构成。除第1对和最后2~3对外，其他肋骨的椎肋上有钩状突，与后面的肋骨相接触，起加固胸廓的作用。

胸骨又称龙骨，非常发达，构成胸腔的底壁。在胸骨腹侧正中有纵行隆起，向下突出，称龙骨嵴。胸骨末端与耻骨末端的距离为胸耻间距。

3. 前肢骨

家禽的前肢演变成翼，分为肩带部和游离部。

肩带部包括肩胛骨、乌喙骨和锁骨（叉骨）。肩胛骨狭长，与脊柱平行。乌喙骨粗大，斜位于胸廓之前，下端与胸骨成牢固的关节。锁骨较细，两侧锁骨在下端汇合，又称叉骨。

游离部又称翼部，由臂骨和前脚骨组成，平时折叠成"Z"形。臂骨发达，近端与肩胛骨、乌喙骨形成肩关节，远端与前臂骨形成肘关节，在近端还有较

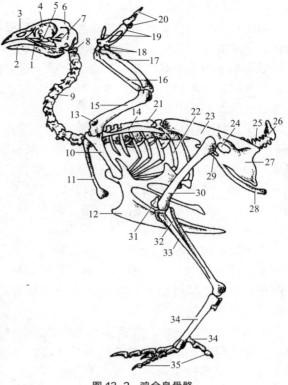

图13-2　鸡全身骨骼

1—颚骨；2—下颌骨；3—颌前骨；4—筛骨；5—腭骨；6—额骨；7—方骨；8—寰椎；9—颈椎；10—乌喙骨；11—锁骨；12—胸骨；13—气孔；14—肩胛骨；15—臂骨；16—桡骨；17—尺骨；18—腕骨；19—掌骨；20—指骨；21—胸椎；22—肋骨；23—髂骨；24—坐骨孔；25—尾椎；26—尾综骨；27—坐骨；28—耻骨；29—闭孔；30—股骨；31—膝盖骨；32—腓骨；33—胫骨；34—跗骨；35—趾骨

大的气孔。前臂骨由桡骨和尺骨构成，尺骨发达，两骨间形成较大的间隙。前脚骨由腕骨、掌骨和指骨构成，与掌骨形成腕掌关节。

4. 后肢骨

家禽的后肢骨发达，支持机体后躯的体重，分为盆带部和游离部。

盆带部由髂骨、坐骨和耻骨构成，合为髋骨。两侧的耻骨、坐骨分离，骨盆底部不结合，形成开放性骨盆，便于产卵。龙骨与耻骨的龙耻间距、左右耻骨间的耻骨间距的大小，是衡量母禽产蛋率高低的一个标志。

游离部即腿部，由股骨、小腿骨和后脚骨构成。

（三）肌肉识别

禽类骨骼肌的肌纤维较细，无脂肪沉积，肉眼看可分为白肌和红肌。

家禽的皮肌薄，分布广泛，其分布主要与皮肤的羽区相联系，以控制皮肤的紧张性及羽毛的活动。

面部肌肉不发达，但开闭上、下颌的肌肉较发达。

颈部肌肉发达，大多分化为多节肌及其复合体，所以头颈运动灵活。

躯干肌肉不发达。

肩带肌主要作用于翼，其中最发达的是胸肌（又称胸大肌）、乌喙上肌（胸小肌），是肌内注射的主要部位之一。

股部和小腿部的肌肉多而发达。栖肌是家禽特有的肌肉，当腿部屈曲时，栖肌收缩，可使趾关节机械性屈曲。因此，家禽栖息时能牢牢地抓住栖架，不会跌落。鸡跖部的长腱，尤其是趾屈肌腱，随日龄增加很快骨化。

二、消化系统与功能识别

家禽的消化系统由消化管和消化腺2部分组成。消化管包括口咽、食管、嗉囊、腺胃、肌胃、小肠、大肠、泄殖腔、泄殖孔；消化腺包括肝、胰、唾液腺、胃腺、肠腺等（图13-3）。

（一）口咽

家禽的口腔与咽之间没有明显的界线，直接相通，故称口咽。禽没有唇、齿、软腭，颊不明显，上、下颌形成喙。雏鸡上喙的尖部有蛋齿，用来划破蛋壳。

口咽顶部前壁正中，有前狭后宽的鼻后孔，向后延伸为腭裂。后部正中有咽鼓管，开口于漏斗内。口咽部黏膜内有丰富的毛细血管，可使大量血液冷却，有调节体温的作用。

家禽的舌黏膜内味蕾较少，味觉机能较差。

家禽主要依靠视觉、触觉寻觅食物，不加咀嚼，口咽部的消化作用很弱。

（二）食管和嗉囊

家禽的食管较宽，壁薄，易扩张，可分为颈段和胸段。鸡、鸽的食管在胸前口处膨大，形成嗉囊；鸭、鹅没有真正的嗉囊，但颈部食管粗大，也有贮存食物的作用。

食管壁由黏膜层、肌层和外膜构成，在黏膜层有较大的黏液性食管腺，分泌黏液，颈部食管后部的黏膜层内含有淋巴组织，形成淋巴滤泡，称为食管扁桃体，鸭较发达。

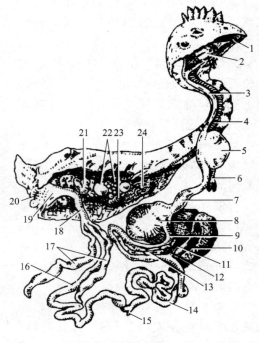

图13-3 鸡的消化器官

1—口腔；2—咽；3—食管；4—气管；5—嗉囊；
6—鸣管；7—腺胃；8—肌胃；9—十二指肠；
10—胆囊；11—肝肠管和胆囊肠管；12—胰管；
13—胰腺；14—空肠；15—卵黄囊憩室；16—回肠；
17—盲肠；18—直肠；19—泄殖腔；20—肛门；
21—输卵管；22—卵巢；23—心；24—肺

鸡嗉囊的主要机能是贮藏、浸泡、软化食物。适宜的温度下，嗉囊可分泌呈酸性的黏液，适合细菌（主要是乳酸菌）的生长繁殖，使糖类饲料在嗉囊内进行初步消化。嗉囊内的酶来自饲料或由胃肠倒流而入。食物在嗉囊停留的时间因食物的性质、数量、家禽的饥饿程度及健康状况不同而不同，一般停留3～4h。嗉囊有根据胃的需要量把食物送到腺胃的作用。

成鸽在哺育幼鸽期间，其嗉囊内的上皮细胞增生并发生脂肪变性，脱落后与分泌的黏液一起形成乳汁状的嗉囊乳（也称鸽乳），用来哺乳幼鸽。嗉囊乳中含有大量的蛋白质、脂肪、淀粉酶和蔗糖酶。

（三）胃

家禽的胃分为前、后两部分，前部为腺胃，后部为肌胃（图13-4）。

腺胃又称前胃，呈短纺锤形，位于腹腔左侧。前以贲门与食管的胸段相接，后以峡与肌胃相接，食物存留的时间比较短。黏膜表面分布有乳头。

腺胃的黏膜能分泌酸性胃液，内含有盐酸、胃蛋白酶和黏液。盐酸可活化胃蛋白酶、溶解矿物质，胃蛋白酶可分解蛋白质。腺胃可推动食糜进入肌胃，并可使食团在腺胃和肌胃之间来回移动。由于腺胃较小，分泌的胃液迅速进入肌胃，而在腺胃停留时间较短，主要作用是使食物和胃液混合。

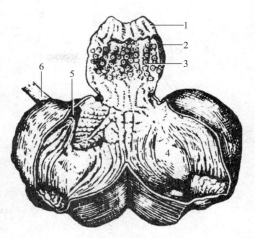

图13-4　鸡的消化器官
1—食管；2—腺胃；3—深腺开口及乳头；
4—肌胃侧肌；5—幽门；6—十二指肠

肌胃位于腺胃的后方，呈双面凸的圆盘状。肌胃黏膜内有许多腺体，其分泌物与脱落的上皮细胞一起，在酸的作用下形成一层角质层，有皱褶，由于胆汁的返流作用而呈黄色，称为鸡内金，对胃壁及黏膜有保护作用。肌胃内含有沙砾，因此又称砂囊。肌胃以发达的肌层和胃内的沙砾以及粗糙而坚韧的类角质膜，对吞入的食物，特别是颗粒状的饲料起机械磨碎作用。

 想一想

为什么要在集约化养殖场鸡的饲料中添加沙砾？

（四）肠

1. 肠

小肠分为十二指肠、空肠、回肠。

十二指肠形成"U"字形（鸭为马蹄形），分降支、升支，以韧带相连接，其折转处可达骨盆腔。十二指肠袢内夹有胰腺。

空肠形成许多肠袢，中部有一小的突起，为卵黄囊憩室，是卵黄囊柄的遗迹。

回肠较短且直，以系膜与2条盲肠相接。

无十二指肠腺，黏液由杯状细胞和单管状肠腺分泌。小肠绒毛长且有分支，无中央乳糜管，脂肪直接吸入血液。

大肠包括盲肠和结直肠。

盲肠2条，从回盲口向前伸延，分为盲肠基、盲肠体、盲肠尖3部分。在盲肠基部黏膜内有淋巴组织分布，称为盲肠扁桃体。鸡的最明显，是诊断疾病主要检查的部位。

禽没有明显的结肠，直肠短，也称结直肠。

2. 泄殖腔

泄殖腔是直肠末端膨大形成的腔道，是消化系统、泌尿系统、生殖系统的共同通道，向后以肛门与外界相通。泄殖腔内以2个环形的黏膜褶将泄殖腔分为粪道、泄殖道、肛道3部分（图13-5）。

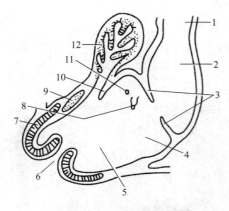

图 13-5 禽泄殖腔模式图
1—结直肠；2—粪道；3—粪道泄殖道壁；
4—泄殖道；5—肛道；6—肛门；7—括约肌；
8—输精管乳头；9—肛道背侧腺；10—泄殖
道肛道壁；11—输尿管口；12—腔上囊

粪道是直肠的末端，较膨大，前接直肠，黏膜上有短的绒毛。

泄殖道较短，有1对输尿管的开口，雄禽有1对输精管乳头，是输精管的开口；雌禽在输尿管的左侧有1个输卵管的开口。

在肛道的背侧有腔上囊（法氏囊）的开口。

泄殖孔是泄殖腔对外的开口，也称肛门。

（五）肝

肝位于腹腔前下部，分为左、右两叶，右叶略大，有胆囊（鸽无胆囊）。两叶之间夹有心脏、腺胃、肌胃。是家禽体内最大的消化腺。

肝的颜色因年龄和肥育状况而不同，成年禽呈红褐色，肥育禽因贮存脂肪而为黄褐色或土黄色，刚出壳的雏禽由于吸收卵黄素而呈黄色。

禽肝的肝小叶结构不明显。

（六）胰

位于十二指肠袢内，呈淡黄色或淡红色，长条叶状。通常分为背叶、腹叶和1个较小的脾叶。鸡有2～3条胰管，鸭、鹅有2条，与胆管一起开口于十二指肠的终部。

查一查

为什么家禽粪便经加工调制后可作为再生饲料使用？

三、呼吸系统识别

家禽的呼吸系统由鼻腔、咽、喉、气管、鸣管、支气管、肺、气囊等组成。鸣管和气囊是家禽的特有器官。

（一）家禽呼吸系统的构造特点

1. 鼻腔

鼻孔位于上喙的基部，家禽的鼻腔较窄。鸡的鼻孔有膜质性鼻瓣，其周围有小羽毛，可防止小虫、灰尘等异物进入。鸭、鹅的鼻孔有柔软的蜡膜。鸽的两鼻孔与上喙的基部形成发达的蜡膜，是鸽的重要特征之一。

在眼球的前方有一个三角形眶下窦，家禽在患呼吸道疾病（特别是鼻炎）时，眶下窦往往发生病变。

在眼眶顶壁和鼻腔侧壁有一特殊的腺体，有分泌氯化钠调节渗透压的作用，称为鼻盐腺。鸡的不发达，鸭、鹅等水禽的较发达，呈半月形，是在海洋上生活的禽类的重要腺体。

2. 喉

喉由环状软骨和勺状软骨构成。无声带，喉口呈裂缝状，由2个发达的黏膜褶形成。吞咽时喉口肌反射性地收缩，可关闭喉口，防止食物误入喉中。

3. 气管、鸣管和支气管

气管由许多软骨环构成，相邻的软骨环相互套叠，可以伸缩，以适应头部的灵活运动。在心基的上方分叉，形成鸣管和支气管。

鸣管也称后喉，是禽类特有的发音器官。鸣管以气管为支架，由几块支气管软骨和1块鸣骨构成。在鸣管的内侧壁、外侧壁有2对弹性薄膜，分别为内鸣膜和外鸣膜。两鸣膜之间形成1对夹缝，当呼气时，空气振动鸣膜而发声（图13-6）。

鸭的鸣管主要由支气管构成，公鸭的鸣管在左侧形成一个膨大的骨质性鸣管泡，无鸣膜，故发出的声音嘶哑。刚孵出的雏鸭可通过触摸鸣管，来鉴别雌雄。

家禽的支气管经心基的背侧进入肺，以"C"形的软骨环为支架，缺口面向内侧。

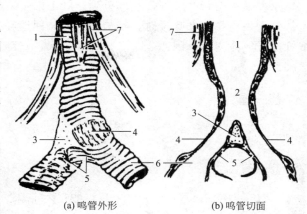

(a) 鸣管外形　　　(b) 鸣管切面

图13-6　禽类的鸣管

1—气管；2—鸣腔；3—鸣骨；4—外侧鸣膜；
5—内侧鸣膜；6—支气管；7—胸骨气管肌

4. 肺

禽肺呈鲜红色，质地柔软，位于第1～6肋之间，两肺对称地分布于胸腔背侧部，背侧面嵌入肋骨间，形成肋沟。一般不分叶，在腹侧面有肺门，是肺血管出入的门户。在肺的稍后方有膜质的膈。

禽肺内的支气管分支形成互相通联的管道，不形成支气管树。支气管在肺门处进入肺后，纵贯全肺并逐步变细，称为初级支气管，其后端出肺，连接腹气囊。从初级支气管上分出背内侧、腹内侧、背外侧、腹外侧4群次级支气管，末端出肺，形成气囊。次级支气管再分出众多的袢状三级支气管，连于2群支气管之间。从三级支气管分出辐射状的肺房。肺房上皮为单层扁平上皮，相当于家畜的肺泡囊。肺房的底部又分出若干个漏斗，漏斗的后半部形成丰富的毛细管，相当于家畜的肺泡，是气体交换的场所。一条三级支气管及其所分出的肺房、漏斗、肺毛细管构成一个肺小叶。

5. 气囊

气囊是禽类所特有的器官，是初级支气管或次级支气管出肺后形成的黏膜囊，多数与含气骨相通。家禽有9个气囊，即1对颈气囊，1个锁骨间气囊，1对前胸气囊，1对后胸气囊，1对腹气囊（图13-7）。

气囊具有贮存空气、参与肺的呼吸、加强气体交换、减轻体重、散发体热、调节体温、加强发音等多种生理功能。

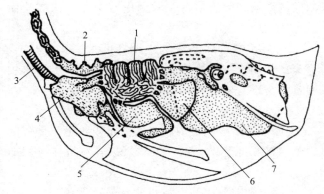

图13-7　禽气囊分布模式图

1—肺；2—颈气囊；3—气管；4—锁骨间气囊；
5—前胸气囊；6—后胸气囊；7—腹气囊气管

（二）家禽的呼吸生理特点

家禽正常的呼吸式为胸腹式呼吸，腹壁肌与胸壁肌协同作用共同完成呼吸动作。

家禽吸入的新鲜空气，一部分到达肺毛细管，与其周围的毛细管直接进行气体交换；另一部分进入气囊。在呼吸时，气囊中的气体回返经支气管进入肺，达肺毛细管，再一次与毛细管进行气体交换。因此，家禽每呼吸1次，在肺内进行2次气体交换，使气体交换的效率增高。

想一想

隐睾家畜没有种用价值，而家禽的睾丸位于腹腔内，为什么还具有繁殖能力？

想一想

为什么家禽呼吸系统疾病容易扩散较大范围？

四、泌尿生殖系统识别

家禽的泌尿系统由肾、输尿管组成，无膀胱和尿道（图13-8）。

（一）泌尿系统的结构与功能

1. 肾

家禽的肾较发达，呈红褐色，为长条豆荚状，前端可达最后肋骨，向后几乎达综荐骨的后端。每侧肾分前、中、后三叶。无脂肪囊，无肾门，质软而脆，剥离时易碎。

肾实质的皮质区有许多肾单位，但肾小球不发达；髓质区由集合管和髓袢构成。集合管不断汇合形成输尿管，无肾盂和肾盏。

2. 输尿管

输尿管是输送尿液的肌质性管道，分别从肾的中部发出，沿肾的腹面向后延伸，末端开口于泄殖道顶壁的两侧。输尿管管壁薄，常因尿液中含有尿酸盐而显白色。

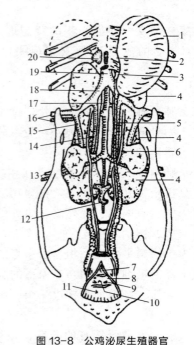

图13-8 公鸡泌尿生殖器官
（腹侧观，右侧睾丸和部分输精管切除）

1—睾丸；2—睾丸系膜；3—附睾；4—肾；
5—输精管；6—输尿管；7—泄殖腔粪道；
8—输尿管口；9—输精管乳头；10—泄殖道；
11—肛道；12—肠系膜后静脉；13—坐骨血管；
14—肾后静脉；15—肾门静脉；16—髂外静脉；
17—主动脉；18—髂总静脉；19—后腔静脉；
20—肾上腺（右）

（二）家禽泌尿系统的生理特点

家禽代谢产生的废物，主要通过肾来排出。尿生成的过程与家畜的基本相似，但具有以下特点：

① 原尿生成的量较少。

② 肾小管重吸收能力较强，能重吸收绝大部分的水、葡萄糖和部分氯、钠、碳酸氢盐等对机体有用的物质。

③ 肾小管的分泌和排泄机能较强。

④ 蛋白质代谢的主要产物是尿酸，大部分经肾小管排泄到尿中。禽尿因含有较多的尿酸盐而呈奶油色。

⑤ 家禽生成的尿液直接通过输尿管排泄到泄殖腔中，随粪便一起形成灰白色的粪便排出体外。

（三）公禽生殖器官的结构与功能

公禽生殖器包括睾丸、附睾、输精管和交配器。

1. 睾丸和附睾

左、右睾丸均呈豆形。位于脊柱两侧下方，以短的睾丸系膜悬于腹腔顶，其体表投影正对最后两椎骨肋的上部。睾丸的大小和重量随品种、年龄和性活动期的不同而有很大差异。

附睾小，为长纺锤形，紧贴于睾丸的背内侧缘，被睾丸系膜覆盖，主要由睾丸输出小管构成。附睾管很短，一出附睾即延续为输精管。

2. 输精管

细长而弯曲，伴随同侧输尿管笔直地向后伸延，末端形成输精管乳头，在输尿管口内侧稍下方开口于泄殖道。在交配季节，输精管增长变粗，行程中形成无数迂曲，以贮存精子。

3. 交配器

雄鸡的交配器不发达。位于肛门腹侧唇以内，由阴茎体、输精管乳头、淋巴褶和血管体构成。幼雏阴茎体较大，可用以鉴别雌雄。

交配射精时，血管体产生淋巴注入淋巴褶内，一对外侧阴茎体即勃起，并与正中阴茎体形成一沟，精液从输精管乳头经沟注入雌鸡阴道。

雄鸭和雄鹅的阴茎较发达。

 查一查

如何对公鸡进行人工采精操作？

 查一查

如何使用翻肛法进行雌雄禽鉴别？

（四）母禽生殖器官的结构与功能

母禽生殖系统由卵巢和输卵管组成。左侧卵巢和输卵管发育正常，右侧的退化，仅留残迹。

1. 卵巢

左卵巢以系膜附着于左肾前叶及肾上腺的腹侧。幼禽左卵巢为扁平椭圆形，含无数小卵泡，表面呈颗粒状。小卵泡随年龄增大不断发育生长，形成一群大小不一的各级卵泡，突出于卵巢表面，以细柄与卵巢相连，使整个卵巢呈葡萄串状。排卵时，卵泡破裂，卵子排入输卵管。停产后，卵巢萎缩。

当左侧的卵巢功能衰退和丧失时，右侧未发育的生殖腺有时可能重新发育成睾丸、附睾体或卵巢，前两者即发生性逆转现象。

2. 输卵管

左输卵管发育完全，位于腹腔左半部。幼禽的细而较直。产蛋期的输卵管粗长而迂曲，形如肠管，长约 60～70cm。停产期的输卵管萎缩，长仅 30cm。

输卵管由前向后，可分为漏斗部、膨大部、峡部、子宫部和阴道部 5 部分，各部分功能情况见表 13-1。

表 13-1 输卵管各部分的功能

输卵管各部分	长度/cm	卵在该处停留时间	功能
漏斗部	9	15min	摄取卵子，为受精的场所
膨大部	33	8h	分泌蛋白质
峡部	10	80min	形成卵蛋壳膜
子宫	10~12	8~20h	形成蛋壳、壳上胶护膜，蛋壳着色
阴道	8~10	几分钟	蛋通过并排出体外的通道

3. 母禽的生殖生理特点

没有发情周期，胚胎不在母体内发育，而是在体外孵化；没有妊娠过程；在 1 个产蛋周期中，能连续产卵；卵泡排卵后，不形成黄体；卵内含有大量的卵黄，卵的外面包有坚硬的壳。

就巢性俗称抱窝，是指母禽特有的性行为，表现为愿意坐窝、孵卵和育雏。抱窝期间雌禽食欲不振，体温升高，羽毛蓬松，发出"咯咯"声，很少离卵运动寻觅食物。抱窝期间停止产蛋。就巢性受激素的调控，是由于催乳素引起的，注射雌激素可使其停止。

 查一查

母鸡人工授精应如何操作，是否需要每天操作？

五、心血管系统

（一）心脏

心脏为圆锥形的肌质性器官，位于胸腔前下部的心包内。上部为心基，与第 1 肋骨相对；下部为心尖，位于肝两叶之间的前部。有 2 个心房和 2 个心室，结构与哺乳动物相似。但禽的左房室口是肌肉瓣，而不是三尖瓣。

（二）血管

1. 动脉

由右心室发出肺动脉干，分出左、右 2 支肺动脉，分别进入左、右两肺。由左心室发出主动脉，先形成右主动脉弓，主干则延续为降主动脉。主动脉弓分支为左、右臂头动脉。每一臂头动脉又分出左、右颈总动脉和左、右锁骨下动脉。

2. 静脉

全身的静脉汇集形成 2 条前腔静脉和 1 条后腔静脉，开口于右心房的静脉窦（鸡的左前腔静脉直接开口于右心房）。前腔静脉是由同侧的颈静脉、锁骨下静脉汇集形成的。两侧颈静脉在颅底有颈静脉间吻合，称为桥静脉（口腔内致死放血的位置）。翼部翅静脉是前肢的最大静脉，在皮下可清楚地看到其走向，是家禽采血和静脉注射的部位。

 查一查

鸡心脏采血和翅静脉采血的部位如何确定？

六、免疫系统

（一）胸腺

胸腺位于颈部皮下气管的两侧，沿颈静脉直到胸腔入口处，呈淡黄色或黄色。幼禽发达，在接近性成熟时最大，以后随着年龄的增长逐渐退化，成年鸡只留下痕迹。一些病毒性疾病感染时可能导致出现出血现象。

（二）法氏囊

法氏囊又称腔上囊，是家禽所特有的免疫器官，位于泄殖腔背侧，开口于肛道。鸡的法氏囊在 4~5 月龄最发达，性成熟后开始退化，至 10 月龄基本消失。

法氏囊的功能主要与体液有关。骨髓产生的淋巴干细胞随血液流到法氏囊，在激素的影响下，迅速繁殖分化成囊依赖淋巴细胞——B 细胞，当 B 细胞转移到脾脏、盲肠扁桃体及其他淋巴组织后，在抗原刺激下，可迅速增生，转为浆细胞，产生抗体。

（三）脾脏

脾脏位于腺胃的右侧，呈红褐色。鸡的脾呈球形。

（四）淋巴结

鸡无淋巴结，被淋巴丛代替。水禽有 2 对淋巴结，1 对是颈胸淋巴结，呈纺锤形，紧贴颈静脉；另 1 对是腰淋巴结，呈长形，位于腰部主动脉的两侧，肾中部背内侧缘。

（五）哈德腺

哈德腺也称瞬膜腺，较发达，呈淡红色，位于第三眼睑（瞬膜）的深部，为复管泡状腺。

（六）淋巴组织

家禽的淋巴组织广泛地分散于消化管及其他实质性器官内，有的呈弥散状，有的呈小结节状。在盲肠基部和食管末端的淋巴集结又称为盲肠扁桃体、食管扁桃体。

 查一查

> 用滴鼻和点眼的方法可以给家禽进行免疫接种的原理是什么？

项目十四 犬、兔解剖生理识别

📋 **知识目标**
- 了解犬、兔骨骼、肌肉与被皮的特点；
- 掌握犬、兔解剖生理特征；
- 了解犬、兔生理常数和生活习性。

💡 **技能目标**
- 能识别犬、兔内脏器官的形态、位置和结构；
- 能在动物活体上指出胸腔和腹腔中各器官的体表位置。

📚 **素质目标**
- 养成注重动物福利意识；
- 提高动手实践能力和团体意识。

一、兔解剖生理特征识别

（一）兔被皮与运动系统

1. 被皮系统

家兔的表皮很薄，真皮层较厚，坚韧而有弹性。其皮肤有呼吸作用。兔全身被覆被毛，有粗毛、绒毛和触毛。仔兔出生后30d左右才形成被毛。成年兔春、秋各换毛1次。兔的汗腺不发达，体温调节受到限制，不耐热。皮脂腺发达，遍布全身，能分泌皮脂润泽被毛。母兔的腹部有3～6对乳腺。

2. 骨骼

全身骨骼分为头骨、躯干骨、前肢骨和后肢骨（图14-1）。

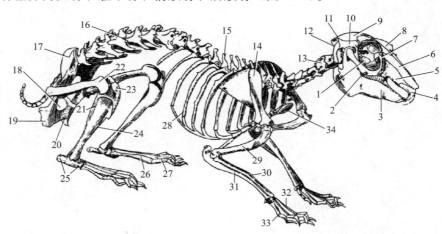

图 14-1 兔的全身骨骼

1—腭骨；2—颧骨；3—下颌骨；4—切齿骨；5—上颌骨；6—鼻骨；7—泪骨；8—额骨；9—顶骨；10—颞骨；11—顶间骨；12—枕骨；13—颈椎；14—肩胛骨；15—胸椎；16—腰椎；17—髂骨；18—闭孔；19—坐骨；20—耻骨；21—腓骨；22—股骨；23—髌骨；24—胫骨；25—跗骨；26—跖骨；27—趾骨；28—肋骨；29—臂骨；30—桡骨；31—尺骨；32—掌骨；33—指骨；34—胸骨

前肢骨短而不发达。肩带部有埋在肌肉中的锁骨。

后肢骨长而发达。

3. 肌肉

前半身（颈部及前肢）的肌肉不发达，后半身（腰部及后肢）的肌肉很发达，这与兔主要用后肢跳跃、奔跑等生活习性有密切的关系。

（二）消化系统

兔口腔容积较小，由唇、颊、腭、舌、齿和唾液腺组成。兔的上唇纵裂为两片，活动灵活，便于啃食短草和较硬的物体。下唇稍薄。舌体背面有明显的舌隆起。

食管为细长的扩张性管道，前部肌层为横纹肌，中后部肌层为平滑肌。

兔的胃属于单室有腺胃，呈豆状，横位于腹腔前部，容积较大。健康家兔的胃经常充满食物。

兔肠管较长（为体长的 10 倍以上），容积较大，具较强的消化吸收功能。包括小肠和大肠（图 14-2）。

兔小肠包括十二指肠、空肠和回肠。小肠总长达 3m 以上。十二指肠呈一个"U"形肠袢，有胆总管和胰腺管的开口。回肠入盲肠处的肠壁膨大成一厚壁圆囊，呈灰白色，约拇指大，为兔特有的淋巴组织，称圆小囊。

兔大肠包括盲肠、结肠和直肠。盲肠特别发达，为卷曲的锥形体，盲肠基部粗大，体部和尖部缓缓变细。基部黏膜中有大、小盲肠扁桃体，体部和尖部黏膜面约有 25 道螺旋瓣，从盲肠外表可看到相应沟纹，盲肠尖部有狭窄的、灰白色的"蚓突"，"蚓突"壁内有丰富的淋巴滤泡。兔结肠外表有 2 条纵肌带和 2 列肠袋。

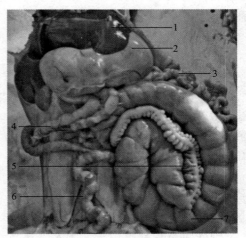

图 14-2 兔消化系统
1—肝；2—胃；3—空肠；4—十二指肠；
5—结肠；6—直肠；7—盲肠

发达的盲肠和结肠内有大量的微生物，具有较强的消化粗纤维能力。

兔有摄食粪便的习性。兔排软、硬 2 种不同的粪便，软粪中含较多的优质粗蛋白质和水溶性维生素。正常情况下，兔排出软粪时，会自然地弓腰用嘴从肛门摄取，稍加咀嚼便吞咽至胃。摄食的软粪与其他饲料混合后，重入小肠消化。

兔肝位于腹前部偏右侧，呈暗紫色，有 2 面、2 缘，通过 4 种韧带与其他器官相接。肝分 6 叶，即左外叶、左中叶、右外叶、右中叶、方叶和尾叶。右中叶处有胆囊。兔肝能分泌大量胆汁。

兔胰位于十二指肠袢内，其叶间结缔组织比较发达，使胰呈松散的枝叶状结构。胰呈灰紫红色。

（三）呼吸系统

兔的鼻孔呈卵圆形，与唇裂相连，鼻端随呼吸而活动，对气味有较强的分辨力。

咽呈漏斗状，为消化管和呼吸道的交叉要道。喉呈短管状，声带不发达，发音单调。

气管由 48~50 个不闭合的软骨环构成，气管末端分为左、右支气管。

肺分 7 叶，即左尖叶、左心叶、左膈叶、右尖叶、右心叶、右膈叶和副叶。左肺窄小，心压迹较深。

呼吸是兔体蒸发水分和散发体温的主要途径。

（四）泌尿系统

肾呈蚕豆形，位于最后肋骨近端和前部腰椎横突腹面，右肾靠前，左肾稍后。肾脂肪囊不明显。兔肾为表面光滑的单乳头肾，无肾盏，肾总乳头渗出的尿液经肾盂汇入输尿管中。

输尿管是肾盂的直接延续，左右各一，呈白色，经腰肌与腹膜之间向后伸延至盆腔，由膀胱颈背侧开口于膀胱。

膀胱呈盲囊状，无尿时位于盆腔内，当充盈尿液时可突入腹腔。

公兔尿道细长，起始于膀胱颈后，开口于阴茎头端，分为骨盆部和阴茎部，兼有排尿和输送精液的双重功能。母兔尿道宽短，起始于膀胱颈后，开口于尿生殖前庭内，仅为排尿通道。

（五）生殖系统

1. 公兔生殖器官

公兔生殖器官如图 14-3 所示。

睾丸呈卵圆形，睾丸头向上。因腹股沟管宽短，加之鞘膜仍与腹腔保持联系及管口终生不封闭，故睾丸仍能回到腹腔。附睾呈长条状。

输精管为附睾尾的向上延续，通入尿生殖道中。兔精索较短，呈圆索状，内有输精管、血管和神经。

副性腺包括精囊腺、前列腺、尿道球腺和上尿道球腺。

阴茎呈圆锥状。阴茎前端游离部稍弯曲，没有龟头。

阴囊位于股部内侧，2.5月龄时方能显现。兔睾丸在繁殖时才降入阴囊，过后又回升到腹股沟管或腹腔中。

2. 母兔生殖器官

母兔生殖器官如图 14-4 所示。

卵巢左右各一，呈长卵圆形，位于后部腰椎腹侧。幼兔卵巢表面光滑，成年兔卵巢表面有突出的卵泡。

输卵管左右各一，前端有输卵管伞和漏斗，稍后处增粗为壶腹，后端以峡与子宫角相通。

子宫属无宫体双子宫，两侧的子宫分别以子宫颈管外口共同突入阴道中。

阴道紧接于子宫后面，其前端有双子宫颈管外口，口间有嵴，后端有阴瓣。

兔为诱发排卵动物，排卵发生于交配刺激后 10～12h，排卵数为 5～20 个。妊娠期为 30～31d。孕兔一般在产前 5d 左右开始衔草作窝，临近分娩时用嘴将胸腹部毛拔下垫窝。分娩多

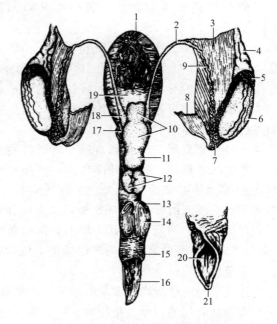

图 14-3 公兔生殖器官模式图

1—膀胱；2—输精管；3—输精管褶；4—静脉丛；
5—附睾头；6—睾丸；7—附睾尾；8—提睾肌；9—精索；
10—雄性子宫；11—精囊腺；12—前列腺；13—尿道球腺；
14—球海绵体肌；15—包皮；16—阴茎；17—前尿道球腺；
18—输精管壶腹；19—生殖褶；20—尿道；21—尿道外口

在凌晨，弓背努责呈蹲坐姿势，有边分娩边吃胎衣的习性。

二、犬的解剖生理特征

（一）被皮与运动系统

1. 犬皮肤的特点

汗腺不发达，只在趾球及趾间的皮肤上有汗腺，故犬通过皮肤散热的能力较差。毛分为被毛和触毛，颜色多种多样。被毛按长短可分为长毛、中毛、短毛、最短毛四种；按毛质地可分为直毛、直立毛、波状毛、刚毛、真毛等。尾按尾毛形状分为卷尾、鼠尾、钩状尾、直立尾、螺旋尾、剑状尾等。

2. 骨骼

犬的全身骨骼分为头骨、躯干骨、前肢骨和后肢骨（图14-5）。

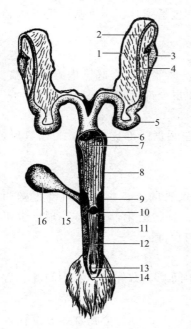

图 14-4 母兔生殖器官模式图

1—子宫阔韧带；2—输卵管；3—卵巢；
4—卵巢囊；5—子宫；6—子宫颈；
7—子宫内膜；8—阴道；9—阴瓣；
10—尿道口；11—静脉丛；12—前庭；
13—阴蒂；14—外阴；15—尿道；
16—膀胱

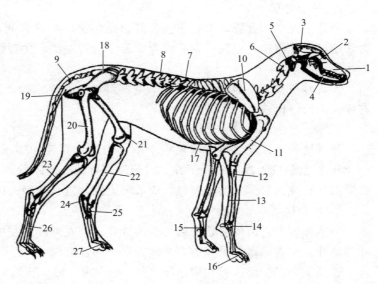

图 14-5 犬的全身骨骼

1—上颌骨；2—颧骨；3—顶骨；4—下颌骨；5—寰椎；6—枢椎；
7—胸椎；8—腰椎；9—尾椎；10—肩胛骨；11—臂骨；12—桡骨；
13—尺骨；14—腕骨；15—掌骨；16—指骨；17—胸骨；18—髂骨；
19—坐骨；20—股骨；21—髌骨；22—胫骨；23—腓骨；24—跟骨；
25—距骨；26—跖骨；27—趾骨

犬的头骨外形与品种密切相关。长头型品种面骨较长，颅部较窄；短头型品种面骨很短，颅部较宽。

颈椎7块，相对长度比牛长，其中寰椎翼宽大，枢椎椎体长。第3～6颈椎的椎体长度依次变短，棘突逐渐增高。胸椎椎体宽，上下扁。腰椎发达，是脊柱中最强大的椎骨。荐骨由3枚荐椎愈合而成，近似短宽的方形，棘突顶端常分离。尾椎椎骨短小。

肋13对，前9对为真肋，后4对为假肋，最后1对为浮肋。

胸骨由8片组成，胸骨柄较钝，最后胸骨节的剑状突前宽后窄，后接剑状软骨。

肩带除有肩胛骨外，还有埋在肌肉中的锁骨，呈规则的三角形薄骨片或软骨片。远指节骨短，末端有爪突，又称爪骨。

后肢骨的组成与兔相似。

3. 肌肉

犬的皮肌十分发达，几乎覆盖全身。颈皮肌发达又称颈阔肌，可分为浅深两层；肩臂皮肌为膜状，缺肌纤维；躯干皮肌十分发达，几乎覆盖整个胸、腹部，并与后肢筋膜相延续。全身肌肉发达，耐久性好。

（二）消化系统

1. 口腔

口裂大，下唇短小且薄而灵活，上唇有中央沟或中央裂。上唇与鼻端之间形成光滑湿润的暗褐色或黑色无毛区，称为鼻镜。犬齿发达。唾液腺发达，包括腮腺、颌下腺、舌下腺和眶腺。

2. 咽和食管

咽顶壁狭窄，食管入口较小。食管起始端窄，称食管峡，该部黏膜隆起，内有黏液腺。食管峡以后管腔比较宽阔。颈后段食管偏于气管左侧。食管肌层全部为横纹肌。

3. 胃

犬胃容积较大，为单室有腺胃，呈长而弯曲的囊管状，左侧贲门部比较大，为圆囊形，右侧及幽门部比较小，为圆管形。

4. 肠

肠管比较短。十二指肠腺仅位于幽门附近，胆管和胰腺大管的十二指肠开口部距幽门5～8cm。空肠位于腹腔左后下方。回肠末端有较小的回盲瓣。盲肠退化，呈"S"形，位于右髂部，盲尖向后。犬的肠壁厚，吸收能力强，这是典型的肉食特征。

5. 肝和胰

肝体积较大，由辐射状的裂缝分为6叶，即左外叶、左中间叶、右外叶、右中间叶、方叶和尾叶。胆囊隐藏在脏面的右外叶和右中间叶之间。

胰位于十二指肠、胃和横结肠之间，呈"V"形。胰通常有大、小2个腺管，分别通入十二指肠。

（三）呼吸系统

鼻孔呈逗号状，鼻唇镜呈低温、湿润的无毛区。嗅区黏膜富含嗅细胞，因此犬的嗅觉极灵敏。

咽较短，食管口小，喉口较大。喉较短，真声带大而隆凸，喉侧室较大，喉小囊较广阔，喉肌较发达。

气管由40～45个"U"形气管软骨环连成圆筒状，末端在心基上方以钝角分为左、右支气管。

肺很发达，与宽阔的胸腔相适应。右肺显著大于左肺，肺分7叶，即左尖叶、左心叶、左膈叶、右尖叶、右心叶、右膈叶和右副叶。

犬在夏季炎热的天气或运动后，伸舌流涎，张口呼吸，以加快散热。

（四）泌尿系统

肾呈蚕豆形，为表面光滑的单乳头肾，无肾盏。

右输尿管略长于左输尿管。

犬膀胱较大，尿充盈时顶端可达脐部。

雄性尿道细长，分为骨盆部和阴茎部。雌性尿道较短，末端开口于尿生殖前庭前腹侧壁。

（五）生殖系统

1. 公犬生殖器官

公犬的生殖系统由睾丸、附睾、阴囊、输精管、副性腺、尿生殖道、阴茎、包皮构成，公犬生殖器官如图14-6所示。

睾丸体积较小，呈卵圆形。睾丸纵隔很发达。附睾较大，紧附于睾丸背外侧。

输精管起始端在附睾外侧下方，先沿附睾体伸至附睾头部，又穿行于精索中，进入腹腔后形成较细的壶腹，末端通入尿道起始部背侧。精索较长，呈扁圆锥形，精索上端无鞘膜环。

犬一般无精囊腺和尿道球腺，前列腺却比较发达。前列腺位于耻骨前缘，呈球状环绕在膀胱颈及尿道起始部。

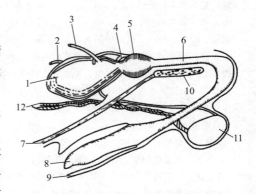

图14-6 公犬生殖器官模式图
1—膀胱；2,3—输尿管；4—输精管；5—前列腺；
6—尿道；7—腹壁；8—阴茎头；9—包皮；
10—耻骨；11—睾丸；12—精索内动脉

尿生殖道骨盆部尿道比较长，其前部包藏于前列腺中（当前列腺膨大时会影响排尿）。坐骨弓处的尿道特别发达，称尿道球。该部有发达的尿道海绵体和尿道肌。

阴茎中隔前方有棒状的阴茎骨，前端变小，有一带弯曲的纤维质延长部，阴茎头很长，包在整个阴茎骨的表面。其前端有龟头球（2个圆形膨大部）和龟头突，二者均为勃起组织，它们的血液来自包皮阴茎层，可使龟头球在交配时迅速勃起，但交配后需很长时间才能萎缩。

阴囊位于腹股沟部与肛门之间的中央部，常有色素并生有细毛，正中缝不甚明显。

2. 母犬生殖器官

母犬的生殖系统由卵巢、输卵管、子宫、阴道和外生殖器构成，母犬生殖器官如图14-7所示。

卵巢小，呈扁平的长卵圆形。在非发情期，每侧卵巢均隐藏于发达的卵巢囊中。卵巢表面常有突出的卵泡。

输卵管细小，伞端大部分在卵巢囊内。

子宫角细而长，无弯曲，近似直线，全部位于腹腔中，子宫体很短，子宫颈很短且与子宫体界限不清。

阴道较长，前端稍细，无明显的穹隆。

母犬属季节性一次发情动物。多在春、秋2季发情，持续时间一般为4～12d。妊娠期59～65d。

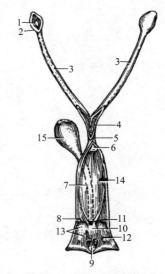

图14-7 母犬生殖器官模式图
1—卵巢；2—卵巢囊；3—子宫角；
4—子宫体；5—子宫颈；6—子宫颈阴道部；
7—尿道；8—阴瓣；9—阴蒂；10—阴道前庭；
11—尿道外口；12,13—前庭小腺开口；
14—阴道；15—膀胱

参考文献

[1] 范作良. 家畜解剖. 北京：中国农业大学出版社, 2001.
[2] 陈耀星. 畜禽解剖学. 2版. 北京：中国农业大学出版社, 2005.
[3] 周元军. 动物解剖. 北京：中国农业大学出版社, 2007.
[4] 曲强. 动物生理. 北京：中国农业大学出版社, 2008.
[5] 范作良. 家畜生理. 北京：中国农业出版社, 2003.
[6] 周其虎. 禽畜解剖生理. 北京：中国农业出版社, 2006.
[7] 曲强, 程会昌, 李敬双. 动物解剖生理. 北京：中国农业大学出版社, 2012.
[8] 陈耀星. 动物解剖学彩色图谱. 北京：中国农业出版社, 2013.
[9] 南京农业大学. 家畜生理学. 3版. 北京：中国农业出版社, 2000.
[10] 姜凤丽. 动物科学基础. 北京：中国农业大学出版社, 2011.
[11] 董常生. 家畜解剖学. 3版. 北京：中国农业出版社, 2006.
[12] 程会昌. 畜禽解剖生理学. 郑州：河南科学技术出版社, 2008.
[13] 陈杰. 家畜生理学. 4版. 北京：中国农业出版社, 2004.
[14] 郭和以. 家畜解剖. 2版. 北京：中国农业出版社, 2005.
[15] 沈霞芬. 家畜组织学与胚胎学. 3版. 北京：中国农业出版社, 2000.
[16] 马仲华. 家畜解剖学及组织胚胎学. 3版. 北京：中国农业出版社, 2001.
[17] 朱金凤, 陈功义. 动物解剖. 重庆：重庆大学出版社, 2007.
[18] 程会昌, 李敬双. 畜禽解剖与组织解剖学. 2版. 郑州：河南科学技术出版社, 2008.
[19] König HE, Liebich H-G. 家畜兽医解剖学教程与彩色图谱. 3版. 陈耀星, 刘为民译. 北京：中国农业大学出版社, 2009.

目　录

实训 1　显微镜的使用与基本组织观察 …………………………………………… 001
实训 2　识别动物体表各部位 ……………………………………………………… 005
实训 3　畜体全身骨骼观察与识别 ………………………………………………… 007
实训 4　胰岛素和肾上腺素对动物血糖的影响 …………………………………… 009
实训 5　羊体温的测定 ……………………………………………………………… 011
实训 6　红细胞计数及血红蛋白含量测定 ………………………………………… 013
实训 7　动物心音、心率及动脉脉搏测量 ………………………………………… 015
实训 8　心脏及其周围大血管的识别 ……………………………………………… 017
实训 9　家畜呼吸频率、呼吸类型及呼吸音的观测 ……………………………… 019
实训 10　呼吸器官位置、形态和结构观察 ………………………………………… 021
实训 11　各种因素对呼吸运动的影响 ……………………………………………… 023
实训 12　动物消化器官体表投影位置识别及胃肠蠕动音的听取 ………………… 025
实训 13　牛、羊、猪消化器官形态、位置与构造的识别 ………………………… 027
实训 14　家兔小肠运动及小肠吸收与渗透压关系的观察 ………………………… 029
实训 15　观察和识别动物泌尿器官的形态、位置和构造 ………………………… 031
实训 16　家畜胸腺、脾和淋巴结及其组织构造观察识别 ………………………… 033
实训 17　观察与识别家畜生殖器官的位置、形态和结构 ………………………… 035
实训 18　家禽解剖及器官观察与识别 ……………………………………………… 037
实训 19　兔的解剖及内脏器官观察与识别 ………………………………………… 039
实训 20　犬的解剖及内脏器官观察与识别 ………………………………………… 041

实训 1　显微镜的使用与基本组织观察

姓名		班级		日期		组别	
组员					实训场所		

【实训目标】

1. 掌握显微镜的构造，能使用和保养显微镜；
2. 能观察并识别单层柱状上皮、单层立方上皮、疏松结缔组织、骨骼肌、平滑肌、神经元的组织结构。
3. 养成规范、良好的实验习惯；
4. 培养刻苦、严谨、求实的科学态度；
5. 培养自主和探究学习、团结互助的协作精神；
6. 学会获取信息和加工信息的方法，学会运用对比法、实验法等研究问题。

视频：显微镜的使用操作

【材料设备】

显微镜、组织切片。

【方法步骤】

一、显微镜的使用

1. 显微镜的构造识别

（1）机械部分：有镜座、镜柱、镜臂、镜筒、粗调节器、细调节器、载物台、推进尺、压夹、转换器、聚光器升降螺旋等。

（2）光学部分：包括目镜、物镜、聚光器。

2. 显微镜的使用

（1）取放显微镜时，右手握镜臂，左手托镜座，靠在胸前，轻拿轻放。

（2）先用低倍镜对光（避免光线直射），直到获得清晰、均匀、明亮的视野。

（3）置组织切片于载物台上，将组织切片中欲观察的组织对准通光孔的中央（有盖玻片的组织切片，盖玻片朝上），用压夹固定。

（4）观察时，坐端正，胸部挺直，通过目镜观察或通过显示屏观察，同时转动粗调节器，载物台上升到一定的程度，就会出现物像，再慢慢转动细调节器进行调节，直到物像清晰为止。在观察时，遵循"先低后高"的原则，即先用低倍镜观察，如果需要观察细胞的结构，可再转换高倍镜进行观察。转换时，将头偏于一侧，用眼睛注视载物台上升程度，防止压碎组织切片。并转动细调节器进行调节，以获得清晰的物像。

如果需要采用油镜观察，应先用高倍镜观察，把要观察的部位置于视野的中央，然后移开高倍镜，将香柏油滴在要观察的标本上，转换油镜与标本上的油液相接触，再轻轻转动细调节器，直到获得最清晰的物像。

（5）需要调节光线时，可扩大或缩小光圈；也可调节聚光器的螺旋，使聚光器上升和下降；也可以直接调节灯光的强度。

二、基本组织的观察识别

使用显微镜观察单层扁平上皮、单层柱状上皮、单层立方上皮、疏松结缔组织、骨骼肌、平滑肌、神经元等组织切片。

【结果】

1. 识别显微镜各部位:

   (1) _____

   (2) _____

   (3) _____

   (4) _____

   (5) _____

   (6) _____

   (7) _____

   (8) _____

   (9) _____

   (10) _____

   (11) _____

2. 总结显微镜使用的注意事项。

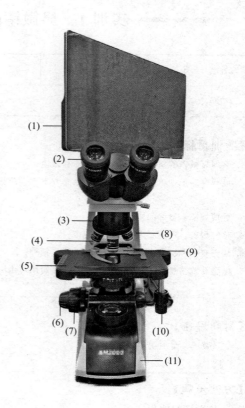

3. 使用显微镜观察组织切片并绘制。

疏松结缔组织	致密结缔组织	脂肪组织	网状组织
单层立方上皮	单层扁平上皮	单层柱状上皮	肌组织

实训 2　识别动物体表各部位

姓名		班级		日期		组别	
组员					实训场所		

【实训目标】

1. 会保定牛、羊、猪和鸡；
2. 能准确指出牛、羊、猪、鸡体表各部位；
3. 培养生物安全意识和动物福利意识；
4. 培养刻苦、严谨、求实的科学态度；
5. 培养自主和探究学习、团结互助的协作精神。

【材料设备】

牛、羊、猪、鸡等动物，体尺测量用具。

【方法步骤】

将牛、羊、猪和家鸡保定好，对牛、羊、猪、家鸡体表进行观察，明确各部位的划分和名称。

【结果】

1. 保定牛、羊、猪和鸡，简要写出保定方法和注意事项。

2. 写出羊活体各部位名称。
(1) _____ (2) _____
(3) _____ (4) _____
(5) _____ (6) _____
(7) _____ (8) _____
(9) _____ (10) _____

3. 写出家鸡活体各部位名称或写出图片中各部位名称。
(1) _____ (2) _____
(3) _____ (4) _____
(5) _____ (6) _____
(7) _____ (8) _____
(9) _____ (10) _____

实训3 畜体全身骨骼观察与识别

姓名		班级		日期		组别	
组员				实训场所			

【实训目标】
1. 掌握骨的一般构造和牛、羊、猪全身各骨的名称；
2. 掌握关节的基本构造及主要关节的组成。

【材料设备】
牛、羊、猪全身骨骼标本，长骨的纵切面、关节标本，骨剪，手术剪，镊子，标本盘等。

【方法步骤】

一、在长骨纵切标本上观察骨的构造
观察骨膜、骨质和骨髓。

二、在关节标本上观察关节的构造
观察关节面、关节囊和关节腔。

三、全身骨骼观察识别
1. 头骨

观察动物的头骨，区分颅骨和面骨的组成，了解主要的骨性标志。

2. 躯干骨骼

躯干骨骼包括椎骨、肋骨和胸骨，并相连构成脊柱和胸廓。

3. 在家畜全身骨骼标本中观察识别下列前肢骨骼

（1）前肢骨骼的组成：肩胛骨、臂骨、前臂骨、腕骨、掌骨、指骨、籽骨。

（2）前肢关节的组成：肩关节、肘关节、腕关节、系关节、冠关节、蹄关节。

4. 在家畜全身骨骼标本中观察识别下列后肢骨骼

（1）后肢骨骼的组成：髋骨、股骨、膝盖骨、小腿骨、跗骨、跖骨、趾骨、籽骨。

（2）后肢关节的组成：荐髂关节、髋关节、膝关节、跗关节、系关节、冠关节、蹄关节。

【结果】
1. 描述牛、猪头骨的主要结构特征。

2. 简述四肢骨骼的构成。

3. 绘制典型椎骨。

实训 4　胰岛素和肾上腺素对动物血糖的影响

姓名		班级		日期		组别	
组员				实训场所			

【实训目标】

1. 掌握胰岛素、肾上腺素的功能。
2. 掌握动物低血糖症状及解决方法。

胰岛素和肾上腺素
对动物血糖的影响

【材料设备】

兔、胰岛素、0.1%肾上腺素、20%葡萄糖、注射器等。

【方法步骤】

取提前经过饥饿 24~36h（1~2d）的家兔两只（甲、乙兔），分别称重，按每千克体重耳缘静脉注射胰岛素 10~20IU（或皮下注射 20~30IU）。随时观察家兔的状态（不安、呼吸局促、痉挛，甚至休克现象），待低血糖症状出现后，及时给甲兔耳缘静脉注射 20%~50%葡萄糖 20mL；及时给乙兔皮下注射 0.1%肾上腺素（0.4mL/kg 体重），仔细观察实验动物的状态。记录结果，分析实验现象产生的原因。

【结果】

1. 实验记录。

项目名称	过程及结果的记录	
	甲兔	乙兔
体重		
注射药品名称及剂量		
低血糖症状		
处理后症状		

2. 实验现象分析。

3. 日常生活中应如何预防低血糖的发生？

实训 5　羊体温的测定

姓名		班级		日期		组别	
组员					实训场所		

【实训目标】

1. 掌握羊正常体温范围及其测定方法;
2. 训练使用水银温度计进行直肠测温。

羊体温的测定

【材料设备】

羊、水银体温计、凡士林、酒精棉球等。

【方法步骤】

1. 检查体温计是否完好。
2. 将体温计靠手腕活动来甩动,使其中的水银柱降至35℃以下。
3. 涂以滑润剂备用。
4. 正确保定羊只,测温人站在羊臀部左侧,用左手将羊尾提起置于臀部固定,右手拇指和食指持体温计,先以体温计接触肛门部皮肤,以免动物惊慌骚动。然后将体温计以来回转动的动作稍斜向前上方缓缓插入直肠内。将固定在体温计后端的夹子夹住尾部的被毛,将羊尾放下。经3~5min,取出体温计,用酒精棉球擦去黏附的粪污物后,观察水银柱的刻度数,即实测体温。
5. 测温完毕,应将水银柱甩下,保存备用。

【结果】

1. 记录本次测量体温的结果

直肠温度1	直肠温度2	直肠温度3

2. 该羊体温是否正常?

3. 为保证体温测定顺利进行,需要注意哪些问题?

4. 列举其他动物的正常体温范围。

实训 6　红细胞计数及血红蛋白含量测定

姓名		班级		日期		组别	
组员				实训场所			

【实训目标】

1. 掌握红细胞计数的方法；
2. 会用比色法测定血红蛋白的含量。

【材料设备】

血球计数板，血红蛋白计，显微镜，采血针，酒精棉球，95%酒精，75%酒精，生理盐水，蒸馏水，乙醚，1%氨水或45%尿素，1/10mol/L盐酸。

【方法步骤】

一、红细胞计数

1. 将血球计数板中计数室及吸血管洗涤干净，然后置计数室于低倍镜下，熟悉计数室构造。

2. 用红细胞吸血管吸取鸡抗凝血至刻度0.5或1处，用干棉球擦去吸血管外侧的血液，立即吸取稀释液（生理盐水）至刻度101处。然后用手指按住吸血管的上、下两端，轻轻摇动使血液与稀释液充分混匀。

3. 计数室上的盖玻片放妥后，弃去吸血管中流出的前两滴稀释血液，然后滴半滴于计数室与盖玻片交界处，稀释血液可自动均匀地渗入计数室。放置1~2min，待红细胞下沉后，就可将计数室置于低倍镜下进行观察和计数。

4. 计数时要注意显微镜的载物台应绝对平置，不能倾斜，以免红细胞向一边集中。光线不必太强。计数时要选定中央的1个大方格的四角及中间共5个中方格（80个小方格），计数里面的红细胞，将所得的红细胞数乘以10000或5000，即为要求的每1 mm^3 血液中的红细胞总数。

二、血红蛋白含量的测定

1. 清洁血红蛋白计的吸血管和测定管。

2. 将1/10mol/L盐酸加入测定管中至刻度2%或10%处。

3. 用吸血管吸取鸡抗凝血至刻度20mm^3处，用干棉球擦净吸血管周围血液，将血液吹入测定管中。在进行吸吹时，要注意避免起泡。轻轻摇动测定管，使血液和盐酸混合，而显现均匀的黄褐色，放置10~15min。

4. 以蒸馏水逐滴加入测定管中，边加边摇，随时与比色架上的标准比色板比较，到颜色相同时为止。比色必须在自然光下进行，避免光线直射。

5. 从比色架中取出测定管，读出液面（凹面）的刻度，即为每100mL血液中含血红蛋白的量（g）。一般以14.5g＝100%。

【结果】

1. 本次红细胞计数实验吸血管吸血至刻度_____。

2. 该实验鸡的红细胞计数值为_____。

3. 本次血红蛋白含量的测定实验，将1/10mol/L盐酸加入测定管中至刻度_____处。

4. 该实验鸡的血红蛋白含量为_____。

5. 通过测定该实验鸡的红细胞数量和血红蛋白含量，确定其贫血/不贫血（勾选）。

实训 7 动物心音、心率及动脉脉搏测量

姓名		班级		日期		组别	
组员				实训场所			

【实训目标】
1. 能正确听取家畜的心音和心率；
2. 会进行动物的脉搏检查。

羊心音的测定

【材料设备】
牛、羊等动物，听诊器。

【方法步骤】
1. 牛心音的听诊
   将牛保定在六柱栏内。另其左前肢向前移半步，测量者以右手放在动物的鬐甲部或肩部做支点，左手持听诊器，将听诊器头紧贴在心区，然后进行听诊，注意第一心音和第二心音的特征，并区别它们，同时数出每分钟心跳的次数。
2. 羊的心音听诊
   方法与牛相似，羊可站立，也可右侧卧。
3. 动脉脉搏检查
   距尾根 10 cm 处找到尾中动脉，在教师指导下进行脉搏检查。

【结果】
1. 听诊结果记录
   牛：_____；羊：_____。
2. 简述心音听诊的位置以及听诊注意事项。

3. 简述动脉脉搏检查位置及注意事项。

4. 简述影响动物心率的因素。

实训 8 心脏及其周围大血管的识别

姓名		班级		日期		组别	
组员				实训场所			

【实训目标】

能认识心脏的构造。

【材料设备】

羊、猪等动物新鲜心脏标本，解剖器械。

【方法步骤】

1. 观察心包、心包腔。
2. 观察心脏的外形、冠状沟、室间沟、心房、心室及心脏的血管。
3. 切开右心房和右心室，观察右心房和前、后腔静脉的入口，测量心房肌厚度并记录。观察右心室和肺动脉入口的瓣膜，测量右心室厚度并记录，找到乳头肌、腱索，注意腱索的附着点，观察右房室瓣。
4. 切开左心室和左心房，观察左心室壁，测量其厚度，并与右心室壁和右心房壁做比较。观察左房室口的瓣膜，与右房室瓣比较。观察左心房，找到肺静脉的入口。找到主动脉口，观察主动脉瓣的形态结构。

【结果】

1. 心房肌厚度_____；左心室壁厚度_____；右心室厚度_____。
2. 简述心腔的构造。

3. 绘制羊、猪心脏外观和心腔剖面。

羊心脏外观	羊心腔剖面

猪心脏外观	猪心腔剖面

实训 9　家畜呼吸频率、呼吸类型及呼吸音的观测

姓名		班级		日期		组别	
组员				实训场所			

【实训目标】

1. 掌握家畜（羊）肺的体表投影位置；
2. 判断动物（羊）的呼吸类型；
3. 熟练安装、使用听诊器；
4. 正确测量动物（羊）的呼吸频率和呼吸音。

视频：呼吸
频率和类型

视频：呼吸音

【材料设备】

羊、保定装置、听诊器等。

【方法步骤】

一、呼吸类型观测

将羊拴系在柱栏上，待羊安静后，观察羊呼吸过程中胸腹壁起伏活动情况，判断羊的呼吸类型。

二、呼吸频率测定

观察羊胸廓和腹壁的起伏动作或鼻翼的开张动作，一起一伏为 1 次呼吸，进行计数。或将一张纸条放在羊鼻孔前测其呼出气流数。如果实训在冬天寒冷季节，则可观察其鼻孔呼出的白色哈气，进行计数。

三、呼吸音听诊

一名同学保定羊只，待羊安静后，另一名同学使用听诊器在羊的两侧肺区进行听诊，听诊时先从肺部的中 1/3 部开始，由前向后逐渐听取，其次是上 1/3，最后是下 1/3。每个部位听 2～3 次呼吸音，再变换位置，直至听完全肺。

【结果】

1. 说明此次羊呼吸类型的观察方法，判断该羊的呼吸类型，确认是否正常。

2. 简述羊呼吸音听诊的位置。

3. 该羊的呼吸频率为_____，呼吸音正常/不正常（勾选）。

4. 总结进行呼吸音听诊时的注意事项。

实训 10　呼吸器官位置、形态和结构观察

姓名		班级		日期		组别	
组员					实训场所		

【实训目标】

1. 掌握牛、羊、马、猪等家畜气管、支气管和肺的形态、位置及结构特点。
2. 利用显微镜识别肺的组织构造。

【材料设备】

　　呼吸器官浸制标本，鼻腔纵、横断面标本，动物呼吸器官新鲜离体标本，肺组织切片，显微镜，镊子，手术刀，标本盘等。

【方法步骤】

1. 观察羊和猪呼吸系统各器官的位置、形态。
2. 使用显微镜观察肺的组织切片，找到细支气管、终末细支气管、呼吸性细支气管、肺泡管、肺泡囊和肺泡。

【结果】

1. 简述肺的组织构造，绘制肺小叶结构图。

2. 绘制羊和猪的喉、气管切面和肺的形态图。

羊喉	羊气管	羊肺

猪喉	猪气管	猪肺

实训 11　各种因素对呼吸运动的影响

姓名		班级		日期		组别	
组员				实训场所			

【实训目标】

1. 掌握兔气管插管手术的操作方法；
2. 观察各种因素对兔呼吸运动的影响。

视频：家兔呼吸
运动的影响

【材料设备】

兔、兔手术台、Pc-lab 生物信号采集器、气管插管、生理多用仪、手术器械、棉线、15％水合氯醛、碳酸钙、3％乳酸液、盐酸和玻璃分针等。

【方法步骤】

1. 安装仪器，将气管插管与 Pc-lab 生物信号采集器相连。
2. 将兔称重麻醉，仰卧固定在兔手术台上。
3. 颈腹侧剪毛，切开皮肤分离出两侧迷走神经并穿线备用。分离气管，穿线备用，在气管的第 2~3 软骨环处剪一个"T"形口，将气管插管朝向肺脏方向插入并结扎固定。
4. 气管插管的侧管接上一小段胶管，打开 Pc-lab 生物信号采集器，记录正常呼吸曲线。
5. 将侧管上的胶管完全夹闭约 20s，观察家兔呼吸运动的变化。
6. 向盛有碳酸钙的烧瓶中滴入少量稀盐酸后，将气管插管的侧管对准锥形瓶口，使动物吸入 CO_2，观察家兔呼吸运动的变化。
7. 耳缘静脉注射 3％乳酸液 2mL，观察家兔呼吸运动的变化。
8. 切断一侧迷走神经，观察呼吸运动的变化。再切断另一侧迷走神经，观察呼吸运动的变化。刺激迷走神经向中端，观察家兔呼吸运动的变化。

【结果】

1. 实验家兔体重：_____；15％水合氯醛用量：_____。
2. 结果记录与现象分析

项目	呼吸曲线	结果描述	现象分析
正常呼吸			
夹闭进气胶管			
大量吸入 CO_2			
注射乳酸			
切断一侧迷走神经			
切断双侧迷走神经			

实训 12 动物消化器官体表投影位置识别及胃肠蠕动音的听取

姓名		班级		日期		组别	
组员				实训场所			

【实训目标】

1. 能正确保定牛、羊、仔猪。
2. 能在牛、羊体表上准确指出瘤胃、网胃、瓣胃、皱胃及小肠、大肠的体表投影位置,并能准确听取瘤胃、小肠和大肠蠕动音。
3. 能在仔猪体表上准确指出胃、肝、小肠及大肠的体表投影位置,并能准确听取胃、小肠、大肠蠕动音。

视频:羊胃肠蠕动音听取

【材料设备】

牛、羊、仔猪,听诊器,六柱栏,保定器械。

【方法步骤】

一、消化器官体表投影的观察

1. 将牛、羊、仔猪正确保定。
2. 在教师的指导下,识别牛羊瘤胃、网胃、瓣胃、皱胃以及仔猪胃和小肠的体表投影。

二、胃肠蠕动音听取

1. 瘤胃蠕动音听取

  检查者位于牛、羊的左腹侧,左手放于其背部,以听诊器进行间接听诊,以判定瘤胃蠕动音的次数、强度、性质及持续时间。正常时,瘤胃随每次蠕动而出现逐渐增强又逐渐减弱的沙沙声,似吹风样或远雷声,健康牛每 2 分钟为 2～3 次。

2. 肠蠕动音的听取

  检查者位于牛、羊、仔猪的右腹侧,以听诊器进行间接听诊。

【结果】

1. 简述牛、羊、仔猪的保定方法和注意事项。

2. 简述牛、羊瘤胃、网胃、瓣胃、皱胃、小肠和大肠的体表投影位置。

3. 记录牛、羊瘤胃音的次数及持续时间。

实训 13　牛、羊、猪消化器官形态、位置与构造的识别

姓名		班级		日期		组别	
组员					实训场所		

【实训目标】

1. 准确找到动物（牛、羊、猪）主要消化器官的体表投影位置；
2. 识别各消化器官的形态、构造、特点；
3. 掌握主要解剖器械使用方法；
4. 识别真胃、小肠和肝的组织构造。

【材料设备】

牛消化器官浸制标本、模型，羊、猪的新鲜尸体，解剖器械，显微镜，消化器官组织切片。

【方法步骤】

一、牛消化器官浸制标本、模型观察

观察牛消化器官浸制标本及模型，观察食管、瘤胃、网胃、瓣胃、皱胃、小肠、大肠、肝和胰等器官的形态、位置和相互关系。

二、羊新鲜尸体消化器官的观察

在羊的新鲜尸体上识别口腔、食管、瘤胃、网胃、瓣胃、皱胃、小肠、大肠、肝和胰等器官的形态、结构和位置。观察结肠圆盘的形态。剖开瘤胃、网胃、瓣胃和皱胃，分别观察4个胃的内部结构、胃黏膜的形态。

三、猪新鲜尸体消化器官的观察

重点观察猪胃肠的形态、大肠与小肠的区别，对照模型及挂图在活体上确定胃肠器官的位置。

四、消化器官组织切片的观察

使用显微镜观察消化器官组织切片，识别主要结构。

【结果】

1. 总结牛、羊、猪消化器官的异同点。

2. 绘制羊和猪消化系统模式图。

羊	猪

实训14　家兔小肠运动及小肠吸收与渗透压关系的观察

姓名		班级		日期		组别	
组员					实训场所		

【实训目标】
1. 认识小肠运动的各种形式及其影响因素。
2. 了解小肠吸收与肠内容物渗透压间的关系。

家兔小肠运动及小肠吸收与
渗透压关系的观察

【材料设备】
　　兔、手术台、手术器械、注射器、电刺激器、20%水合氯醛溶液、丝线、生理盐水、0.01%肾上腺素、0.01%乙酰胆碱、饱和硫酸镁溶液、0.7%氯化钠溶液、棉线等。

【方法步骤】
1. 家兔称重、麻醉
　　以10%水合氯醛溶液耳缘静脉注射，用量为0.5mL/kg。
2. 手术过程
　　将麻醉后的兔仰卧固定于手术台上，剪去颈部与腹部被毛，在颈部的一侧分离出迷走神经，并于其下穿一提线备用。随后顺腹部正中线切开皮肤并剖开腹腔，将腹腔中的脏器推至右侧，在其左侧肾上腺附近找出内脏大神经，于其下穿一提线备用。
3. 实验项目操作
(1) 小肠的正常运动观察。术后首先观察一下正常时小肠运动的形式和速度，以便与刺激后相比较。
(2) 电刺激颈部一侧迷走神经的中枢端，观察小肠运动的变化。
(3) 电刺激内脏大神经，观察小肠运动的变化。
(4) 以镊子轻夹小肠，观察小肠运动的变化。
(5) 在小肠表面滴加0.01%的乙酰胆碱数滴，观察小肠运动的变化情况。然后用温生理盐水冲洗小肠，待小肠运动恢复原来状态时，再向其表面滴加0.01%的肾上腺素数滴，观察小肠运动的变化，并与前面比较。
(6) 拉出长约20cm的一段空肠，用4根棉线将其结扎成三段等长的肠腔。在前段小肠中注入5mL饱和硫酸镁溶液，在后段小肠中注入10~15mL的0.7%氯化钠溶液，中间段不注入任何溶液。注射完毕后将肠置入腹腔中闭合腹壁或用浸有温生理盐水的纱布覆盖。30min后检查前、后两段小肠的吸收情况，观察肠管的变化，并分析原因。

【结果】
1. 家兔称重，记录家兔体重，$W=$ _____ kg。
2. 使用20%水合氯醛溶液，按照0.5mL/kg体重，进行兔耳缘静脉注射，20%水合氯醛溶液用量为_____，将兔麻醉。
3. 记录实验结果，并分析现象产生的原因，填入下表。

实验项目	实验现象描述	原因分析
家兔小肠运动的观察		
小肠吸收与渗透压关系的观察		

4. 总结本实验的注意事项。

实训 15 观察和识别动物泌尿器官的形态、位置和构造

姓名		班级		日期		组别	
组员				实训场所			

【实训目标】

1. 识别牛、羊、猪、马等动物泌尿器官的形态、位置和构造。
2. 识别肾的组织构造,进一步理解尿的生成过程。

【材料设备】

动物肾模型,各种动物肾、膀胱浸泡标本和新鲜离体标本,解剖器械,显微镜、动物肾脏组织切片。

【方法步骤】

1. 在动物尸体上识别肾、输尿管、膀胱等器官的位置、形态和构造。
2. 在新鲜肾或肾标本的横断面上识别肾叶、皮质、髓质、肾乳头、肾小盏等构造。
3. 在显微镜下,识别肾的肾小球、肾小囊、肾小腔和肾小管等。

【结果】

1. 简述羊、猪泌尿器官的位置及功能。

2. 绘制肾脏形态图及组织结构剖面图，并标明各部位名称。

项目	牛	羊	猪	马
肾脏类型				
绘图				

实训 16　家畜胸腺、脾和淋巴结及其组织构造观察识别

姓名		班级		日期		组别	
组员					实训场所		

【实训目标】

1. 能够在新鲜家畜尸体标本上准确找到胸腺、脾和主要淋巴结，并能判断其形态是否正常；
2. 能熟练使用显微镜观察胸腺、脾和淋巴结的组织切片，并能找到主要结构。

【材料设备】

羊、仔猪的新鲜尸体标本，解剖器械，淋巴结和脾的组织切片，显微镜。

【方法步骤】

一、在羊、仔猪新鲜尸体上观察免疫器官

1. 在仔猪尸体标本上找到胸腺，并仔细观察其形态及位置。
2. 在羊、仔猪的尸体标本上找到脾及下颌淋巴结、颈深淋巴结、肩前淋巴结、腋淋巴结、肘淋巴结、股前（膝上）淋巴结、腘淋巴结、腹股沟深淋巴结、腹股沟浅淋巴结、纵隔后淋巴结、腹腔淋巴结、肠系膜淋巴结、脾淋巴结（仔猪）等。
3. 比较牛（羊）与仔猪各免疫器官的形态、结构和位置的区别。

二、淋巴结和脾组织结构的观察比较

1. 淋巴结的观察

　　先用低倍镜后用高倍镜观察淋巴结切片的下列构造：被膜、淋巴小结、副皮质区、皮质淋巴窦、髓索和髓窦。

2. 脾的观察

　　先用低倍镜后用高倍镜观察脾组织切片的下列构造：被膜、脾小梁、脾小体、髓索和髓窦。

【结果】

1. 简要概述羊和仔猪主要免疫器官及其位置。

2. 绘制淋巴结和脾的组织构造图，标明各部位名称，并简述两者构造的不同点。

实训17　观察与识别家畜生殖器官的位置、形态和结构

姓名		班级		日期		组别	
组员				实训场所			

【实训目标】

1. 掌握公畜、母畜生殖器官的形态、大小及解剖结构特点以及相互关系；
2. 能找到睾丸和卵巢的主要组织结构。

【材料设备】

　　牛、马、猪生殖器官浸泡标本，牛、羊、猪生殖系统活体标本，睾丸、卵巢、输卵管切片，显微镜，解剖刀，剪刀，镊子，标本盘等。

【方法步骤】

一、家畜生殖器官的观察

　　在牛、羊、猪新鲜尸体标本上找出各生殖器官，先观察各器官的外形和位置，然后解剖。雄性动物注意观察阴囊、睾丸、附睾、精索和输精管的形态、结构及它们之间的位置关系。雌性动物注意观察卵巢、子宫的形态、结构、位置及各器官之间的位置关系。

二、睾丸和卵巢组织构造的观察

　　用显微镜（先用低倍镜，后用高倍镜）观察睾丸和卵巢的组织切片，注意观察睾丸和卵巢各部分组织的结构特点。

1. 绘制牛、猪和马生殖系统（雌雄分别绘制）构造图并标明各部位名称。

公牛	公猪	公马
母牛	母猪	母马

2. 使用显微镜观察卵巢和睾丸的组织切片，绘制结构图并标明各部分名称。

卵巢组织构造	睾丸组织构造

实训 18　家禽解剖及器官观察与识别

姓名		班级		日期		组别	
组员				实训场所			

【实训目标】

会进行鸡的解剖，并能识别其主要器官的形态、位置和构造。

视频：家禽消化　　视频：家禽免疫
器官观察　　　　　和生殖系统

【材料设备】

家鸡（公母均有，生长鸡、成年鸡均有），解剖器械。

【方法步骤】

一、家禽解剖

1. 将家禽致死（可从静脉放血或用铁钉插入枕骨大孔，捣毁延髓等），如不拔毛，用水将颈部、胸部、腹部的羽毛浸湿，以免羽毛飞扬。也可以用热水浸烫，拔尽羽毛，冲洗干净，使其仰卧于解剖台上。
2. 用力掰开两腿，使髋关节脱臼。这样禽体比较平稳，便于解剖。
3. 在喙的腹侧开始，沿颈部、胸部、腹部到泄殖孔，剪开皮肤，并向两侧剥离到两前肢、后肢与躯干相连处。
4. 在胸骨与泄殖腔之间剪开腹壁。从头部剪开一侧，到食管的前端，暴露出口咽，将细塑料管或玻璃管插入喉或气管，慢慢吹气，观察气囊，可见中空壁薄的腹气囊等。
5. 从胸骨后缘两侧肋骨中部，剪开到锁骨，剪断心脏、肝脏与胸骨相连接的结缔组织，把胸骨翻向前方（此项操作注意勿伤气囊），再将细塑料管或细玻璃管插入咽或气管，慢慢吹气，观察其他气囊，如颈气囊、锁骨间气囊、前胸气囊、后胸气囊等。
6. 剪除胸骨，观察体腔内各器官的形态、位置。

二、家禽主要器官的识别

依次摘取内脏器官进行观察，主要观察消化器官、呼吸器官、泌尿器官、生殖器官，以及心脏、脾、腔上囊和坐骨神经等。

【结果】

找到下表中的器官，完整摘取置于托盘中，并完成表格填写。

器官名称	所属系统	位置及特点
肝		
脾		
肺		
肾		
胃		
喉与气管		
十二指肠		
盲肠		
免疫器官		
心脏		

实训 19　兔的解剖及内脏器官观察与识别

姓名		班级		日期		组别	
组员					实训场所		

【实训目标】

能识别兔内脏的主要器官，掌握各器官的位置、结构。

【材料设备】

家兔（公母各一只）、20mL注射器、解剖器械、标本盘等。

【方法步骤】

1. 家兔耳缘静脉注射 10~20mL 空气致死。剥皮后剖开胸、腹腔。
2. 观察消化系统。
3. 观察呼吸、心血管系统。
4. 观察泌尿生殖系统。
5. 观察免疫系统。

【结果】

1. 识别各器官，填在下表中。

序号	器官名称	器官位置	所属系统
1			
2			
3			
4			
5			
6			
7			
8			
9			
10			

2. 通过观察，简述兔、猪与羊消化器官的异同点。

实训 20 犬的解剖及内脏器官观察与识别

姓名		班级		日期		组别	
组员					实训场所		

【实训目标】

能识别犬内脏的主要器官,掌握各器官的位置、结构。

【材料设备】

犬(公母各一只),麻醉药,解剖器械,标本盘等。

【方法步骤】

1. 将犬麻醉致死。剥皮后剖开胸、腹腔。
2. 观察消化系统。
3. 观察呼吸、心血管系统。
4. 观察泌尿生殖系统。
5. 观察免疫系统。

【结果】

1. 观察犬内脏器官,并将观察的器官列入下表。

序号	器官名称	器官位置	所属系统
1			
2			
3			
4			
5			
6			
7			
8			
9			
10			
11			
12			
13			

2. 结合犬消化器官的观察，简述犬与兔、羊、猪消化器官的异同。